U0712568

紫花针茅高寒草原——
藏系绵羊放牧生态系统研究

董全民　　杨晓霞　　褚晖　著

青海人民出版社

图书在版编目（ＣＩＰ）数据

紫花针茅高寒草原-藏系绵羊放牧生态系统研究 ／ 董全民，杨晓霞，褚晖著.-- 西宁：青海人民出版社，2021.12
ISBN 978-7-225-06265-5

I.①紫… II.①董…②杨…③褚… III.①寒冷地区−高山草地−禾本科牧草−草原生态系统−研究②寒冷地区−高山草地−绵羊−放牧−草原生态系统−研究
IV.①S543②S826

中国版本图书馆CIP数据核字(2021)第269830号

紫花针茅高寒草原-藏系绵羊放牧生态系统研究

董全民　杨晓霞　褚晖　著

出 版 人	樊原成	
出版发行	青海人民出版社有限责任公司	
	西宁市五四西路 71 号 邮政编码：810023 电话：(0971)6143246（总编室）	
发行热线	(0971)6143516/6137730	
网　　址	http://www.qhrmcbs.com	
印　　刷	青海彩信印务有限责任公司	
经　　销	新华书店	
开　　本	787mm×1092mm 1/16	
印　　张	13	
字　　数	200 千	
版　　次	2022 年 6 月第 1 版　2022 年 6 月第 1 次印刷	
书　　号	ISBN 978-7-225-06265-5	
定　　价	88.00 元	

《紫花针茅高寒草原–藏系绵羊放牧生态系统研究》
编委会

资 助 项 目

国家自然基金地区项目

高寒草地放牧生态系统中放牧家畜-草地界面过程及其机理研究（30960074）

国家自然基金面上项目

牦牛和藏羊放牧生态系统中土壤-植被界面过程及响应机制（31370469）

国家自然基金面上项目

放牧制度和放牧方式对高寒草原土壤及植被更新影响的研究（31772655）

国家自然基金联合基金项目

基于草畜平衡的高寒草地放牧系统界面调控机制研究（U20A2007）

第二次青藏高原综合科学考察研究

农牧耦合绿色发展的资源基础考察研究（2019QZKK1002）

青海省自然基金面上项目

高寒草地放牧生态系统中土壤-植被界面过程及其响应机制（2012-Z-906）

青海省重大科技专项

青藏高原现代牧场技术研发与模式示范（2018-NK-A2）

青海省科技成果转化专项

天然草地放牧系统功能优化与管理专家系统研究与应用（2018-SF-145）

青海省科技成果转化专项

生态保护提质增效的高寒牧区放牧单元技术研发和模式示范（2019-SF-145）

青海省创新平台建设专项（科技基础条件平台）

高寒草地–家畜系统适应性管理技术平台（2020-ZJ-T07）

青海省创新团队项目

基于生态系统多功能性的高寒草地放牧管理研究（2021-ZJ-901）

青海省创新平台建设专项（重点实验室）

青海省高寒草地适应性管理重点实验室

青海省科技创新创业团队

全国林草科技创新人才计划创新团队

前　言

　　高寒草原分布非常广泛，从喜马拉雅山脉北麓一直分布到祁连山，根据《1∶1000000中国植被图集》，我国高寒草原面积为64.12×10⁴ km²，占全国草地面积的22.9%，在12类草地类型中居第二位。其中，高寒草原在青藏高原分布区面积约为51.63×10⁴ km²，占青藏高原土地面积的20.1%，占该区草地面积的40.5%。从经纬度来说，高寒草原分布范围大约南北跨12个纬度，东西跨16个经度；从海拔高度来说，高寒草原分布的最低海拔约为3200 m，最高海拔可达5000 m以上。绝大部分地区的年平均气温为3~6 ℃，年降水量为150~400 mm，年平均相对湿度为30%~50%，因此高寒草原的植被适应于这种寒冷干燥的气候环境。

　　青藏高原高寒草原主要是以旱生、多年生丛生禾草为建群种形成的群落类型，建群种主要以针茅属（*Stipa*）植物为主，通常以建群种命名，如紫花针茅（*S. purpurea*）草原、昆仑针茅（*S. roborowskyi*）草原等。位于青藏高原高寒地区的紫花针茅草原群落盖度较大，可达60%~80%，建群种紫花针茅常与其他植物组成不同的群落类型，包括紫花针茅+二裂委陵菜（*Potentilla bifurca*）群落、紫花针茅+川青早熟禾（*Poa indattenuata*）群落、紫花针茅+克氏针茅（*S. krylovii*）群落等。紫花针茅耐牧性强，产草量较高，在抽穗开花之前，茎叶柔软，适口性好，粗蛋白和无氮浸出物高，粗纤维含量较低，营养丰富，是各类牲畜喜食的植物，因此紫花针茅草原是青藏高原高寒地区主要的天然草场之一。

　　作为青藏高原高寒草原的主要放牧家畜藏羊（Tibetan Sheep），又称藏系绵羊，具有抗严寒、耐粗饲、适应高海拔、体质强壮、行动敏捷、善于爬高走远的特点，但发育成熟晚，是我国三大绵羊谱系之一，属于粗毛型绵羊地方品种，原产于青藏高原，主要分布在青海省、西藏自治区、甘肃省、四川省、云南省和贵州省等地。藏系绵羊（以下简称藏羊）可以适应高海拔地区的寒冷、缺氧、强辐射的环境，有其生理学和形态学上的基础。在青藏高原高寒草地放牧系统中，牦牛和藏羊是以青藏高原为起源地的特有家畜，它们是唯一能充分利用青藏高原牧草资源进行动物性生产的畜种。藏羊不仅为当地牧民提供了肉、奶、毛等生活资料，更是他们经济收入的主要来源之一。以青海省为例，藏羊在家畜存栏量中占比接近一半（以羊单位计算），因而藏羊在高寒草地放牧生态系统中具有举足轻重的作用。然而长期以来，在寒冷严酷气候背景和传统放牧方式下，由于自然条件恶劣，高寒草原天然草地生态系统十分脆弱，草地生产力稳定性差，尤其是漫长的冷季带来的"草畜时空相悖"现象十分普遍，季节性草畜矛盾突出，形成了高原畜牧业"秋肥、冬瘦、春死、夏抓膘"的恶性循环，藏羊的出栏周期长、生产效率低，严重制约着当地畜牧业发展。更为重要的是，这种以追求家畜数量为目的的放牧管理模式加剧了草地退化，导致青海高寒草地生态系统结构失调、功能衰退、恢复能力减弱，严重制约着高寒牧区草地畜牧业的健康发展和牧民群众生活水平的提高，威胁着青藏高原及周边地区乃至中东部的生态安全和可持续发展。

党中央、国务院高度重视青藏高原的生态保护和建设，2005年1月批准实施《青海三江源自然保护区生态保护和建设工程》，随后2008年5月和2012年12月，先后启动了《青海湖流域生态环境保护与综合治理工程》和《祁连山生态保护与建设综合治理工程》等生态治理工程，青海省生态保护与建设取得明显成效。进入新时代，青海省委省政府以习近平生态文明思想为统领，在深刻认识习近平总书记对青海"三个最大"省情定位的基础上，紧抓"一带一路"、新一轮西部大开发、三江源国家公园和祁连山国家公园建设、黄河流域生态保护和高质量发展、参与第二次青藏高原综合科学考察研究、海南州国家可持续发展示范区等前所未有的机遇，提出了"一优两高"的发展战略，确定了创建"五个示范省"和培育"四种经济形态"的发展目标，为新时代青海省高寒天然草地可持续利用和草地生态畜牧业转型升级明确了方向。为此，青海大学畜牧兽医科学院（青海省畜牧兽医科学院）董全民研究员领衔的"草地适应性管理"研究团队紧跟时代步伐，在位于青海湖流域和祁连山区的刚察县高寒草原开展了放牧制度和放牧强度控制试验。在该研究结果的基础上，结合国家自然基金和青海省自然基金等9个国家和省部级项目以及青海省创新平台建设专项（科研基础研究平台和省级重点实验室）的相关研究成果，围绕"土—草—畜"三位一体较为系统地研究了环青海湖地区高寒草原适宜的放牧强度和放牧制度，相关研究成果为青海省高寒草原放牧系统科学管理和可持续利用提供理论依据，特别是为草-畜平衡和草原禁牧等国家重大生态工程项目的实施提供了技术支撑，也给祁连山国家公园建设和即将启动的青海湖国家公园以及新一轮草原生态补助奖励机制提供基础数据。

然而，青藏高原高寒牧区区域辽阔，环境的空间异质性大，土壤、植被、家畜和人类活动相互作用复杂，同时由于该地区气候和环境的独特性、脆弱性，加之我们的研究地点相对单一、研究时间有限，有些研究结论在更大空间和更长时间尺度上的应用还有待商榷。但不论如何，该书稿是对我们团队10年工作的阶段性总结，更是高寒草原放牧生态系统管理和可持续利用研究的新起点！首先，我们要感谢本书的总顾问中国科学院西北高原生物研究所赵新全先生、中国科学院西北高原生物研究已故副所长陈贵琛先生和青海大学畜牧兽医科学院（青海省畜牧兽医科学院）原副院长马玉寿研究员，他们是我们继三江源区高寒草甸放牧系统和高寒人工草地放牧生态系统研究后步入青海湖流域和祁连山区高寒草原放牧系统研究的坚定支持者，是我们工作的导师。其次，我们要衷心地感谢时任刚察县草原站站长的黎明高级畜牧师（草原师）、现就职于西藏云旺实业有限公司的杨时海博士、青海大学畜牧兽医科学院（青海省畜牧兽医科学院）副研究员李世雄博士，感谢他们无私的帮助与亲切的关怀！

本书稿选取了硕士研究生郑伟的毕业论文《环青海湖高寒草原植被和家畜增重对放牧的响应》、宋磊的毕业论文《青海湖北岸高寒草原土壤物理性状及养分含量对放牧的响应》和博士研究生褚晖的毕业论文《高寒草原土壤种子库对放牧的响应及其适应机制研究》以及中国农业大学博士王建勋的毕业论文《基于放牧的高寒草原植物功能性状及群落谱系构建研究》的部分研究内容，在此基础上结合已结题的3个项目和正在执行的6个项目的初步研究结果整理完成。本书稿各章的撰写情况如下：第一章绪论和第二章研究区域概况及研究方法，由董全民、杨晓霞执笔；第三章放牧对高寒草原土壤理化性质的影响，由董全民、杨晓霞、刘玉祯执笔；第四章放牧对高寒草原第一性生产力的影响，由董全民、郑伟、杨晓霞执笔；第五章放牧对高寒草原植物群落结构的影响，由董全民、宋磊、杨晓霞执笔；第六章放牧对高寒草原植物功能性状的影响，由董全民、杨晓霞、刘玉祯执笔；第七章放牧对高寒草原植物群落谱系构建的影响，由王建勋、杨晓霞、董全民执笔；第八章放牧对高寒草原土壤种子库的影响，由褚晖、董全民、刘文亭执笔；第九章放牧对高寒草原第二性生产力的影响，由董全民、俞旸、张春平执笔；第十章高寒草地适应性管理展望，由董全民、杨晓霞执笔。在书稿完成过程中，副研究员杨晓霞负责统稿及出版社事宜，助理研究员俞旸负责经济效益核算，博士研究生刘玉祯和何玉龙分别负责图表制作和文献更新及复查，硕士研究生张艳芬、杨增增、冯斌、张小芳和孙彩彩等人积极参与书稿的修订。

　　本专著是青海大学畜牧兽医科学院（青海省畜牧兽医科学院）"草地适应性管理"研究团队10余年工作较为系统的总结和凝练，内容涉及恢复生态学、放牧生态学、植物学、土壤学、草地管理学以及经济学等多门学科，鉴于笔者才疏学浅，对本专业以外的问题认识不尽完善，难免有不足之处，恳请读者批评指正！

著　者

2021年6月

序

  高寒草原分布非常广泛，从喜马拉雅山脉北麓一直分布到祁连山山地，总面积为 $64.12×10^4$ km²，占全国草地面积的22.9%，在12类草地类型中居第二位。其中，高寒草原在青藏高原分布区面积约为 $51.63×10^4$ km²，占青藏高原土地面积的20.1%，占该区草地面积的40.5%。从经纬度来说，高寒草原分布范围大约南北跨12个纬度，东西跨16个经度；从海拔高度来说，高寒草原分布的最低海拔约为3200 m，最高海拔可达5000 m以上。绝大部分地区的年平均气温为3~6 ℃，年降水量为150~400 mm，年平均相对湿度为30%~50%，因此高寒草原的植被适应于这种寒冷干燥的气候环境。

  然而，由于自然条件严酷，高寒天然草原生态系统十分脆弱，草地生产力稳定性差，尤其是漫长的冷季带来的"草畜时空相悖现象"十分普遍，导致季节性草畜矛盾突出，草地呈现普遍退化状态，难以保障畜产品的全年稳定供给，从而制约了畜牧业发展和牧区人民生活水平的提高。进入新时代，青海省委省政府以习近平生态文明思想为统领，在深刻认识习近平总书记对青海"三个最大"省情定位的基础上，提出了"一优两高"的发展战略，确定了打造"四地"建设的发展目标，为新时代青海高寒天然草地可持续利用和草地生态畜牧业转型升级明确了方向。为此，青海大学畜牧兽医科学院（青海省畜牧兽医科学院）董全民研究员领衔的"草地适应性管理"研究团队紧跟时代步伐，结合国家自然基金和青海省自然基金等10多个国家和省部级项目，围绕草地生态系统的理论较为系统地研究了环青海湖地区高寒草原适宜的放牧强度和放牧制度，相关研究成果为青海省高寒草原放牧系统科学管理和可持续利用提供理论依据，该专著的即将出版正逢其时。

  青藏高原地势高寒，气候恶劣，自然条件严酷，该团队立足于青藏高原草地资源的可持续利用，围绕国家发展战略和地方需求，二十多年来筚路蓝缕，开拓前进，严谨治学，在高寒草地可持续利用方面不断取得创新和突破，这是对高原"牦牛精神"的最好诠释和传承。《紫花针茅高寒草原-藏系绵羊放牧生态系统研究》是我今年元月应邀为《高寒人工草地放牧管理与综合利用》作序后,他们在高寒草地适应性管理研究学术之路上铢积寸累的又一阶段性成果。看到年轻的科研工作者们能够清晰理智地看待放牧,沉下心来踏踏实实地做学问,做实事,我倍感欣慰!

　　在《紫花针茅高寒草原-藏系绵羊放牧生态系统研究》付梓之际,我衷心祝愿这一专著与它所代表的学术团队相偕发展,不断壮大,为青藏高原高寒牧区草地畜牧业发展做出更多贡献!

任继周

2021年中秋

目　录

1

绪 论

1.1 高寒草原生态系统概述

高寒草原（Alpine steppe）是由耐寒的旱生植物组成的植物群落（周兴民和吴珍兰，2006），建群种多为耐寒抗旱的多年生禾本科（Poaceae）植物，如针茅属（*Stipa*）的紫花针茅（*S. purpurea*）、昆仑针茅（*S. roborowskyi*）、座花针茅（*S. subsessiliflora*）和丝颖针茅（*S. capillacea*）等。

高寒草原分布非常广泛，从喜马拉雅山脉北麓一直分布到祁连山，根据《1∶1000000中国植被图集》[1]，我国高寒草原面积为64.12×10⁴ km²，占全国草地面积的22.9%，在12类草地类型中居第二位。其中，在青藏高原分布区的高寒草原面积约为51.63×10⁴ km²，占青藏高原土地面积的20.1%，占该区草地面积的40.5%。从经纬度来说，高寒草原分布范围大约南北跨12个纬度，东西跨16个经度；从海拔高度来说，高寒草原分布的最低海拔约为3200 m，最高海拔可达5000 m以上。绝大部分地区的年平均气温为3~6 ℃，年降水量为150~400 mm，年平均相对湿度为30%~50%，因此高寒草原的植被适应于这种寒冷干燥的气候环境，形成以下主要特征：①群落物种组成以禾本科和菊科（Asteraceae）植物的比例最高，尤其是针茅属和蒿属（*Artemisia*）植物，是高寒草原主要的建群种；②植株多低矮丛生，叶面积缩小、叶片内卷、气孔下陷、角质层发达，生活史短暂，机械组织与保护组织发达，根系较浅，植株形成密丛，基部常为宿存的枯叶鞘所包围，可以起到保护更新芽越冬的作用（刘钟龄，2017）。

注：[1]《1∶1000000中国植被图集》将我国天然草地划分为四个大类：草原、草甸、草丛和草本沼泽，结合气候、土壤以及地形因子，又进一步分为12类草地（依面积大小排序）：高寒草甸（占全国草地面积的24.4%）、高寒草原（22.9%）、温性草原（16.2%）、亚热带草丛（8.7%）、荒漠草原（8.1%）、盐生草甸（5.6%）、山地草甸（4.4%）、草甸草原（3.3%）、沼泽化草甸（2.3%）、寒温带沼泽和温带草丛（2.1%）和高寒沼泽（<1%）。

1.1.1 高寒草原的类型

青藏高原高寒草原主要是以旱生、多年生丛生禾草为建群种形成的群落类型，建群种主要以针茅属植物为主，通常以建群种命名，如紫花针茅草原、昆仑针茅草原等。

（一）紫花针茅草原

紫花针茅是多年生寒旱生草本植物，耐寒能力强、较耐干旱，对寒冷干燥的大陆性高原气候极为适应，一般于每年5月返青，8月抽穗，9月结实。紫花针茅可耐贫瘠，在pH8.0~8.7的土壤中生长良好，广泛分布于青藏高原海拔2700~5200 m平坦的高原面及山地（马玉寿和徐海峰，2013），最高海拔可达5400 m。紫花针茅作为建群种形成的紫花针茅草原是青藏高原分布面积最大的高寒草原类型，既是高寒典型草原的主要类型，也是荒漠草原的重要类型之一。土壤质地以沙壤为主，多为高山草原土。由于紫花针茅草原分布广，面积大，不同的地区物种组成、群落盖度等往往有一定的差异。

位于青海省高寒草原区的紫花针茅草原群落盖度较大，可达60%~80%。紫花针茅与其他植物组成不同的群落类型，包括紫花针茅+二裂委陵菜（*Potentilla bifurca*）群落、紫花针茅+川青早熟禾（*Poa indattenuata*）群落、紫花针茅+克氏针茅（*S. krylovii*）群落。其物种组成主要有：禾本科植物，包括紫花针茅、赖草（*Leymus secalinus*）、川青早熟禾、垂穗披碱草（*Elymus nutans*）、克氏针茅、梭罗草（*Roegneria thoroldiana*）、芒溚草（*Koeleria litvinowii*）等；莎草科（Cyperaceae）植物，包括无脉苔草（*Carex enervis*）、大花嵩草（*Kobresia macrantha*）、矮嵩草（*K.humilis*）；豆科（Fabaceae）植物，包括多枝黄芪（*Astragalus polycladus*）、密花黄芪（*A. densiflorus*）、黄花棘豆（*Oxytropis ochrocephala*）等；菊科（Asteraceae）植物，包括阿尔泰狗娃花（*Heteropappus altaicus*）、弱小火绒草（*Leontopodium pusillum*）、大花嵩草、无茎黄鹌菜（*Youngia simulatrix*）等；除此之外还有玄参科（Scrophulariaceae）、鸢尾科（Iridaceae）、大戟科（Euphorbiaceae）等科的植物。

位于羌塘高原的南部和中部、雅鲁藏布江上游地区、藏南湖盆区和阿里地区的高山带的紫花针茅草原，分布在海拔4500~5000 m之间，群落总盖度较低，一般为20%~40%，多为紫花针茅单优势群落。常见的伴生种有：其他针茅属植物，如昆仑针茅、沙生针茅（*S. glareosa*）；禾本科羊茅属（*Festuca*）和鹅观草属等丛生禾草；莎草科植物，如青藏苔草（*C. moorcroftii*）、大花嵩草等；菊科植物，如沙蒿（*A. desertorum*）；以及玄参科、唇形科（Labiatae）、瑞香科（Thymelaeacea）、报春花科（Primulaceae）和蔷薇科（Rosaceae）等科的植物。

中喜马拉雅山脉北麓的藏南湖盆区4600~5100 m的干旱山坡、冰渍平台和山麓洪积冲积扇，以及雅鲁藏布江上游等地区分布着紫花针茅单优势种群落。在降水稀少的阿里地区西部，紫花针茅群落盖度较低，而且群落中有少量荒漠植物出现。

紫花针茅耐牧性强，产草量较高，在抽穗开花之前，茎叶柔软，适口性好，粗蛋白和无氮浸出物高，粗纤维含量较低，营养丰富，是各类牲畜喜食的物种；紫花针茅草原是青藏高原高寒地区主要的天然草场之一（马玉寿和徐海峰，2013）。

（二）昆仑针茅草原

昆仑针茅为多年生密丛型旱生植物，主要分布于西藏、青海、新疆和甘肃等省区，分布区的海拔在4500 m左右，生长环境中土壤较薄而贫瘠，气候寒冷而干燥，因此昆仑针茅的抗逆性较强，在干旱的年份依然可以完成生活史，成为群落的建群种。昆仑针茅草原群落盖度和生产力都较低，盖度一般为25%~30%，群落生活型组成中以地面芽植物较多，占比可达63%左右，大多为多年生丛生禾草和多年生杂类草，包括赖草、三角草（*Trikeraia hookeri*）、固沙草（*Orinus thoroldii*）、川藏风毛菊（*Saussurea stoliczkae*）、阿尔泰狗娃花、无茎黄鹌菜、丛生黄芪（*A. confertus*）等。

昆仑针茅春季萌发早，生长快，再生性强，营养价值较高，因而在整个生长季，为各类牲畜喜食，是高寒草原区的优良牧草之一。在自然条件异常干旱、植物种类贫乏的高寒荒漠草原区广泛分布，生长良好，因此昆仑针茅草原是高寒牧区的重要天然草场（马玉寿和徐海峰，2013）。

（三）座花针茅草原

座花针茅草质柔软，叶量丰富，适口性好，利用期较长，一年四季为各类牲畜喜食，是高寒草原地区的优良牧草之一，在春秋两季，是主要的抓膘牧草（马玉寿和徐海峰，2013）。座花针茅的分布区和昆仑针茅的分布区具有较大的重叠性，但是该物种往往不形成大面积群落，多呈零星分布。座花针茅草原主要分布在羌塘高原地区，多在砂砾地、河谷阶地、冲积平原等，垂直分布范围较宽，在海拔4350~5150 m之间。群落盖度很低，一般为15%~30%，植物低矮，群落组成单一，常见伴生种有紫花针茅、昆仑针茅以及早熟禾属和棘豆属等植物。

（四）丝颖针茅草原

丝颖针茅是多年生密丛型禾草，在pH 6.5~7.5的微酸性或者中性的土壤环境中生长良好，耐低温和干旱。丝颖针茅可形成相对紧密的株丛，株丛内部温度相对较高而且较为湿润，其更新芽位于株丛中心，可顺利越冬，次春再生良好，是生长季早期牦牛和藏羊喜食的优良牧草之一（马玉寿和徐海峰，2013）。丝颖针茅草原主要分布在西藏、四川西北部、青海和甘肃等省区，多与昆仑针茅、短花针茅（*S. breviflora*）和高山嵩草（*K. pygmaea*）形成共优势种的群落。

除上述针茅属植物为建群种的高寒草原外，在青藏高原还分布着以垂穗披碱草、羊茅（*F. ovina*）、赖草、寡穗茅（*Littledalea przevalskyi*）等为建群种的丛生型禾草高寒草原。

1.1.2 青藏高原高寒草原生态系统的一般特征

（一）高寒草原土壤碳氮磷特征

全球尺度上，土壤碳库（约为3150 Pg）的大小超过了植被碳库（约为650 Pg）和大气碳库（约为750 Pg）的总和（Luo and Zhou, 2006），是陆地生物圈最大的有机碳库，这使得土壤有机碳库的微小变化就可能引起大气CO_2浓度的显著改变。土壤碳库是植被净初级生产力过程向土壤的碳输入和土壤生物分解土壤有机质等过程的碳输出之间的平衡。因此，土壤碳库的大小及其变化，除受到植物生产力大小的影响外，还受到微生物为维持自身碳氮平衡和碳磷平衡需要的制约。这表明，一方面，土壤中碳的积累速率和存储能力是与限制植物生长和微生物活动的（土壤）氮磷的供应紧密相连的；另一方面，土壤碳氮磷比是有机质及其他成分中碳、氮、磷总质量的比值，是土壤有机质组成和质量程度的一个重要指标。

土壤碳氮磷比（C∶N∶P）主要受区域水热条件和成土作用特征的控制，由于受气候、地貌、植被、母岩、年代、土壤动物等土壤形成因子和人类活动的影响，土壤碳氮磷总量变化很大，使得土壤C∶N∶P的空间变异性较大。如我国湿润温带土壤中的C∶N稳定在10∶1~12∶1，热带、亚热带地区的红壤和黄壤则可高达20∶1，而一般耕作土壤表层有机质的C∶N为8∶1~15∶1，平均在10∶1~12∶1之间，处于植物残体和微生物C∶N之间（黄昌勇，2000）。而就全球尺度而言，土壤C：N：P大致为108：8：1（王绍强和于贵瑞，2008）。在某些情况下，土壤C：P较C：N有更大的变异性，即C：P具有更大的范围，因为磷不是复腐殖酸和棕黄酸的结构组分，磷与碳的耦合紧密度低于氮与碳的耦合紧密度。研究还表明，不同植被类型的土壤C：N也存在明显的差异。例如，土壤C：N从森林的13：1上升到退化草地的17：1，生态系统高密度部分有机质比轻组部分有着更低的C：N。这是因为植物通过消耗和释放不同于环境（土壤和大气）要素比值的元素，从而对土壤C：N：P产生影响。土壤的物理结构、化学性质和厚度也会对C：N：P产生一定影响。例如磷的有效性是由土壤有机质的分解速率确定的，较低的C：P是磷有效性高的一个指标。

土壤碳氮比和碳磷比通常被认为是土壤氮素和磷素矿化能力的标志（Zhang et al.，2003）。在C：N较高时，微生物需要输入氮来满足他们的生长；在C：N较低时，氮超过微生物生长所需的部分就会释放到凋落物和土壤中。因此，幼嫩多汁、C：N较低的植物残体，矿化和腐殖化都较易进行，分解快，形成的腐殖质量少，而干枯老化、C：N较高的植物残体则相反。所以，有机物C：N越高，分解速度也就越慢，这是因为微生物得不到足够的氮来构成其躯体，从而影响其繁殖速度。土壤有机层的C：N较低表明有机质具有较快的矿化作用，所以使得土壤有机层的有效氮含量也较高。从有机层到矿物层，随着土壤厚度的增加，C：N一般会降低，这从更大程度上可以反映出土壤深层剖面腐殖质的年代和分层化。如果C：P较低，则有利于微生物在有机质分解过程中的养分释放，促进土壤中有效磷的增加；反之，C：P较高，则微生物在分解有机质的过程中存在磷受限，从而与植物存在对土壤无机磷的竞争，不利于植物的生长及净生产力的积累。

王健林等（2013, 2014a, 2014b）选择黑阿（那曲—阿里）、青藏（拉萨—青海）、新藏（拉萨—新疆）公路沿线左右宽50 km、长约4500 km基本没有受人类活动干扰的高寒草原为研究对象，探讨了青藏高原高寒草原土壤碳氮磷化学计量特征，发现土壤C：N、C：P、N：P呈现如下特征。

对于土壤C：N：①平均值为20.39，变化范围为12.70~103.18。在水平方向上，土壤C：N呈现出西北高、东南低的总体态势和斑块状交错分布的格局，在藏北高原腹地和喜马拉雅山北麓湖盆区土壤C：N较高，不同草地类型和不同自然地带土壤C：N差异显著；②随着土壤剖面自上而下，不同草地类型C：N可分为低—高—低型、由高到低型、由低到高型、高—低—高—低型和高—低—高型5个类型；③土壤C：N与最冷月均气温、年均蒸发量、年均相对湿度和土壤全氮含量呈极显著正相关关系，而与年均日照时数、年均气温、速效钾含量则呈极显著负相关关系；④相较于我国其他生态系统，青藏高原高寒草原生态系统土壤C∶N较高，可能的原因是青藏高原寒冷的气候限制了土壤微生物的繁殖速度，也可能与青藏高原地质年代较轻、土壤粗骨性较强、氮的淋溶作用较为强烈有关。

对于土壤C∶P：①平均值为24.45，变化范围为1.05~177.69。在水平方向上，土壤C∶P呈现出西北高、东南低的总体态势和斑块状交错分布的格局，藏北高原腹地和喜马拉雅北麓湖盆区的土壤C∶P较高，不同草地类型和不同自然地带土壤磷含量差异显著；②随着土壤剖面自上而下，不同草地类型C∶P可分为低—高—低—高型、低—高—低型、高—低—高—低型、高—低—高型和由高到低型5个类型；③土壤C∶P与植被盖度、植被高度、20~30 cm土壤容重、10~20 cm土壤含水量、30~40 cm土壤含水量、碳酸氢根含量呈显著正相关关系，而与≥10℃年积温、年均相对湿度、10~20 cm地下生物量、0~10 cm土壤容重、0~10 cm土壤含水量、速效钾、有机质、总有机碳、水解性碳含量呈显著负相关关系；④相较于我国其他生态系统，青藏高原高寒草原生态系统土壤C∶P较高，可能的原因是在青藏高原较为寒冷的气候条件下，土壤微生物的矿化作用受到限制。

对于土壤N∶P：①青藏高原高寒草原生态系统土壤N∶P总体上呈现出西高东低、斑块状交错分布的格局，N∶P高值区主要集中在藏北高原腹地和喜马拉雅北麓湖盆区，不同草地类型和不同自然地带土壤N∶P差异显著；②随着土壤剖面自上而下，不同草地类型土壤N∶P可分为低—高—低—高型、低—高—低型、低—高型、高—低—高—低型和高—低—高型5个类型，表土层与底土层N∶P差异显著；③土壤N∶P与0~20 cm土壤容重、20~30 cm土壤含水量、速效钾、全氮含量呈显著正相关关系，与20~30 cm土壤容重、土壤速效磷和全磷含量呈显著负相关关系；④青藏高原高寒草原土壤N∶P在我国各类生态系统中处于较低水平，这与青藏高原地质年代较轻有关。

（二）高寒草原植物群落生物量特征

低温和水分是限制高寒草原植物群落生物量的两个关键因子，杨元合（2008）基于地面实测生物量资料与遥感信息结合的方法，估算了青藏高原高寒草原的地上、地下和总生物量。平均而言，青藏高原高寒草原的地上生物量、地下生物量和总生物量分别为54.1 g/m²、300.3 g/m²和356.4 g/m²，总体上低于高寒草甸的地上、地下和总生物量（110.4 g/m²、780.5 g/m²和897.4 g/m²）。高寒草原群落生物量存在较大的空间变异，地上、地下生物量以及总生物量均表现为自青藏高原东南部向西北部递减的分布趋势。该趋势与青藏高原降水量的空间分布趋势吻合，说明降水对高寒草原群落生物量起着重要作用，而生长季温度对群落生物量的空间分布没有显著的影响。此外，土壤质地也对地上生物量空间分布具有显著的影响，随着土壤粉粒含量的增加，地上和地下生物量呈显著增加趋势，而随着土壤砂粒含量的增加，地上和地下生物量呈显著降低趋势。

沈海花等（2016）对过去30年间（1982—2011年）高寒草原的年均温和年降水量进行了趋势分析，发现高寒草原年均温度增加明显，年变化率大于0.061 ℃/a，年降水量亦呈显著增加的趋势，热量和水分的增加在一定程度上促进了植物的生长，因而在过去30年间，高寒草原地上生物量呈增加的趋势。

（三）高寒草原生态系统CO_2通量特征

碳循环是陆地生态系统最为重要的物质循环过程。首先，碳是地球上所有生命有机体的关键组成成分，因而碳循环是生物圈健康发展的重要标志；其次，在漫长地质时期，植物对碳的固定（即光合作用）几乎是大气中产生氧气的唯一来源，决定了整个地球环境的氧化势，并且通过氧化还原反应，使得其他生命元素，如氮、磷、硫等的循环与全球碳循环和氧循环紧密相连；最后，自工业革命以来，由于石化燃料的燃烧和土地利用方式的改变，人类活动已经极大地影响到地球碳循环的景象，从而导致了诸如大气CO_2浓度升高和气候变化等一系列严峻的全球性生态环境问题（Magnani et al., 2007）。

自然状态下，草地生态系统碳循环的基本过程主要包括碳固定和碳排放两大通量过程，其中碳固定过程指植物通过光合作用吸收大气中的CO_2，而碳排放过程为植物和土壤微生物通过呼吸作用向大气中释放CO_2。其中，植物通过光合作用固定大气中的CO_2形成生态系统的总初级生产力（Gross primary productivity, GPP），扣除同一时期植物的自养呼吸（Autotrophic respiration），包括地上部分植被的呼吸和根呼吸向大气返还的CO_2，形成生态系统的净初级生产力（NPP），实现了从大气到草地生态系统的净碳积累；与此同时土壤中的微生物以植物根系分泌物、土壤有机质和根系凋落物等为底物的分解代谢活动，即异养呼吸过程向大气中释放CO_2，形成草地生态系统向大气的净碳输出（Luo and Zhou, 2006）。

青藏高原的主体部分为高寒地区，在这种寒冷的气候条件下，凋落物分解速率很低，尤其是分布在海拔4000 m以上的、作为青藏高原主体部分的高寒草甸和高寒草原，土壤中碳的释放是缓慢的，土壤中长时期碳的累积量是巨大的，在全球气候变化情景下，高原土壤中碳的排放和植物群落对碳的吸收对全球气候变化更为敏感。

张宪洲等（2004）采用静态箱式法，对位于西藏自治区班戈县的高寒草原生态系统土壤CO_2通量进行了为期两年的定点观测，发现青藏高原高寒草原生态系统土壤CO_2排放的日变化呈现单峰曲线，排放最高点出现在当地时间的14:00左右，最低点出现在当地时间的凌晨5:00左右，在夏季这种特征尤其明显；高寒草原生态系统土壤CO_2排放亦呈现明显的季节变化，夏季增强，冬季明显减弱。结合土壤温湿度估算得到高寒草原生态系统土壤CO_2日通量均值和年通量总值分别为21.39 mg CO_2/m²/h和187.46 g CO_2/m²/a，结合高寒草地净生产量的观测结果，表明青藏高原高寒草原生态系统是碳汇。

1.2 藏系绵羊概述

藏系绵羊（Tibetan Sheep），简称藏羊，是我国三大绵羊谱系之一，具有抗严寒、耐粗饲、适应高海拔、体质强壮、行动敏捷、善于爬高走远的特点，但发育成熟晚，属于粗毛型绵羊地方品种，原产于青藏高原，主要分布在青海省、西藏自治区、甘肃省、四川省、云南省和贵州省等地（中国畜禽遗传资源志·羊志，2011）。

1.2.1 藏羊的起源和驯化

绵羊（*Ovis aries*）在动物分类学上隶属于哺乳动物纲（Mammalia）偶蹄目（Cetartiodactyla）反刍亚目（Ruminantia）牛科（Bovidae）羊亚科（Caprinae）的绵羊属（*Ovis*）。结合比较解剖学、生理学、育种学、考古学等多方面的研究，家养绵羊的多源起源论得到广泛认可，现代的家养绵羊起源于不同地区，包括南欧、前亚细亚、北非、小亚细亚、中亚和中央亚细亚。野生绵羊的4个物种，阿尔卡尔羊（*O. vignei*）、源羊（*O. ammon*）、亚洲摩弗伦羊（*O. orientalis*）和欧洲摩弗伦羊（*O. musimon*）与家养绵羊的亲缘关系最近。

据考古资料和现代分子生物学的研究，中国家养绵羊不是起源于一个地区或者在一个地区驯化后逐渐扩展到周围地区,而是先后在多个地区各自驯化发展起来的。现有的考古发掘遗存说明,至迟在新石器时代,先民们就已经驯化了野生绵羊。一般认为,中国现有绵羊品种的近缘野生种是阿尔卡尔羊、源羊及其若干亚种。早在我国商代的甲骨文中,就已经出现了羊字,其形为"Ψ",此时并未区分绵羊和山羊,直至春秋时期,才在文字上对绵羊和山羊有了区别。

藏羊的祖先是分布于青海、西藏、甘肃、新疆等地的盘羊,生活在羌塘地区的古羌人将盘羊驯化成为短瘦尾的古羌羊,随着民族的迁徙和融合不断迁移扩散,形成了如今的藏羊(中国畜禽遗传资源志·羊志,2011)。

1.2.2　藏羊的生物学特性[1]

藏羊可以适应寒冷、缺氧、强辐射的高海拔环境,有其生理学和形态学上的基础。首先,藏羊被毛底层的绒毛能够减少体热散失,外层的粗长毛纤维之间和毛干髓层中充满空气,形成了稳定的保温层,可以抵御严寒气候的侵袭,对寒冷有很强的忍耐力;藏羊在短暂的暖季可迅速复壮,并在皮下及内脏器官周围储积大量脂肪,以供保温御寒和在较长的枯草季节维持身体的能量需要,在-20 ℃以下的风雪天气,露天产羔时如果能适当护理,羔羊也不会因寒冷而受害。其次,大多数藏羊的头部有杂色斑块或全部为深色,这对高原地区的强辐射起到了一定的反射作用,从而保护藏羊免受强辐射危害。此外,藏羊血液中的红血球含量较高,因而对缺氧环境有很好的适应能力。藏羊的这些形态生理生化特征具有很强的遗传保守性,在体形、头形、毛色、被毛纤维组成等方面的特征均能稳定地遗传给后代,确保整个种群在高海拔地区的良好适应和生存繁衍。

在传统放牧下,由于生存条件严酷,终年处于放牧、冷季没有补饲和御寒条件,藏羊的能量消耗大,造成其生长发育、成熟较慢,从出生到断奶(一般为6月龄)为生长发育最快的阶段,春羔尤为明显;从断奶到2.5岁,体重持续上升,但是增重缓慢,2.5岁以后还略生长,但4.0岁以后基本停止生长。

1.2.3　藏羊的主要类型

藏羊是青藏高原重要的土著家养动物遗传资源,主要产区在青藏高原,分布很广,由于各地生态条件差异悬殊,形成了不同的类型,包括高原型(亦叫草

注:[1]藏羊生物学特性相关资料来源于行业内部资料《青海省畜禽遗传资源志》。

地型）藏羊和山谷型藏羊。

（一）高原型藏羊

高原型藏羊是藏羊的主体，数量多、分布广。在青海主要分布在海北藏族自治州、海南藏族自治州、海西蒙古族藏族自治州、黄南藏族自治州、玉树藏族自治州和果洛藏族自治州的广阔高寒牧区；在西藏则分布于其境内冈底斯山、念青唐古拉山以北的藏北高原。甘肃的甘南藏族自治州、四川的甘孜藏族自治州和阿坝藏族羌族自治州北部牧区也是高原型藏羊的主要分布区。

高原型藏羊体质结实，体格高大，四肢较长，成年羊体重公羊可达51.0 kg，母羊达43.6 kg。公羊和母羊均具角，公羊角长而粗壮，呈螺旋状向左右平伸；母羊角扁平、细而短，多呈螺旋状向外上方斜伸。鼻梁隆起，耳大，前胸开阔，背腰平直，十字部稍高，扁锥形小尾。体躯被毛多为白色、头及四肢则以杂色为主，体躯杂色和全白个体很少。被毛呈毛辫结构，毛辫长过腰腹线，毛辫长20~30 cm，绒毛长8~10 cm，头颈下边缘及腹毛着生稀短。被毛异质，毛纤维长，其纤维按重量百分比计无髓毛[1]占53.59%，两型毛占30.57%，有髓毛占15.03%，干死毛占0.81%。被毛光泽和弹性好，强度大，两型毛和有髓毛较粗，绒毛适中，这一类型藏羊所产羊毛即为著名的"西宁毛"，由其织成的产品有良好的回弹力和耐磨性，是织造地毯、提花毛毯的上等原料。

（二）山谷型藏羊

山谷型藏羊主要分布在青海省果洛藏族自治州的班玛县和玉树藏族自治州的囊谦县的部分地区，四川省阿坝藏族自治州南部牧区，云南的昭通市、曲靖市、丽江市及保山市等。

与高原型藏羊相比，山谷型藏羊体格较小，结构紧凑，体躯呈圆桶状，颈稍长，背腰平直；头呈三角形，公羊大多有扁形大弯曲螺旋形角，母羊多无角；四肢较短但矫健有力，善于登山远牧，体躯被毛以白色为主，多呈毛丛结构，有毛辫者较少，产毛少，被毛中干死毛较多，毛质差。

贵德黑裘皮羊和欧拉羊是藏羊的两个特殊生态类型，现已由国家畜禽遗传资源委员会审定、鉴定通过为畜禽遗传资源（中国畜禽遗传资源志·羊志，2011；中华人民共和国农业农村部公告，第63号）。

注：[1]根据纤维的组织结构，羊毛通常被分为有髓毛、无髓毛、两型毛和干死毛，其中有髓毛由鳞片、皮质和髓质3层细胞构成；无髓毛则不含髓质；两型毛又称中间型毛，结构接近于无髓毛，一部分有髓，一部分无髓，但髓质较细，多呈点状或间断状；干死毛在结构上为有髓毛，但髓质含量高，在外形上表现为缺乏光泽、脆弱易断。

贵德黑裘皮羊，又称青海黑藏羊、贵德黑紫羔，分布在青海省海南藏族自治州的贵南、贵德、同德等县，中心产区在贵南县贵德黑裘皮羊保种场以及附近的森多、茫拉等地。贵德黑裘皮羊是当地牧民有意识地选留羊群中毛色黝黑发亮，有环形、半环形卷花的全黑色公羊作为种羊，经长期选育最终形成的具有稳定遗传特征、抗病力强、对高原自然生态环境适应良好、裘皮品质好的独特地方品种。

贵德黑裘皮羊是混型毛被的粗毛羊种，全身被毛覆盖辫状粗长毛被，毛辫长过腹线，头颈下缘及腹部毛着生稀短，被毛为黑红色，部分为微黑红色，个别呈灰色，羔羊大多毛穗根部呈微红色，尖部为纯黑色，故称黑紫羔。体质结实，结构匀称，体格较大；头呈三角形，鼻梁隆起，耳中等大小，稍下垂。公羊母羊均有角，公羊角向上、向外扭转伸展，母羊角较小。背腰平直，肋骨开张良好，体躯呈长方形，四肢健壮，短瘦尾。

欧拉羊（原称欧拉型藏羊，苏呼欧拉羊），主要分布在青海省黄南藏族自治州的河南县、泽库县，果洛藏族自治州的久治县和海南藏族自治州的同德等县的大部分地区。中心产区为河南县，因其起源于河南县与甘肃省甘南藏族自治州玛曲县接壤的欧拉山而得名，欧拉羊核心产区的群众称其为"苏呼欧拉羊"，"苏呼"是藏语中"蒙古"的意思，其他地方群众称其为"黄脖羊"。

欧拉羊早期发育快，体格结实，肢高体大，背腰宽平，后躯丰满，生长较快，繁殖性能好，适应高寒气候。其显著特点是胴体重、产肉高、净肉率高。头稍长，呈锐角三角形，鼻梁隆起，公、母羊绝大多数都有角，角形呈微螺旋状向左右平伸或略向前，尖端向外。头肢多杂色，颈胸部多数着生黄褐色长毛，体躯多无毛辫结构，全白和体躯白色个体较少，公羊前胸生较长黄褐色"胸毛"，这是欧拉羊种区别于其他藏系羊的重要标志之一。

1.3 青藏高原放牧历史变迁

青藏高原，被称为"世界屋脊"和"地球第三极"，平均海拔在4000 m以上。高海拔造就了寒冷的气候，危耸的皑皑雪峰下，唯有广袤的草地在这片土地上生长良好，而依赖于草地的放牧活动维系了生活在这里的原住民的生存和繁衍，创造了绵延数千年的雪域放牧文化史。

　　根据考古发现，旧石器时代，青藏高原就已经有了原始自发游牧的痕迹，在青海和西藏多个地区都有人类蒙昧时期的文化遗址，如1984年6月中国科学院古脊椎动物和古人类研究所在柴达木盆地小柴旦湖东南岸发掘采集112件石器，并根据^{14}C测定和地层对比，证明这些石器的年代为距今约3万年的旧石器时代。根据古气候研究，此处当时气候较现在温暖潮湿，分布着适宜于成群食草类动物生活的疏林草原，远古人类以狩猎为主要的生活方式，并有意识地开始蓄养动物，原始游牧由此发端。

　　进入新石器时代，经过几万年漫长的实践积累，人类对放牧的认识从感性逐渐上升到理性（侯扶江等，2016），从被动地追逐水草、少量地蓄养动物转变为主动地驯化和控制家畜，人类从草原食物网的组分逐渐成为控制者，并开始有组织地利用草地。在西藏昌都的卡约文化遗址，发掘出土了大量的建筑遗迹，如精细石器、骨器等生产生活工具，以及土猪、羚羊等各种动物骨骼。猪是人工饲养的，说明在新石器原始公社时期，放牧和畜牧业已经在当地居民的生产生活中占有相当比例（尕藏才丹和格桑本，2000）。在青海省发掘的马家窑、齐家、辛店、卡约和诺木洪等新石器文化和青铜文化遗址等的考古发现也说明早在新石器时代就有了畜牧业的雏形。当时驯化的家畜主要有猪、狗、牛、羊等，而牦牛和藏羊——青藏高原独有的"双畜"就是在新石器时代被居住于此的古羌人驯化，在漫长的历史中，成为青藏高原藏族人民的生产和生活支柱，并成为藏族独具特色文化的重要组成部分。

　　自新石器时代以来，直至中华人民共和国成立前期，青藏高原的放牧一直是以传统的逐水草而居的游牧形式进行。虽然由于寒冷气候的影响，青藏高原植被生长期极为短暂，一年中大于一半的时间都为枯草期，但生活在这里的牧民依据长期的实践和智慧，对草地利用实现了"时空耦合"萌芽态：在温暖的夏季（牧草生长期）在高海拔地带的草地上放牧家畜，这里的植被虽然比较矮小，但由于处在生长季内，营养丰富，而且在牛羊啃食后会再次积累干物质，足以供应家畜生长；到了寒冷的冬季（牧草枯黄期），牧民驱赶着牛羊回到较低海拔的草地上，积累了整整一个夏季的牧草则是牛羊在漫长冬季的最主要食物来源，这种青藏高原上常见的季节性轮牧方式，又可根据各地的实际情况，细分为两季轮牧和三季轮牧。

　　直到20世纪中叶中华人民共和国成立以前，青藏高原草地的所有权主要属于农奴主、寺院僧侣和政府官员（Huang et al., 2017）。各"领主"之间草地通常都以自然分界线为界，如山脊、河流等，此时并无"公共牧场"的概念，草地上的一切收获与损失都由其"领主"负责（Li, 2012）。

20世纪50年代，中国进行了全境的土地所有制改革，青藏高原草地所有权也随之发生巨变，草地所有权从"领主"转移到归国家所有或者集体所有，实现了草地所有权国有化。草地所有权国有化历经10多年，直到20世纪60年代人民公社建立后方彻底实现。在国有化的政治经济体制下，所有草地及其上的家畜归所有牧民拥有。在这种政治经济体制实行的早期，对于区域稳定、民族团结和经济复苏有积极的作用，但从长远来看，在一定程度上削弱了牧民的积极性，从而降低了草地的生产力（畜产品），这和国内农区国有经济体制对经济复苏的积极作用和对农民积极性的削弱效应是相同的（Li and Huntsinger，2011）。

1984年，家庭联产承包责任制开始在牧区实行，并写入了于1985年10月1日起施行的《中华人民共和国草原法》。在这种经济体制下，牧户作为生产和决策的基本单位，草地依然归国家和集体所有，家畜则根据牧户大小（家庭人口数）分配到每一个牧户。在这种政策下，牧民的积极性大大提升，草地生产力（畜产品）大幅度增加，但为追求更多的畜产品而不断增加的放牧强度，以及"公地悲剧"[1]效应，造成了20世纪90年代非常严重的大范围的草地退化现象，整个青藏高原超过90%的草地都经历了不同程度的退化，严重威胁了高寒牧区生态环境和畜牧业的健康发展。

为遏制草地退化，恢复草地生态系统功能，我国于1994年启动第二轮草地家庭承包责任制。在新的体制下，草地经过等级评定后，基于牧户人口数及其拥有的家畜数量进行分配，并签订承包合同（Cencetti，2010）。草地使用权的承包年限一般为30年，在某些特殊地区可延长至50年。随着社会经济的发展，家庭承包责任制出现了两种新的组织形式，一种组织形式叫"联户经营"，即几家牧户将各自的夏秋季牧场联合在一起使用；另外一种组织形式是"草地流转"，即把草地经营权转让给他人，这两种组织形式都是基于自愿，其成员多为亲友或者邻居（Huang et al.，2017）。

草地经营权和家畜所有权随着政策、社会经济发展、技术进步以及牧民需求等而变迁，是地方政府和当地牧民在保护生态系统稳定和发展畜牧业之间寻求平衡的缩影。

注：[1]公地悲剧：1968年，美国学者Garrit Hadin在《科学》杂志发表题为"The Tragedy of the Commons"的文章，提出了"公地悲剧"的概念，意指因过度开发利用公共资源从而导致资源过度利用引发悲剧。Hadin在文中举了一个事例：一群牧民面对向他们开放的草地，每一个牧民都想多养一头牛，因为多养一头牛增加的收益大于其购养成本，是合算的，但是因平均草量下降，可能使整个牧区的牛的单位收益下降。每个牧民都可能多增加一头牛，草地将可能被过度放牧，从而不能满足牛的食量，致使所有牧民的牛均饿死。这就是公共资源的悲剧。

1.4 放牧对草地生态系统的影响

放牧是对草地最经济、最方便和最高效的利用方式（任继周，2012）。草地放牧系统是通过地境（土壤）—植被（牧草）—家畜—人居各界面过程耦合而形成的复合系统，人类是放牧系统的设计者、管理者和受益者；家畜是人类和草地之间的关系纽带；在人类生产活动的管理下，家畜—草地的相互作用为放牧生态系统的进化提供了最直接的动力。

放牧是草地生态系统中，从植物生产到动物生产的营养级转化的必要环节。人类利用这一规律为农牧业服务，构建了包括人居、家畜和草地三要素的放牧系统，称为放牧。人居、草地、草食家畜三者构成的子系统是草地生态系统的能流主干，其受控于两组基本因子群，一组是草地—家畜—人居构成的管理因子群，另一组是草地—家畜两者的时空组合。草地、家畜、人居三个放牧行为的主体，通过时间的关联来完成放牧行为，放牧管理方式、放牧质量、载牧量都是重要指标（任继周，2012）。在草地放牧系统中，土壤—牧草—家畜是一个整体，它们互相影响，互相制约。放牧能够影响到草地放牧系统的各个环节，并受人为干扰的影响而不断变化，其影响的强度甚至会改变整个系统的状态和变化趋势；而且由于年际间气候因子的波动，即使是同一草地，其负载能力和适宜放牧强度（强度）也有所波动，体现出草地非平衡的固有特性。

1.4.1 放牧对草地土壤的影响

土壤是植物生长繁殖的地方，同时也是草地植物的营养来源，土壤的物理、化学、生物学特性，共同影响着植物的生长、发育和分布。放牧活动不仅通过影响草地植物生长和微生物活动等过程影响土壤中碳和养分的积累，也通过影响凋落物数量和质量、排泄物归还、践踏等过程，对土壤紧实度、渗透阻力等产生影响。放牧对草地土壤的影响主要取决于放牧强度、放牧制度、放牧季节、放牧动物的采食行为等管理方式。

（一）放牧对土壤物理性质的影响

放牧主要影响表层土壤物理性状，包括土壤容重和渗透阻力、土壤孔隙的空间分布、土壤团聚体稳定性和渗透率、土壤水分含量等。研究表明，随着放牧强度的增大，家畜的践踏作用增强，土壤孔隙分布的空间格局发生变化，土壤的总孔隙减少，土壤容重和渗透阻力增加（高英志等，2004）。另外，土壤团聚体稳定性和渗透率也会降低（Greenwood et al., 1997）。但在有机质含量很低的沙质土壤中，放牧强度的增加会造成有机质含量降低，土壤的团粒结构减少，稳定性团聚体减少，土壤结构遭到破坏，使得土壤容重反而降低（Franzluebbers et al., 2000）。

（二）放牧对土壤化学性质的影响

在肃北高寒草原研究发现，轻度放牧草地的土壤有机质、全氮含量高于中度放牧和重度放牧草地的，20~30 cm土层有机质随放牧强度的增大呈明显下降趋势；土壤速效氮、速效磷、速效钾含量在总体上随放牧强度的增加呈下降趋势。在剖面上的0~10 cm，10~20 cm，20~30 cm土层，随着土层深度的增加土壤有机质、pH、全氮、速效氮、速效磷含量呈增加趋势，而土壤速效钾呈下降趋势（杨红善等，2009）。随着放牧强度的增加，青藏高原东部高寒草原0~15 cm土层土壤有机碳的含量下降，整个植物生长季中土壤有机碳存储量也随着放牧强度的增加而线性降低，且重度放牧造成土壤有机碳从土壤释放到空气中。土壤全氮的含量也逐渐降低，土壤全磷变化趋势不清晰，土壤中速效氮的含量显著增加，矿化氮和硝化氮的含量逐渐增加。土壤速效磷沿放牧强度的变化与速效氮不同。相对未放牧，轻度和中度放牧增加了土壤速效磷含量，重度放牧则降低了土壤速效磷含量（孙大帅，2012）。长期放牧使阳离子交换含量，交换性Ca^{2+}、Mg^{2+}含量逐渐降低（Ayuba，2001），而交换性Na^+含量略有上升。放牧对土壤群落的生物量和结构有较大影响（Bardgett et al., 2001），放牧降低了土壤微生物碳和微生物碳氮比，增加土壤了无机氮的有效性和潜在的氮矿化，可能由于植物和土壤对放牧的响应是一致的，所以放牧降低了高寒草甸的微生物生物量。

1.4.2 放牧对草地群落及生物多样性的影响

（一）放牧对植物个体的影响

植物功能性状是植物在个体水平上对外界环境长期响应与适应后所呈现出来的可度量的特征（Violle et al., 2007），个体间功能性状的差异影响其在特定生境中的生长、生存和繁殖，从而影响个体对环境的适合度。植物功能性状包括了植物不同器官（根、茎、叶等）的各种结构、化学和生理性状，其中叶片的功能属性决定了植物获取资源和抵抗环境压力的能力，因而和生态系统的一系列生产生态过程密切相关：初级生产力的形成、营养的吸收利用、枯落物的分解以及碳和氮磷等养分的循环等，影响着生态系统的结构和功能。

青藏高原高寒草地的研究表明随着放牧强度增大，鹅绒委陵菜（$P. anserina$）的无性系匍匐茎数目增加，分枝强度加大；基株变矮，逐渐由直立、半直立型变为匍匐状，形态可塑性明显，根长有逐渐增加的趋势，轻度放牧和不放牧样地中鹅绒委陵菜用于克隆生长的平均能量投资（分株和匍匐茎的干重及其所占比例）小于重牧样地，而随着放牧强度增加，矮嵩草分株地上生物量、营养体以及繁殖体生物量均呈增加趋势（朱志红等，1994），适度放牧有利于分株数的增加，而放牧过重或过轻不利于分株的形成（杨元武等，2011）。对青海湖地区高寒草原植物研究表明，优良牧草个体对长期放牧的形态响应与毒杂草不一致，优良牧草在长期放牧的条件下表现出"个体小型化"现象，但是毒杂草的响应不明显，在地上生物量上表现得尤为突出（韩友吉等，2006）。各放牧强度下，群落优势种的光合日进程均呈现"双峰"曲线，随放牧强度的增加，群落优势种的脯氨酸含量逐渐增加（霍光伟等，2010）。内蒙古草原生态系统放牧研究表明，植物角质层厚度随放牧强度的增加而增加，而表皮细胞面积、叶肉细胞面积、叶片厚度等指标不同植物的反应不同。植物叶片化学成分（全氮含量、全碳含量、纤维素含量、叶绿素a+b及a/b）随放牧强度的变化较小。放牧强度显著降低了糙隐子草（$Cleistogenes\ squarrosa$）的比叶面积及星毛委陵菜（$P.\ acaulis$）和小叶锦鸡儿（$Caragana\ microphylla$）的叶绿素含量，提高了糙隐子草的纤维素含量及扁蓿豆（$Medicago\ ruthenica$）叶片的全氮含量（赵雪艳和汪诗平，2009）。张荣华等（2008）的研究则发现，在中度放牧强度下针茅（$S.capillata$）的再生速度最快、再生产草量最高、再生速率最大。放牧对大针茅（$S.grandis$）根系生物量季节动态的影响表现为随时间的变化呈现出"N"字形变化趋势，且中度放牧促进了根系生物量的增加，重度和轻度放牧则使根系生物量降低（董亭，2011）。

（二）放牧对植物群落的影响

在青藏高原高寒草甸，过度放牧引起群落地上生物量下降，就不同功能群而言，禾草生物量及其比例降低，莎草、杂类草和毒杂草的比例则上升（董全民等，2004），而且优良牧草盖度的年度变化与放牧强度表现为极显著负相关，而杂类草盖度的年度变化与放牧强度表现为极显著正相关。李德新（1980）通过研究发现，长期放牧使内蒙古克氏针茅草原发生放牧性演替，尤其是在过度放牧下，使得克氏针茅草原出现不同程度的退化现象；雒文涛等（2011）在内蒙古典型草原的放牧研究发现，从轻度放牧到重度放牧，群落种类组成和根系功能群类型趋于简单化；群落地下生物量的空间分布形态呈"T"字形；不同放牧强度下草原群落的建群种出现了明显替代现象，轻度放牧样地群落建群种为密丛型根系的克氏针茅，中度放牧为疏丛型根系的糙隐子草，重度放牧为鳞茎型根系的碱韭（*Allium polyrhizum*）。

（三）放牧对生物多样性的影响

随放牧强度的增加，群落的物种丰富度逐渐降低，而其均匀度和多样性在中度放牧下的群落中表现为最高（段敏杰等，2010），也有研究发现在重度放牧强度下其值最高（徐广平等，2005）。在松嫩草原的研究表明，物种丰富度、植物多样性以及均匀度都表现为先增后减的变化趋势，适牧放牧强度时最高，极轻放牧强度下有较大提高（王仁忠，1997），也有研究表明多样性指数、均匀度指数增加，而优势度指数降低（金晓明和韩国栋，2010）。

对川西亚高山区域植物群落构建过程的研究表明，随着放牧干扰的增强，功能群均匀度呈线性下降，样方平均值从0.930降至0.840，其高于零模型的次数也逐渐降低，干扰程度较大的草甸中出现部分样方的功能群均匀度显著低于零模型。随着干扰程度的增强，群落的谱系结构指数也呈逐渐上升趋势，净关联指数平均值由-0.634逐渐升至2.360，邻近类群指数由-0.158上升至2.179（闫邦国等，2010）。

群落生物多样性的空间分异特征是由地理环境、土壤环境以及干扰强度等因素综合作用的结果。无干扰或干扰较弱时，物种多样性主要受土壤环境状况所影响；而在强干扰存在条件下，干扰强度对物种丰富度和多样性的影响比环境因子更显著；遏制高寒草甸植物多样性降低应首先控制放牧及鼠类等强干扰活动（温璐等，2011）。

1.4.3 放牧对土壤种子库的影响

土壤种子库（Soil seed bank）是指土壤中所有具有萌发活力的种子的集合，是一个潜在的繁殖体库，它在生态系统过程和生态系统服务中发挥着关键作用。土壤种子库的作用主要有以下几个方面：①土壤种子库的存在可以通过种子的休眠特性来降低种群灭绝的概率（Venable and Brown，1988）；②土壤种子库可以维持生态系统的多样性，如物种多样性（Pake and Venable，1986）和遗传多样性（Uhl et al.，1981）；③土壤种子库是植被动态的一个重要制约因素，影响着植被抵御生态系统扰动的能力（Pugnaire and Lázaro，2000）。由于种子存活时间的不同，土壤种子库分为短暂土壤种子库（种子存活时间<1年）和持久土壤种子库（种子存活时间>1年）。短暂土壤种子库又依据在秋天散布后立即萌发或经过一个寒冷阶段在春天萌发而分为类型I和类型II，短暂种子库的作用是填补植被空隙；持久土壤种子库则依据散布后，立即萌发和休眠种子占比多少分成了类型III和类型IV（Thompson and Grime，1979），持久库的作用则是在遭受不可预测的空间或时间干扰时，对植被恢复提供基础。

土壤种子库的组成和规模具有高度的空间异质性，在时间上具有季节动态和年际变化。土壤种子库的空间分布格局是指土壤种子库的物种组成和数量在空间上呈现的有规律的变化，包括水平分布和垂直分布。种子在垂直分布上的研究表明，种子库密度通常随土层的加深呈现递减规律，0~5 cm土层的种子数量占总数的76%（Zhao and Gillet，2011）。放牧强度的增加使得种子进入更深的土层（李志强等，2010），由于深层土壤水热环境较表土稳定，因此进入更深土层的种子会成为持久种子库的一部分，成为植被恢复的潜在力量。

影响土壤种子库规模和物种组成的因素有很多，包括非生物因素和生物因素。其中非生物因素包括地形（Havrdová et al.，2015）和气候（Bernareggi et al.，2015）等；生物因素包括植被特征（Ma et al.，2017）、土壤条件（Seibert et al.，2019）和种子形态等（Weiher et al.，2010）。另外，土壤种子库易受到各种干扰的影响，如火烧（Sofuni et al.，2016）、洪水（Anneke et al.，2018）和放牧活动等（Ma et al.，2018）。

放牧通过多种途径影响土壤种子库的规模和组成等。首先，放牧家畜的采食过程对植物群落有直接影响（O'Connor and Pickett，1992），尤其是对植物生殖枝的采食可以直接导致种子产量的下降（Sternberg et al.，2003），特别是在种子结实和成熟阶段的放牧行为对种子产量的影响很大（Faust et al.，2011）；放牧家畜的践踏行为可以增加粪便被践踏而破裂的机会，从而增加粪便内种子的萌发概率（Davis，2007）；放牧家畜的尿液和粪便内氮的输入，会影响土壤微生物的组成，进而影响种子失活和腐烂的比例，直接改变土壤种子库的规模和物种组成（Fraser et al.，2011）。其次，放牧家畜活动对土壤种子库有间接影响（Hanley and Sykes, 2009), 比如, 践踏和放牧家畜的粪便通过对土壤理化性质的影响 (董全民等, 2012; Sun et al., 2018), 间接地影响了土壤种子库的规模和结构。此外, 放牧家畜可以通过皮毛 (Kiviniemi, 2013)、蹄瓣缝隙 (Schulze et al., 2014) 和粪便 (Xu et al., 2014) 运输种子。

关于放牧过程对土壤种子库规模的影响, 目前有三种观点, 即: 放牧过程增加土壤种子库规模、放牧过程减少土壤种子库规模以及放牧过程不影响土壤种子库规模 (Lian et al., 2014)。认为放牧能够增加土壤种子库规模的研究, 认为受干扰地区的物种倾向于加大投资有性繁殖, 从而产生大量的种子 (r对策), 比如申波等 (2018) 在高寒草甸上的研究, 伊晨刚等 (2012) 在人工草地, O'Connor 和 Pickett (1992) 在南非、Solomon 等 (2006) 在埃塞俄比亚都发现放牧能够显著增加土壤种子库的规模。但也有少数研究结果表示放牧对土壤种子库规模没有影响 (Smeins and Kinucan, 1992)。同时, 也有研究认为放牧会减少土壤种子库的规模 (孙建华等, 2005), 放牧家畜对植物的采食, 尤其是在开花和结实的阶段, 造成植物种子产量的降低, 土壤种子库种子输入的减少, 致使土壤种子库规模的下降。放牧对土壤种子库规模影响的研究存在较大的差异, 说明土壤种子库规模会受到植被类型、草地优势种的生活策略、放牧家畜类型和强度、降水等环境因子的影响而呈现出不同的结果。

放牧对土壤种子库物种组成的影响是通过影响地上植被的群落组成来实现的。有研究认为, 放牧会增加土壤种子库物种丰富度, 如在欧洲中部温带草原 (Klaus et al., 2018) 上放牧增加了土壤种子库的物种丰富度, 同时也有相反的结论 (孙建华等, 2005), 这主要是由于: 第一, 目前所运用的土壤种子库研究方法以直接萌发法为主, 萌发温度与采样地差异大、萌发温度单一等可能造成很多物种不能正常萌发; 第二, 萌发周期不够长, 诸多研究中的萌发周期是13个月, 有一些只有6个月, 甚至更短, 而多年生物种的种子寿命短, 萌发快, 一年生物种的种子寿命长, 具有持久性, 因此, 萌发时间的长短直接影响了土壤种子库的物种组成; 第三, 放牧家畜的类型不同、放牧制度不同等造成土壤表层种子的流失, 有研究发现牦牛粪便中多以莎草类为主, 藏羊粪便多以杂类草为主 (景媛媛等, 2014); 第四, 草地类型的差异导致研究结果的不同。

已成熟的植物种子被牲畜采食是一个重要的生态学过程, 是植物传播种子的重要途径之一, 放牧家畜在采食过程中会摄入一定比例的种子, 这部分种子经过消化道排出体外后仍旧可以保持萌发活力, 这部分可萌发的种子也是组成土壤种子库的组分之一 (Yu et al., 2013)。种子在动物瘤胃中滞留时间的长短与其排出体外后的萌发活力息息相关，对于种皮较厚的种子，在瘤胃中滞留的时间越长，其受到的胃酸腐蚀及胃部活动的机械磨损效应越强，从而导致排出体外的种子种皮变薄，提高其发芽率；对于种皮较薄的种子，在瘤胃中滞留的时间过长则会导致种皮被分解，种胚失去种皮的保护，排出体外后其发芽率和活性均会受到很大影响（Mouissie et al., 2005）。因此，家畜采食对种子萌发率有一定程度的影响，且会因被采食物种和采食家畜的不同而不同。有研究表明，瘤胃消化液显著抑制了种子的萌发（Toland, 1978；陈奥等，2013），但另外一些研究表明，经过瘤胃液的浸泡，豆科种子的萌发率则会提高（杨洁晶等，2015），莎草科种子的萌发率也会提高（Yu et al., 2014），因此，群落变化不仅与植物种子的散布相关联，同时也依赖于食草动物的采食习惯和特点（Malo and Suárez, 1995），放牧家畜通过对种子和幼苗的采食，来控制草地物种的组成和多样性（Fraser and Madson, 2008），调节植物物种间竞争和共存关系（Hanley and Sykes, 2009），基于此有研究人员利用经过动物瘤胃仍可保持萌发活力的种子来进行植被重建工作（Ocumpaugh et al., 1996）。另外，放牧家畜粪便和尿液中不同浓度的元素含量对土壤种子库中的不同物种有着或抑制或促进萌发的作用。放牧家畜的粪便对种子萌发和群落结构组成有重大意义，藏族人民的日常生活中有捡拾牛粪和羊粪作为燃料的习惯，刘丽丽和李希来（2016）发现，不捡拾牛粪的区域虽然植物多样性和群落生产力显著低于半捡拾和全捡拾的区域，但是禾草和莎草类优良牧草生物量显著高于半捡拾和全捡拾区域，说明不捡拾牛粪对禾草和莎草类优良牧草有着积极的影响，这与牦牛粪便中多以莎草类植物种子为主（景媛媛等，2014）的结果相对应；而在半捡拾和全捡拾区域中，虽然植被丰富度和群落生产力提高了，但是，毒杂草显著增多，优良牧草和可食性牧草则显著减少，这也表明对牛粪和羊粪的捡拾无意间造成了优良牧草种子的流失（王旭丽，2017）。

1.5 高寒草原—藏系绵羊放牧生态系统研究的意义

在高寒草地放牧系统中，牦牛和藏系绵羊（以下称藏羊）是以青藏高原为起源地的特有家畜，它们是唯一能充分利用青藏高原牧草资源进行动物性生产的畜种。藏羊不仅为当地牧民提供了肉、奶、毛等生活必需品，更是他们经济收入的主要来源之一（Xin et al., 2011）。如表1-1所示，仅以青海省为例，藏羊在家畜存栏量中占比接近一半（以羊单位计算），藏羊在高寒草地放牧生态系统中具有举足轻重的作用，直接影响着三江源地区草地生态系统的稳定与可持续发展。然而长期以来，在寒冷严酷气候背景和掠夺式的经营和粗放的管理模式下，藏羊仅在短暂的生长季期间得到充足的牧草和营养，而在漫长的寒冬里只能啃食枯草，营养匮乏，因而始终处于"春乏、夏壮、秋肥、冬瘦"的恶性循环中，藏羊的生产处于低水平发展阶段，严重制约了当地畜牧业发展，此外在春季放牧会对草地根系造成破坏，不利于返青，从而加剧草地退化。草地生态环境日益恶化，这不仅严重影响着藏羊产业的发展和经济效益的提高，而且威胁着高寒草地畜牧业的可持续发展和人类的生存环境，且对长江和黄河中下游地区的经济发展提出严峻挑战（赵新全和周华坤，2005）。这种发展趋势引起了国内外专家、学者和政府有关部门的密切关注；同时，随《中华人民共和国草原法》的实施，草场和家畜承包到户，家庭牧场生产结构的优化，经济效益、生态效益和社会效益已引起人们的极大关注（赵新全等，2000）。

表1-1 2016—2019年青海省牦牛和藏羊存栏数

年份	牦牛		藏羊		数据来源
	（万头）	羊单位（万）	（万只）	羊单位（万）	
2019 年	494.61	1978.44*	1326.88	1326.88	青海省 2019 年国民经济和社会发展统计公报
2018 年	514.33	2057.32	1336.07	1336.07	青海省 2018 年国民经济和社会发展统计公报
2017 年	546.56	2186.24	1387.41	1387.41	青海省 2017 年国民经济和社会发展统计公报
2016 年	483.68	1934.72	1390.69	1390.69	青海省 2016 年国民经济和社会发展统计公报

注：*1头牦牛为4个羊单位。

在青藏高原，放牧生态学的研究方兴未艾（Dong et al., 2020），然而，目前的研究主要集中于放牧对生态系统中植物和土壤的影响。根据任继周（2012）草地系统四个生产层三个界面理论，家畜生产是草地生态系统管理中的重要一环。

如图1-1所示，草业系统由三个主要界面键合而成：界面过程A，即草丛—地境界面，这是草业系统中最基本的界面，它将草丛（Ia）与地境（Ib）键合为草地系统（IIa）；界面过程B，即草地—动物界面，这是草地系统（IIa）与以它为生存条件的家畜动物系统（IIb）之间的发生面，二者通过界面B的中介作用，构成更高一级的草畜系统（IIIa）；界面过程C，即草畜—市场界面，它将草畜系统（IIIa）和人类社会生产系统（IIIb）相键合，在这个界面，经过人类社会活动的干预，把草畜生态系统融入社会大生产，由此构成了草业系统IV，这是草业系统的最高一级，表现为系统的投入产出通量与系统外延，这是草业系统的最高一级，决策与管理在这里发生深刻影响。

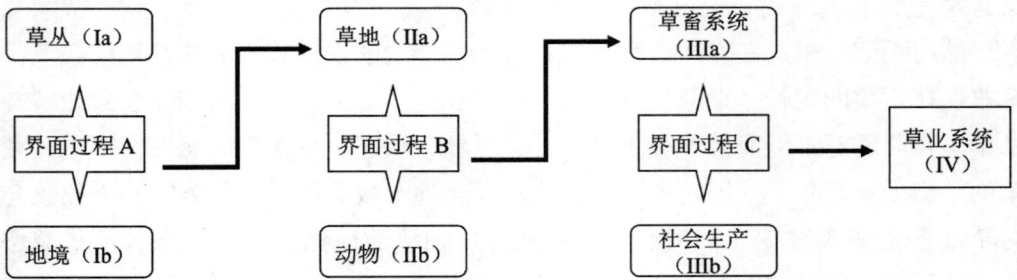

图1-1 草业系统的界面结构（改绘自任继周，2012）

在草业系统中，家畜动物通过放牧过程，将植物（牧草）转化为家畜产品，这是草原生物生产转化为经济效益无可替代的过程。在这个过程中，家畜将人类不能直接利用的植物能量和蛋白质，构建成自身的组织，生产出动物产品。可以说，家畜是连接起草地生物过程和人类社会生产活动的重要桥梁，只有经过家畜的放牧，人类方可实现对草地的利用。草地的生长过程与动物的生长过程需要保持动态平衡，生态系统才能稳定发展，如果家畜数量少，草地植物有机质积累过多，会造成生长地的肥力退化，植被变坏；而家畜数量过多，使植被负担过重，草地受损，因此，家畜动物是草地维持健康发展的调节器。由此，对放牧生态系统的研究，必须将家畜生产过程涵盖在内。

此外，青藏高原上已开展的放牧研究多以调查研究为主：①20世纪，由于过度放牧造成了高寒草地大面积的严重退化，政府因之而实行了严格的禁牧政策，在禁牧政策实施多年后，很多研究分析了禁牧对草地植被恢复状况的影响，通过对牧民的多年围封草场以及继续放牧草场之间进行比较研究（Yao et al.，2019），以评价恢复措施的效应；②或者基于草地的放牧历史，或者以牧民定居点或者家畜饮水为中心点作为最高放牧强度的取样点，再以距中心点不同距离上依次设置放牧强度进行比较试验（Wu et al.，2019）。这些调查研究有助于从不同角度、不同层面了解高寒草地上放牧过程对生态系统的影响，然而却很难回答放牧生态系统土—草—畜的各个过程的发生机制，这对建立维持高寒草地生态系统的稳定与可持续利用的管理方式和技术形成了壁垒。

综上所述，作为独特的地理单元和重要的畜牧业基地（Dong et al.，2020），高寒草原—藏羊放牧生态系统中土—草—畜界面过程及其机制的研究对于确定合理的放牧制度和放牧强度，探讨最优放牧管理方式，从而获得更高的草地和家畜生产力，实现高寒草原生态环境保护和畜牧业发展具有重要的理论支撑作用。

2

研究区域概况及研究方法

2.1 研究区域概况

本书所有的研究均在青海省海北藏族自治州刚察县伊克乌兰乡的贡麻村进行。刚察县位于海北州西部，青海湖北岸，祁连山系中部大通山地段，北纬36°58′06″~38°04′04″、东经99°20′44″~100°37′24″之间，是青海省环湖地区重点牧业县之一。刚察县东隔哈尔盖河与海晏县为邻，西与海西蒙古族藏族自治州的天峻县毗邻，南隔布哈河与海南藏族自治州共和县相望，北隔大通河与祁连县接壤。刚察县面积约为8140 km²，境内大部分地区海拔在3300~3800 m之间，最高点为境内西侧的桑斯扎山峰，海拔为4755 m；最低点为境内南部的青海湖湖滨地带，海拔为3195 m。

2.1.1 地理气候特征

刚察县属于典型的高原大陆性气候，无明显的四季之分，冷季漫长而寒冷，暖季温凉而短暂。多年（2001—2020年）年均气温为0.6 ℃（图2-1），最冷月1月的平均气温为-12.4 ℃，最热月7月的平均气温为11.9 ℃；生长季为5个月左右，无绝对无霜期。多年（2001—2020年）年降水量在297.5~572.3 mm之间，多年降水量均值为428 mm（图2-2），70%以上的降水集中在5~9月份，年蒸发量在1500.6~1847.8 mm之间。日照时间长，年日照时数3037 h，昼夜温差大（卢华和晏玉梅，2007）。此地雨热同季，有利于牧草生长。

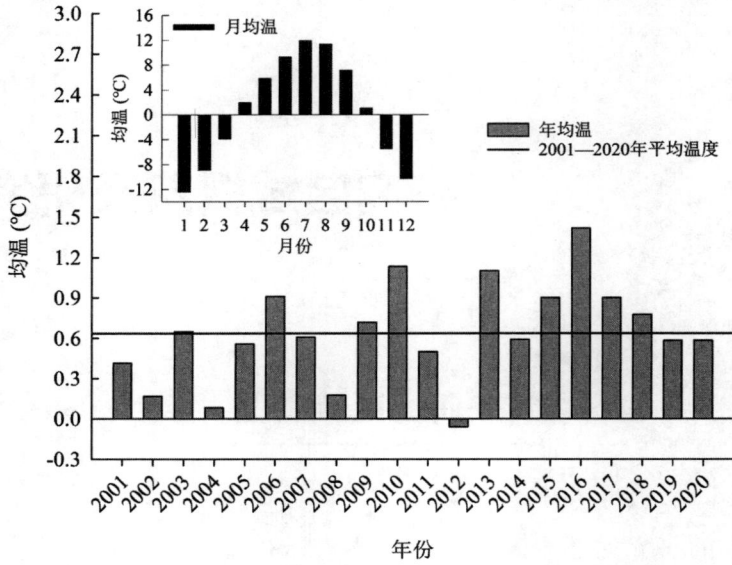

图2-1 2001—2020年刚察县年均温和月均温

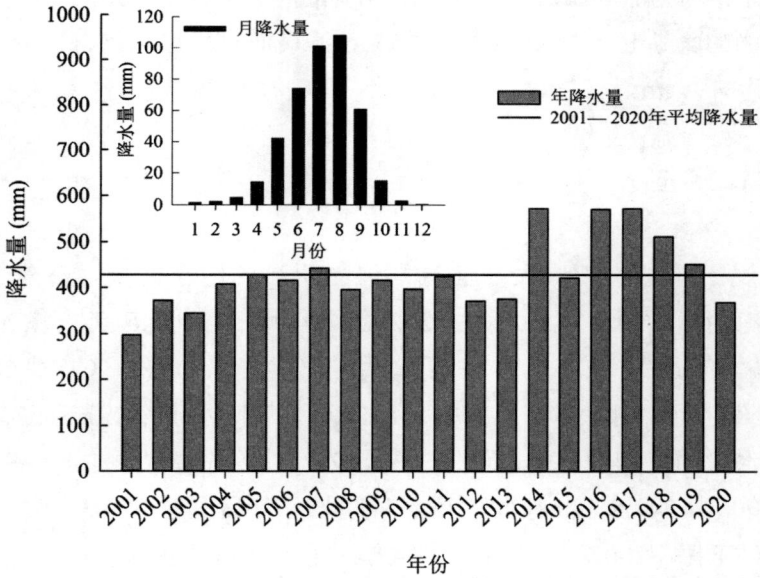

图2-2 2001—2020年刚察县年降水量和月降水量

2.1.2 植被状况

据2007年青海省草地资源调查，刚察县天然草地总面积为7120 km²，受地理环境和气候影响，呈现明显的垂直分布特征，可分为高寒草原、高寒草甸、温性草原、高寒草甸草原、低地草甸和山地草甸六个类型（索南拉毛，2015）。高寒草原主要分布在海拔3400~4500 m的干旱阳坡，如宽谷、洪积、冲积扇等区域。河流高阶地和湖盆边缘也有分布，植被以紫花针茅为建群种和优势种。高寒草甸主要分布在大通山的高山地区，山地草甸之上、冰雪石山线以下的广大地区，属于刚察县境内植被垂直分布带最高的一个类型，海拔在2800~4100 m之间，植被的主要优势种为莎草科植物，如矮嵩草、西藏嵩草（*K. tibetica*）等。温性草原主要分布在青海湖北岸的滨湖平原和大通山北麓复合山系的山前丘陵地带，以及高寒草甸带的砾石质或栗钙土质的山地阳坡上，海拔在3195~3500 m之间，植被的主要优势种为禾本科的芨芨草（*Achnatherum splendens*）、紫花针茅、冰草（*Agropyron cristatum*）和早熟禾（*P. annua*）等。高寒草甸草原主要分布在青海湖的北岸和西北部山前缓坡、丘陵和滩地，海拔在3500~3800 m之间，植被的主要优势种为紫花针茅、高山嵩草和矮嵩草等。低地草甸集中分布在青海湖及其他一些有地表径流或地下水位较高、土壤富含养分的低洼地、河岸阶地和河滩地，植被优势种主要为赖草和马蔺（*Iris lactea*）等。

2.2 放牧试验设计

青海是我国五大牧区之一，草地资源丰富，高寒草原是其主要的植被类型，约占全省草地面积的26%（沈海花等，2016），藏羊是组成高寒草原生态系统的主体，因此高寒草原—藏羊放牧生态系统在青海畜牧业生产中占有举足轻重的地位和作用。但是由于对草场的不合理利用，以及近年来该地区人口的增加和家畜数量的迅猛增长，造成了高寒草原的退化，草原的退化又引起放牧家畜生长速度减缓，生产力下降，严重影响了本地区畜牧业持续发展和经济效益的提高。

本试验是为了研究放牧制度和放牧强度对青海湖流域高寒草原第一性生产力、植物群落、土壤养分及放牧藏羊生产力的影响，以确定合理的放牧管理方式和探讨出最优的放牧方案，从而获得更高的草地生产力，实现高寒草原生态环境保护和畜牧业发展的平衡，同时为研究超载过牧引起的草地退化机理提供科学依据。

2.2.1 试验样地概况

试验样地为紫花针茅草原,优势物种有紫花针茅、冷地早熟禾（*P.crymophila*）、矮嵩草、高山嵩草，次优势种有甘青剪股颖（*Agrostis hugoniana*）、垂穗披碱草、扁蓿豆、黑褐苔草（*C.atrofusca*）、披针叶黄华（*Thermopsis lanceolata*），主要伴生种有猪毛蒿（*A.scoparia*）、二裂委陵菜、多裂委陵菜（*P.multifida*）、柴胡（*Bupleurum chinense*）、多枝黄芪、异叶青兰（*Dracocephalum heterophyllum*）、溚草（*K.cristata*）、秦艽（*Gentiana macrophylla*）、阿拉善马先蒿（*Pedicularis alaschanica*）、阿尔泰狗娃花、狼毒（*Stellera chamaejasme*）、蒲公英（*Taraxacum mongolicum*）、肉果草（*Lancea tibetica*）等，偶见种有蝇子草（*Silene gallica*）、毛萼獐牙菜（*Swertia hispidicalyx*）、鳞叶龙胆（*G.squarrosa*）、黄缨菊（*Xanthopappus subacaulis*）、婆婆纳（*Veronica didyma*）、红景天（*Rhodiola rosea*）以及矮火绒草（*L.nanum*）等。

2.2.2 试验设计

为了提供具有实践意义的研究结果，本研究首先设置了两种放牧制度，即全年连续放牧和两季轮牧，在此基础上设置放牧强度试验。

全年连续放牧制度下，共设6个试验处理，分别为对照（牧草利用率为0，CK）、轻度放牧（牧草利用率为30%，Light grazing，LG）、轻中度放牧（牧草利用率为40%，Light-moderate grazing，LMG）、中度放牧（牧草利用率为50%，Moderate grazing，MG）、中重度放牧（牧草利用率为60%，Moderate-heavy grazing，MHG）、重度放牧（牧草利用率为70%，Heavy grazing，HG）。

两季轮牧制度分暖季放牧和冷季放牧，暖季放牧下设4个试验处理，分别为对照、轻度放牧、中度放牧和重度放牧；冷季放牧下也设4个试验处理，即对照、轻度放牧、中度放牧和重度放牧，各处理下的牧草利用率依次为0%、35%、55%和75%。

表2-1　放牧制度和放牧强度试验设计

	放牧处理	藏羊数（只）	草地面积（hm²）	牧草利用率（%）
全年 连续放牧	对照（CK）	0	0.58	0
	轻度放牧（LG）	5	2.91	30
	轻中度放牧（LMG）	5	2.18	40
	中度放牧（MG）	5	1.74	50
	中重度放牧（MHG）	5	1.45	60
	重度放牧（HG）	5	1.25	70
暖季放牧 a	对照（CK）	0	0.58	0
	轻度放牧（LG）	10	2.56	30
	中度放牧（MG）	8	1.58	50
	重度放牧（HG）	11	1.58	70
冷季放牧 b	对照（CK）	0	0.58	0
	轻度放牧（LG）	4	2.20	35
	中度放牧（MG）	8	1.89	55
	重度放牧（HG）	13	2.17	75

注：a, b表示两季轮牧制度下的暖季放牧和冷季放牧。

放牧家畜为藏羊，在当地牧户羊群内选取生长发育良好、健康、阉割过的公羊（体重为17±2 kg）进行随机分组，试验前进行驱虫。放牧强度根据草地地上生物量、冬季牧草营养损伤率、试验藏羊体重及藏羊理论采食量和草场面积确定（表2-1）。

2.2.3　主要研究内容

放牧试验的目的在于为放牧生态系统管理实践提供理论指导，并为放牧生态学的发展提供基本信息。基于此，本试验的主要研究内容可归纳为：

（1）放牧强度对紫花针茅高寒草原土壤物理性状和养分含量的影响，包括对土壤含水量、紧实度、土壤容重、有机质（Soil organic matter，SOM）、有机碳（Soil orgarnic carbon，SOC）、全氮（Soil total nitrogen，STN）、全磷（Soil total phosphorus，SOP）和C：N的影响；

（2）放牧强度对紫花针茅高寒草原植物群落的影响，包括对地上地下生物量的影响和对植物群落盖度、物种组成、物种多样性以及牧草营养成分的影响；

（3）放牧强度对紫花针茅高寒草原植物群落主要物种和功能群功能性状，以及植物功能性状与地上生物量和土壤化学性状关系的影响；

（4）放牧强度对紫花针茅高寒草原植物群落谱系构建的影响，包括对研究区域内物种库谱系特征和不同放牧强度下的群落谱系结构的影响；

（5）放牧强度对紫花针茅高寒草原土壤种子库的影响，包括对土壤种子库规模、种子库物种组成、种子库与地上植被的关系，以及高寒草原土壤种子库的适应机制的影响；

（6）放牧强度对紫花针茅高寒草原第二性生产力的影响，包括对藏羊个体增重情况的影响，藏羊增重与放牧强度之间的关系，以及最大经济效益下的放牧强度。

2.2.4　土壤理化性质的测定

土壤有机质用重铬酸钾法测定；土壤全氮用重铬酸钾-硫酸消化法测定；土壤速效氮用蒸馏法测定；土壤全磷用H_2SO_4-$HClO_4$消煮-钼锑抗比色法测定；土壤速效磷用$NaHCO_3$法测定。

2.2.5　植物群落结构和生物量的观测

（一）植物功能群的划分

根据植物群落的功能群，可将其划分为禾本科牧草、莎草科牧草、豆科植物和杂类草4个类型。

（二）植物群落结构特征和地上生物量的测定

在每个处理的围栏内按对角线选定3个具有代表性的固定样点，生长季每月下旬在每个固定样点上设置5个取样样方（0.5 m×0.5 m），测定群落的地上生物量，并按功能群分类，称其鲜重后在80 ℃下烘干至恒重；每年8月下旬在每个固定样点上各设5个取样样方（0.5 m×0.5 m），并将每个样方再分成4个小样方（0.25 m×0.25 m），测定植物群落的物种组成及其特征值（盖度、高度、频度和生物量）。

（三）植物群落地下生物量的测定

每年8月下旬，在收获了植物地上部分的样方内，用根钻以0~10 cm、10~20 cm、20~30 cm的土层，每层3钻，取得土柱。将每个取样样方内同一层次的3个土柱混合后装于网袋，用水将植物根系冲洗干净，之后于80 ℃烘干至恒重，称量后用以计算单位面积内的地下生物量。

2.2.6　植物功能性状取样及测定

植物功能性状测定选择了如下6个物种：垂穗披碱草、紫花针茅、冷地早熟禾、矮嵩草、高山嵩草和扁蓿豆。选择的植物功能性状有株高（Plant height）、单株重（Plant individual biomass）、叶面积（Leaf area）、叶片干重（Leaf dry matter）、比叶面积（Specific leaf area，SLA）、叶片氮含量（Leaf nitrogen content，LNC）和叶片磷含量（Leaf phosphorus content，LPC）。

每个物种随机选择10个单株测定株高，并从中随机选择10个叶片测定其叶面积、叶片厚、单株重，然后将测定完的单株及叶片分别装在信封中，带回实验室内，在65 ℃下烘24~48 h，测定单株干重、叶片干重。用游标卡尺测定叶片厚度，叶面积仪测定平均叶面积（Li-3100，Li-Cor，Lincoln，NE，USA），然后将测定叶片样分别装入信封中，带回实验室，在70 ℃下烘24~48 h达到恒重并称重得到叶片干重。比叶面积（SLA）计算公式如下：

$$SLA=叶面积/叶片干重 \qquad\qquad （公式2-1）$$

另对这6个主要优势物种的叶片随机取样，选择向阳无遮阴的、无病虫害的良好叶片，各约100 g，分别装入信封中，带回实验室在65 ℃下烘24~48 h，然后粉碎，用以测定叶片中的氮含量和磷含量。叶片氮含量的测定采用凯氏定氮仪测定叶片氮含量（Kjeltec 2300 Analyzer Unit, Foss, Sweden），磷含量的测定采用浓H_2SO_4-H_2O_2-HF消煮-磷钼蓝比色法测定。植物N：P的计算，即每克植物中叶片中所含的全氮和全磷含量的比值。

2.2.7　土壤种子库取样、萌发和鉴定

（一）取样

根据种子在土壤中的存活时间，土壤种子库可以分为短暂种子库I、短暂种子库II和持久种子库，依据其定义和青藏高原植物物候特征，其采样时间分别是在生长季末期、返青期和生长季盛期，因此我们在2015年4月、7月和11月分别采样，用以代表3种不同类型的土壤种子库。

采样时，每个处理设置3个采样重复大样方，每个大样方相距20 m以上，每个大样方内各设3条样线，每条样线选择6个取样点，每个取样点以直径3.6 cm的土钻分两层（0~7 cm，7~15 cm）各取5个土芯，每层的5个土芯混合后装入布袋，标记好并及时运至实验室，自然风干。

（二）萌发

本研究采用直接萌发法对采集的土样进行种子库萌发，检测放牧强度和萌发周期对土壤种子库的影响，萌发时间为6个月，同时采用加长萌发周期和萌发、干旱、再萌发的方法，对土壤进行长达18个月的萌发，以期达到最大萌发数。

6个月萌发周期：短暂土壤种子库类型I和持久种子库的萌发时间为2016年5~10月；短暂土壤种子库类型II的萌发时间为2015年5~10月。

18个月萌发周期：短暂土壤种子库类型I和持久种子库的萌发时间为2016年5月至2017年10月；短暂土壤种子库类型II的萌发时间为2015年5月至2016年10月。

（三）物种鉴定

萌发期间，每日视检，若有种子萌发，根据《青海植物志》判别幼苗的种属，计数（视其为有生命的种子）并将其从盆中移除。暂时无法鉴定的幼苗被移栽到新的花盆中，待其成长鉴定后移除，直至识别出所有幼苗的种属。3个月后，当土壤样品在15天没有新幼苗萌出时，对土壤样品进行干燥处理，充分混合均匀后再次浇水，再次萌发。这一阶段的研究持续了6个月，在此期间3周内没有出现更多的幼苗，对第一次萌发的记录进行整理统计，以此作为第一次萌发数据。对于短暂种子库类型II，进行到这一步时，已达2015年的10月底，在萌发盆中不再有幼苗时，浇水浇透，冻结过冬。待2016年4月底，再次进行萌发，至2016年11月再将2015年和2016年的萌发数据整合并做统计分析，作为最终的可萌发数据。而对于短暂种子库类型I，进行到这一步时，已达2016年的10月底，在萌发盆中不再有幼苗时，浇水浇透，冻结过冬，待2017年4月底，再次进行萌发，至2017年11月再将2016年和2017年的萌发数据整合并做统计分析，作为最终的可萌发数据。

2.2.8　计算公式的选用

（一）物种多样性分析

重要值（P_i）：

$$P_i=（相对盖度+相对频度+相对高度+相对生物量）/4 \qquad （公式2-2）$$

物种多样性：采用 Shannon-Wiener指数（H'）

$$H'=-\sum P_i \ln P_i \qquad （公式2-3）$$

物种均匀度：采用Pielou指数（J'）

$$J'=H'\ln S \qquad （公式2-4）$$

上述公式中S为样方中的物种数，P_i为样方中第i种的重要值。

（二）土壤种子库与地上植被之间的相似性

相似性指数：关于土壤种子库与地上植被的关系，本书采用了Jaccard相似性系数和Sorensen相似性系数来计算地上植被与土壤种子库之间的相似性，计算公式如下：

Jaccard相似性系数（C_j）：

$$C_j=j/(a+b-j) \qquad （公式2-5）$$

Sorenson相似性系数（C_S）：

$$C_S=2j/(a+b) \qquad （公式2-6）$$

其中，a和b是土壤种子库和地上植被各自的物种数，j是两个系统共有的物种数。

2.2.9 数据分析

所有数据在分析前进行正态性和方差齐性检验，对于不符合正态分布的数据进行对数转化。试验处理对每个测定指标的影响，根据具体的试验设计及分析目的采用不同的方差分析（ANOVA）进行检验；所测指标之间的相关性用相应的回归方法分析。以$P<0.05$作为统计分析差异性显著的阈值。本文中所有的统计分析均在 SPSS 16.0（SPSS Inc.，Chicago，IL，USA）或者R 3.5.0（R development Core Team，2018）中进行。

关于群落谱系构建的方法与步骤在第七章中详述。

3

放牧对高寒草原土壤理化性质的影响

3.1 全年连续放牧下放牧强度对土壤物理性状的影响

3.1.1 全年连续放牧下放牧强度对土壤含水量的影响

通过测定2012年7月、8月、9月份全年连续放牧的各个放牧小区和禁牧区0~10 cm、10~20 cm、20~30 cm土层的土壤含水量，通过比较同一处理不同月份及同一月份不同土层间的差异来探讨全年连续放牧下放牧强度对土壤含水量的影响，结果如表3-1所示。

表3-1 全年连续放牧下放牧强度和月份对土壤含水量的影响

放牧强度	月份	土壤含水量（%）		
		0~10 cm	10~20 cm	20~30 cm
CK	7	23.52 ± 0.70^{Aa}	21.63 ± 0.92^{Aa}	16.61 ± 1.52^{Ba}
	8	15.06 ± 0.73^{Bb}	18.35 ± 0.58^{Ab}	15.66 ± 0.51^{Ba}
	9	7.97 ± 0.40^{Bc}	7.17 ± 0.37^{Bc}	10.05 ± 0.89^{Ab}
LG	7	21.52 ± 1.26^{Aa}	18.31 ± 0.98^{ABa}	15.11 ± 1.19^{Ba}
	8	16.38 ± 0.92^{Ab}	16.28 ± 0.82^{Aa}	15.21 ± 1.06^{Aa}
	9	7.85 ± 0.36^{Ac}	6.10 ± 0.55^{Ab}	6.78 ± 0.93^{Ab}
LMG	7	20.76 ± 1.27^{Aa}	18.36 ± 0.69^{ABa}	15.88 ± 1.23^{Ba}
	8	18.33 ± 0.86^{Aa}	15.74 ± 0.62^{Ab}	18.66 ± 1.07^{Aa}
	9	9.38 ± 0.53^{Ab}	5.15 ± 0.76^{Bc}	6.35 ± 1.17^{Bb}
MG	7	17.64 ± 0.92^{Aa}	18.21 ± 1.27^{Aa}	15.65 ± 1.20^{Aa}
	8	18.43 ± 1.25^{Aa}	20.16 ± 1.44^{Aa}	14.35 ± 0.80^{Ba}
	9	9.18 ± 0.85^{Ab}	4.95 ± 0.28^{Bb}	3.11 ± 0.33^{Cb}
MHG	7	22.80 ± 1.65^{Aa}	23.84 ± 0.93^{Aa}	20.93 ± 1.06^{Aa}
	8	12.81 ± 0.87^{Ab}	13.81 ± 0.97^{Ab}	15.16 ± 0.86^{Ab}
	9	9.38 ± 0.53^{Ac}	5.8 ± 0.71^{Bc}	8.25 ± 0.47^{ABc}

续 表

放牧强度	月份	土壤含水量（%）		
		0~10 cm	10~20 cm	20~30 cm
HG	7	20.15 ± 1.43^{Aa}	18.47 ± 1.30^{Aa}	16.03 ± 1.30^{Aa}
	8	12.81 ± 0.87^{Ab}	13.81 ± 0.97^{Ab}	15.16 ± 0.86^{Aa}
	9	9.36 ± 0.51^{Ac}	5.94 ± 0.67^{Bc}	8.34 ± 0.54^{Ab}

注：不同大写字母表示同一月份不同土层间差异显著，$P<0.05$；不同小写字母表示同一土层不同月份间差异显著，$P<0.05$；CK，对照；LG，轻度放牧；LMG，轻中度放牧；MG，中度放牧；MHG，中重度放牧；HG，重度放牧。下同。

在对照处理下，7月时20~30 cm土层的土壤含水量显著低于其他土层（$P<0.05$），8月时10~20 cm土层的土壤含水量显著高于其他土层（$P<0.05$），9月时20~30 cm土层的土壤含水量显著高于其他土层（$P<0.05$），对于同一土层不同月份而言，除20~30 cm土层的土壤含水量表现为7月、8月份显著高于9月外（$P<0.05$），其余土层土壤含水量均随生长季的进行逐渐递减且差异显著（$P<0.05$）。在轻度放牧处理下，7月时0~10 cm土层的土壤含水量显著高于其他土层（$P<0.05$），8月、9月则差异不显著，对于同一土层不同月份而言，0~10 cm土层土壤含水量均随生长季的进行逐渐递减且差异显著（$P<0.05$），其余土层土壤含水量均表现为7月、8月显著高于9月（$P<0.05$）。

在轻中度放牧处理下，7月时20~30 cm土层的土壤含水量显著低于其他土层（$P<0.05$），8月时各土层含水量差异不显著，9月时0~10 cm土层土壤含水量显著高于其他土层，对于同一土层不同月份而言，在0~10 cm和20~30 cm土层，9月土壤含水量显著低于7月和8月，而在10~20 cm土层，土壤含水量随生长季的进行逐渐递减且差异显著。

在中度放牧处理下，7月时不同土层间土壤含水量差异不显著，8月时20~30 cm土层的土壤含水量显著低于其他土层，9月时则表现为随土层的加深含水量逐渐递减且差异显著（$P<0.05$），对于同一土层不同月份而言，均表现为0~10 cm及10~20 cm土层的土壤含水量显著高于20~30 cm土层的土壤含水量（$P<0.05$）。

在中重度放牧处理下，在7月和8月各土层含水量差异不显著，9月，10~20 cm土层土壤含水量显著低于0~10 cm土层，各土层含水量均随月份的增加而递减且差异显著（$P<0.05$）。

在重度放牧处理下，除在9月份表现为10~20 cm土层的土壤含水量显著低于其他土层外，其余月份不同土层间差异均不显著，对于同一土层不同月份而言，0~10 cm及10~20 cm土层的土壤含水量均随生长季的进行而递减且差异显著，20~30 cm土层土壤含水量则表现为显著低于其他土层。

3.1.2 全年连续放牧下放牧强度对土壤紧实度的影响

由表3-2可知，在对照处理下，7月时0~10 cm土层土壤紧实度显著高于其他土层，而在8月和9月，各土层土壤紧实度差异不显著，对于同一土层不同月份而言，20~30 cm土层土壤紧实度表现为9月显著高于其他月份，其余土层在不同月份间差异不显著。

在轻度放牧处理下，7月和8月均表现为0~10 cm土层土壤紧实度显著高于其他土层，9月则差异不显著，对于同一土层不同月份而言，轻度放牧处理各土层不同月份间差异均不显著。

在轻中度放牧处理下，7月、8月、9月时均表现为0~10 cm土层土壤紧实度显著高于其他土层，对于同一土层不同月份而言，0~10 cm土层在7月时土壤紧实度显著低于其他月份时的土壤紧实度，其余土层则明显表现出9月时的土壤紧实度显著高于7月时，但和8月时差异不显著。

在中度放牧处理下，7月、8月土壤紧实度大小均表现为0~10 cm土层显著高于其他土层，9月土壤紧实度大小在各土层间差异不显著，但依然表现出随土层加深而减少的趋势。

在中重度放牧处理下，7月、8月、9月份均表现为0~10 cm土层土壤紧实度显著高于其他土层，对于同一土层不同月份而言，0~10 cm土层土壤紧实度在各月份间差异均不显著，10~20 cm土层土壤紧实度在7月显著低于其他月份，20~30 cm土层土壤紧实度在9月份显著高于7月。

在重度放牧处理下，7月、8月时0~10 cm土层显著高于其他土层，9月时20~30 cm土层土壤紧实度显著低于其他土层，对于同一土层不同月份而言，0~10 cm土层土壤紧实度在月份间差异不显著，10~20 cm土层土壤紧实度7月显著低于其他月份，20~30 cm土层土壤紧实度9月显著高于7月。

表3-2 全年连续放牧下放牧强度和月份对土壤紧实度的影响

放牧强度	月份	土壤紧实度（N/m²）		
		0~10 cm	10~20 cm	20~30 cm
CK	7	6.94 ± 0.65^{Aa}	4.78 ± 0.60^{Ba}	4.84 ± 0.43^{Bb}
	8	5.91 ± 0.60^{Aa}	5.56 ± 0.40^{Aa}	4.96 ± 0.35^{Ab}
	9	6.19 ± 0.38^{Aa}	6.53 ± 0.46^{Aa}	7.81 ± 0.93^{Aa}
LG	7	8.42 ± 0.42^{Aa}	5.14 ± 0.47^{Ba}	4.97 ± 0.57^{Ba}
	8	8.43 ± 0.36^{Aa}	5.97 ± 0.40^{Ba}	5.59 ± 0.22^{Ba}
	9	9.54 ± 1.10^{Aa}	6.43 ± 0.82^{Aa}	6.55 ± 0.62^{Aa}

续　表

放牧强度	月份	土壤紧实度（N/m²）		
		0~10 cm	10~20 cm	20~30 cm
LMG	7	7.80±1.01^{Ab}	4.61±0.41^{Bb}	4.69±0.51^{Bb}
	8	13.55±0.73^{Aa}	5.49±0.39^{Bab}	5.96±0.45^{Bab}
	9	11.12±1.06^{Aa}	6.76±0.80^{Ba}	6.56±0.43^{Ba}
MG	7	8.66 ± 0.71^{Ab}	4.83 ± 0.37^{Ba}	5.65 ± 0.47^{Ba}
	8	12.71 ± 0.72^{Aa}	6.10 ± 0.46^{Ba}	5.33 ± 0.37^{Ba}
	9	7.99 ± 0.61^{Ab}	5.72 ± 0.52^{Aa}	5.37 ± 1.31^{Aa}
MHG	7	10.23±0.66^{Aa}	3.96±0.18^{Bb}	4.38±0.30^{Bb}
	8	9.61±0.47^{Aa}	6.87±0.45^{Ba}	6.31±0.51^{Bab}
	9	10.01±1.16^{Aa}	7.17±0.59^{Ba}	6.63±0.64^{Ba}
HG	7	10.23 ± 0.66^{Aa}	3.96 ±0.18^{Bb}	4.38 ±0.30^{Bb}
	8	9.61 ± 0.47^{Aa}	6.87 ± 0.45^{Ba}	6.31 ± 0.51^{Bab}
	9	10.06 ± 1.16^{Aa}	7.17 ± 0.59^{ABa}	6.64 ± 0.64^{Ba}

3.1.3　全年连续放牧下放牧强度对土壤容重的影响

在全年连续放牧下，放牧强度对各个土层的土壤容重均没有显著差异，不同土层之间土壤容重差异也不显著（表3-3）。

表3-3　全年连续放牧下不同放牧强度对土壤容重的影响

放牧强度	土壤容重（g/cm³）		
	0~10 cm	10~20 cm	20~30 cm
CK	0.80±0.07^{Aa}	0.97±0.05^{Aa}	1.02±0.01^{Aa}
LG	0.82±0.01^{Aa}	0.90±0.06^{Aa}	0.92±0.06^{Aa}
LMG	0.78±3.49^{Aa}	0.89±3.93^{Aa}	0.86±5.23^{Aa}
MG	0.81±0.03^{Aa}	0.85±0.25^{Aa}	0.87±0.04^{Aa}
MHG	0.81±2.50^{Aa}	0.83±1.26^{Aa}	0.93±3.94^{Aa}
HG	0.81±0.03^{Aa}	0.83±0.01^{Aa}	0.92±0.04^{Aa}

3.2 全年连续放牧下放牧强度对土壤养分含量的影响

3.2.1 全年连续放牧下放牧强度对土壤有机质含量的影响

本研究测定了2011年和2012年全年连续放牧草场各个放牧处理和对照处理0~10 cm、10~20 cm、20~30 cm土层土壤养分含量。全年连续放牧下放牧强度对土壤养分含量的影响见图3-1~3-5。

2011年，除轻度放牧外，其余同一放牧强度下土壤有机质含量均随土层加深而逐渐降低且差异显著。对于同一土层不同放牧强度而言，在0~10 cm土层，土壤有机质含量在轻度放牧处理下最高，在10~20 cm土层，土壤有机质含量在重度放牧下最高且显著高于其他放牧处理，在20~30 cm土层，土壤有机质含量在轻度放牧处理下最高且显著高于其他处理。2012年，除对照外，其余同一放牧强度下土壤有机质含量均随土层加深而逐渐降低且差异显著。对于同一土层不同放牧强度而言，在0~10 cm土层，土壤有机质含量在重度放牧下最高且显著高于其他放牧处理，在10~20 cm土层，土壤有机质含量在重度放牧处理下最高且显著高于其他放牧处理，在20~30 cm土层，土壤有机质含量在对照处理下最高且显著高于其他处理。

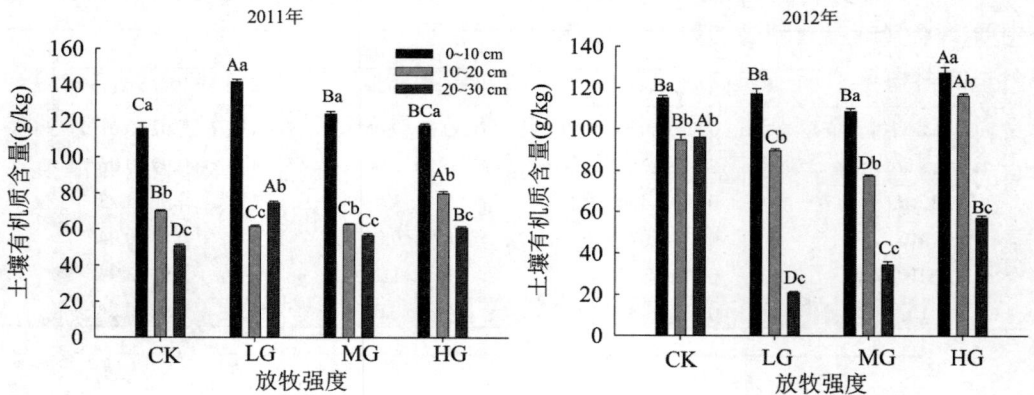

注：CK，对照；LG，轻度放牧；MG，中度放牧；HG，重度放牧；不同大写字母表示同一土层不同处理间差异显著；不同小写字母表示同一处理下不同土层间差异显著。下同。

图3-1 全年连续放牧下放牧强度对土壤有机质含量的影响

3.2.2　全年连续放牧下放牧强度对土壤全氮含量的影响

全年连续放牧下放牧强度对土壤全氮含量的影响如图3-2所示。2011年，所有处理下土壤全氮含量均随土层加深逐渐降低且差异显著。对于同一土层不同放牧强度而言，在0~10 cm土层，土壤全氮含量在中度放牧下显著高于其他处理；在10~20 cm土层，轻度放牧和中度放牧处理下土壤全氮含量显著高于对照，但和重度放牧处理下的含量差异不显著；在20~30 cm土层，重度放牧处理下土壤全氮含量显著高于中度放牧，但与其他处理下的含量差异不显著。2012年，所有处理下土壤全氮含量均随土层加深逐渐降低且差异显著。对于同一土层不同放牧强度而言，在0~10 cm土层，对照与重度放牧处理下的土壤全氮含量显著高于其他处理；在10~20 cm土层，重度放牧处理下的土壤全氮含量显著高于对照与轻度放牧，但与中度放牧处理下差异不显著；在20~30 cm土层，重度放牧处理下的土壤全氮含量显著高于其他处理。

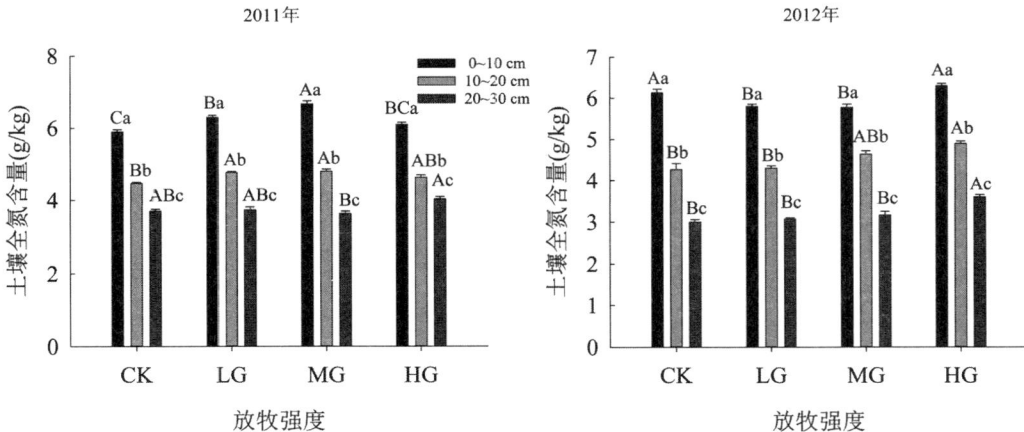

图3-2　全年连续放牧下放牧强度对土壤全氮含量的影响

3.2.3　全年连续放牧下放牧强度对土壤速效氮含量的影响

全年连续放牧下放牧强度对土壤速效氮含量的影响如图3-3所示。2011年，对照处理下土壤速效氮含量在0~10 cm土层显著高于其他土层，轻度放牧处理与中度放牧处理下土壤速效氮含量随土层的加深逐渐降低且差异显著，重度放牧处理下20~30 cm土层的速效氮含量显著低于其他土层。对于同一土层不同放牧强度而言，在0~10 cm土层，对照处理下土壤速效氮含量显著高于其他土层，轻度放牧处理与中度放牧处理下的土壤速效氮含量又显著高于重度放牧处理下的土壤速效氮含量；在10~20 cm土层，对照处理与中度放牧处理下的土壤速效氮含量显著高于其他处理，而轻度放牧处理下的土壤速效氮含量又显著高于重度放牧处理下的土壤速效氮含量；在20~30 cm土层，土壤速效氮含量表现为中度放牧＞对照＞重度放牧＞轻度放牧，且差异显著。2012年，对照处理下土壤速效氮含量在0~10 cm土层显著高于其他土层，其余处理下土壤速效氮含量均随土层的加深而逐渐降低且差异显著。对于同一土层不同放牧强度而言，在0~10 cm土层，土壤速效氮含量表现为重度放牧＞轻度放牧＞对照＞中度放牧，且差异显著；在10~20 cm土层，土壤速效氮含量表现为对照＞重度放牧＞轻度放牧和中度放牧，且差异显著；在20~30 cm土层，土壤速效氮含量表现为对照＞中度放牧＞轻度放牧和重度放牧，且差异显著。

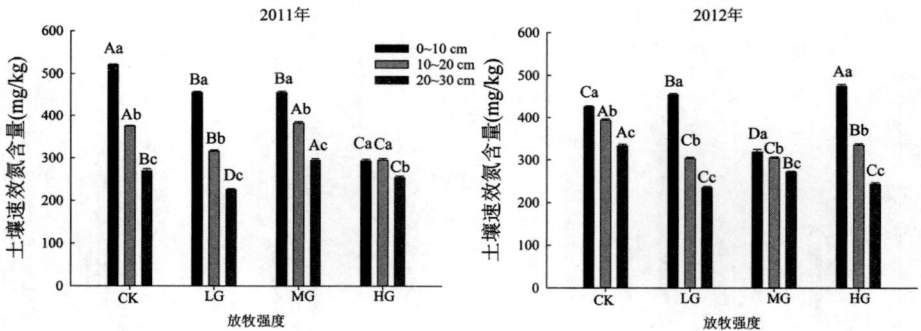

图3-3 全年连续放牧下放牧强度对土壤速效氮含量的影响

3.2.4 全年连续放牧下放牧强度对土壤全磷含量的影响

全年连续放牧下放牧强度对土壤全磷含量的影响如图3-4所示。2011年，对照与重度放牧处理下土壤全磷含量表现为10~20 cm土层＞0~10 cm土层＞20~30 cm土层，且差异显著；在轻度放牧下，0~10 cm土层与10~20 cm土层土壤全磷含量差异不显著，但是显著高于20~30 cm土层；在中度放牧下，10~20 cm土层土壤全磷含量显著高于其他土层。对于同一土层不同放牧强度而言，在0~10 cm土层，土壤全磷含量在重度放牧处理下最高，对照和轻度放牧下次之且两者之间差异不显著，中度放牧下最低；10~20 cm土层的土壤全磷含量变化规律表现为重度放牧>对照>轻度放牧和中度放牧；在20~30 cm土层，重度放牧下土壤全磷含量显著高于其他处理下的土壤全磷含量。2012年，各处理下土壤全磷含量变化规律不尽相同，对于同一土层不同放牧强度而言，土壤全磷含量均是重度放牧时显著高于其他放牧处理下的土壤全磷含量。

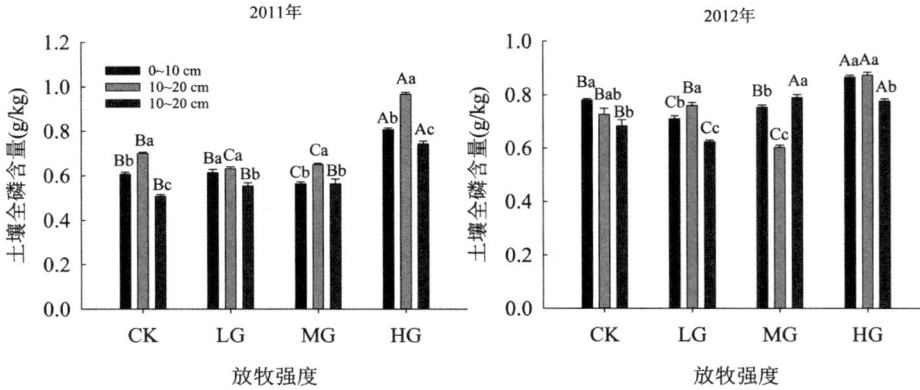

图3-4 全年连续放牧下放牧强度对土壤全磷含量的影响

3.2.5 全年连续放牧下放牧强度对土壤速效磷含量的影响

全年连续放牧下放牧强度对土壤速效磷含量的影响如图3-5所示。2011年，除轻度放牧外，其余处理下土壤速效磷含量均随土层的加深逐渐降低且差异显著。对于同一土层不同放牧强度而言，在0~10 cm土层，土壤速

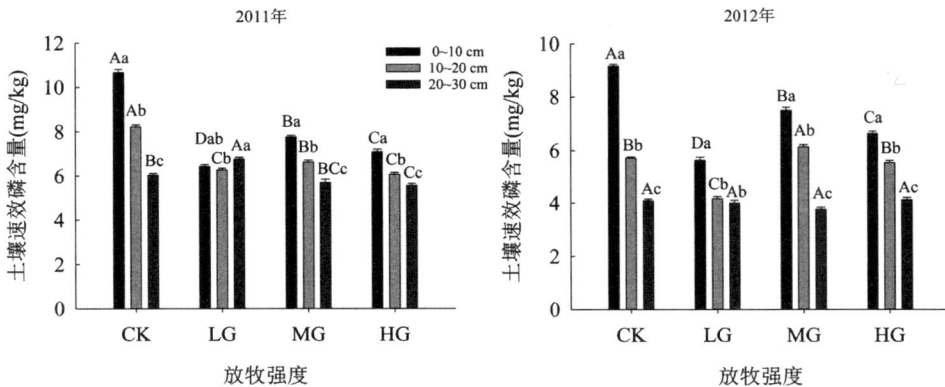

图3-5 全年连续放牧下放牧强度对土壤速效磷含量的影响

效磷含量表现为对照＞中度放牧＞重度放牧＞轻度放牧，且差异显著；在10~20 cm土层，对照处理的土壤速效磷含量显著高于其他处理下的土壤速效磷含量；在20~30 cm土层，轻度放牧处理的土壤速效磷含量显著高于其他处理下的土壤速效磷含量。2012年，除轻度放牧外，其余处理下土壤速效磷含量均随土层的加深逐渐降低且差异显著。对于同一土层不同放牧强度而言，在0~10 cm土层，土壤速效磷含量表现为对照＞中度放牧＞重度放牧＞轻度放牧，且差异显著；在10~20 cm土层，中度放牧处理下的土壤速效磷含量显著高于其他处理下的土壤速效磷含量；在20~30 cm土层，各放牧处理间土壤速效磷含量差异不显著。

3.3 两季轮牧下放牧强度对土壤物理性状的影响

3.3.1 两季轮牧下放牧强度对土壤含水量的影响

由表3-4可知，暖季草场在对照处理下，7月时20~30 cm土层的土壤含水量显著低于其他土层（$P<0.05$），8月时10~20 cm土层的土壤含水量显著高于其他土层（$P<0.05$），9月时20~30 cm土层的土壤含水量显著高于其他土层（$P<0.05$）。对于同一土层不同月份而言，除20~30 cm

表3-4　暖季放牧下放牧强度和月份对土壤含水量的影响

放牧强度	月份	土壤含水量（%）		
		0~10 cm	10~20 cm	20~30 cm
CK	7	23.52 ± 0.70Aa	21.63 ± 0.92Aa	16.61 ± 1.52Ba
	8	15.06 ± 0.73Bb	18.35 ± 0.58Ab	15.66 ± 0.51Ba
	9	7.97 ± 0.40Bc	7.17 ± 0.37Bc	10.05 ± 0.89Ab
LG	7	22.01 ± 1.24Aa	14.35 ± 0.87Ba	8.51 ± 0.76Cb
	8	15.28 ± 1.17Ab	14.29 ± 1.01Aa	11.65 ± 0.90Aa
	9	3.95 ± 0.66Ac	3.82 ± 0.36Ab	4.41 ± 0.26Ac
MG	7	22.86 ± 0.82Aa	19.65 ± 1.40ABa	15.47 ± 0.73Ba
	8	21.01 ± 0.99Aa	14.88 ± 0.88Bb	11.43 ± 1.57Cb
	9	7.10 ± 0.39Ab	5.04 ± 0.39Bc	4.55 ± 0.65Cc
HG	7	23.52 ± 0.70Aa	21.63 ± 0.92Aa	16.61 ± 1.52Ba
	8	17.61 ± 1.87Ab	14.90 ± 1.24ABb	11.12 ± 0.65Bb
	9	7.76 ± 0.45Ac	6.39 ± 0.27ABc	3.85 ± 0.42Bc

土层的土壤含水量表现为7月、8月份显著高于9月外（$P<0.05$），其余土层土壤含水量均随月份逐渐递减且差异显著（$P<0.05$）。在轻度放牧处理下，7月时土壤含水量随土层逐渐递减且差异显著（$P<0.05$），8月、9月时各土层间土壤含水量差异不显著。对于同一土层不同月份而言，0~10 cm土层土壤含水量随月份增加逐渐递减且差异显著，10~20 cm土层土壤含水量在9月份显著低于其他土层，20~30 cm土层土壤含水量在8月最高、7月份次之、9月份时最低且均差异显著。在中度放牧处理下，7月0~10 cm土层土壤含水量显著高于20~30 cm土层，8月、9月份土壤含水量随土层的加深逐渐减少且差异显著。对于同一土层不同月份而言，0~10 cm土层土壤含水量在9月份时显著低于其他月份，10~20 cm、20~30 cm土层土壤含水量随月份的增加逐渐递减且差异显著。在重度放牧处理下，在7月、8月、9月时土壤含水量均表现为0~10 cm土层显著高于20~30 cm土层。对于同一土层不同月份而言，所有土层土壤含水量均随月份的增加呈现出递减趋势且差异显著。

由表3-5可知，冷季草场在对照处理下，7月时20~30 cm土层的土壤含水量显著低于其他土层（$P<0.05$），8月时10~20 cm土层的土壤含水量显著高于其他土层（$P<0.05$），9月时20~30 cm土层的土壤含水量显著高于其他土层（$P<0.05$）。在轻度放牧处理下，7月时10~20 cm土层土壤含水量高于其他土层，8月时0~10 cm土层土壤含水量高于其他土层，9月时0~10 cm土层土壤含水量显著高于10~20 cm土层。对于同一土层不同月份而言，0~10 cm土层土壤含水量在9月时显著低于其他月份，10~20 cm土层土壤含水量随生长季的进行而降低且差异显著，20~30 cm土层土壤含水量在9月时显著低于其他月份。在中度放牧处理下，7月、8月、9月时各土层间土壤含水量差异均不显著。对于同一土层不同月份而言，所有土层均表现为9月时土壤含水量显著低于其他月份。在重度放牧处理下，7月、8月、9月时各土层间土壤含水量差异均不显著。对于同一土层不同月份而言，所有土层均表现为9月时土壤含水量显著低于其他月份。

表3-5　冷季放牧下放牧强度和月份对土壤含水量的影响

放牧强度	月份	土壤含水量（%）		
		0~10 cm	10~20 cm	20~30 cm
CK	7	23.52±0.70[Aa]	21.63±0.92[Aa]	16.61±1.52[Ba]
	8	15.06±0.73[Bb]	18.35±0.58[Ab]	15.66±0.51[Ba]
	9	7.97±0.40[Bc]	7.17±0.37[Bc]	10.05±0.89[Ab]
LG	7	14.91±1.32[Ba]	19.73±1.31[Aa]	14.01±1.37[Ba]
	8	17.83±1.12[Aa]	14.01±1.16[Bb]	13.61±0.84[Ba]

续　表

放牧强度	月份	土壤含水量（%）		
		0~10 cm	10~20 cm	20~30 cm
LG	8	17.83 ± 1.12^{Aa}	14.01 ± 1.16^{Bb}	13.61 ± 0.84^{Ba}
	9	7.90 ± 0.47^{Ab}	5.26 ± 0.67^{Bc}	6.94 ± 0.45^{ABb}
MG	7	15.68 ± 1.27^{Aa}	17.43 ± 1.22^{Aa}	14.07 ± 1.30^{Aa}
	8	15.51 ± 1.22^{Aa}	16.36 ± 0.46^{Aa}	16.75 ± 0.92^{Aa}
	9	9.20 ± 0.80^{Ab}	10.25 ± 1.11^{Ab}	9.40 ± 0.65^{Ab}
HG	7	17.30 ± 1.02^{Aa}	16.00 ± 1.62^{Aa}	15.57 ± 1.28^{Aa}
	8	17.43 ± 1.77^{Aa}	15.63 ± 0.88^{Aa}	16.75 ± 0.92^{Aa}
	9	7.41 ± 0.61^{Ab}	6.21 ± 0.55^{Ab}	6.68 ± 0.54^{Ab}

3.3.2　两季轮牧下放牧强度对土壤紧实度的影响

由表3-6可知，暖季草场在对照处理下，7月时10~20 cm和20~30 cm土层的土壤紧实度显著低于0~10 cm土壤层，8月和9月时各土层间土壤紧实度大小差异不显著。对于同一土层不同月份而言，10~20 cm土层土壤紧实度表现为7月显著低于其他月份，20~30 cm土层土壤紧实度表现为9月显著高于其他月份。在轻度放牧处理下，0~10 cm土层的土壤紧实度在7月、8月、9月均显著高于其他土层。而对于同一土层不同月份而言，所有土层土壤紧实度大小在不同月份间均无显著差异。在中度放牧处理下，7月时0~10 cm土层土壤紧实度显著高于其他土

表3-6　暖季放牧下放牧强度和月份对土壤紧实度的影响

放牧强度	月份	土壤紧实度（N/m²）		
		0~10 cm	10~20 cm	20~30 cm
CK	7	6.94 ± 0.65^{Aa}	4.78 ± 0.60^{Bb}	4.84 ± 0.43^{Bb}
	8	5.91 ± 0.60^{Aa}	5.56 ± 0.40^{Aa}	4.96 ± 0.35^{Ab}
	9	6.19 ± 0.38^{Aa}	6.53 ± 0.46^{Aa}	7.81 ± 0.93^{Aa}
LG	7	8.92 ± 0.47^{Aa}	6.08 ± 0.44^{Ba}	6.57 ± 0.73^{Ba}
	8	8.56 ± 0.24^{Aa}	4.55 ± 0.29^{Ba}	4.71 ± 0.31^{Ba}
	9	10.02 ± 1.32^{Aa}	5.36 ± 0.46^{Ba}	6.41 ± 0.41^{Ba}
MG	7	10.08 ± 0.69^{Aa}	5.57 ± 0.29^{Ba}	5.21 ± 0.52^{Bb}
	8	7.24 ± 0.98^{Aa}	3.92 ± 0.16^{Bb}	5.05 ± 0.40^{ABb}
	9	10.86 ± 1.27^{Aa}	4.58 ± 0.49^{Bab}	8.95 ± 1.03^{Aa}
HG	7	14.49 ± 1.00^{Aa}	4.39 ± 0.25^{Bb}	4.41 ± 0.36^{Bb}
	8	10.85 ± 1.29^{Ab}	4.43 ± 0.27^{Bb}	4.66 ± 0.29^{Bab}
	9	10.64 ± 0.58^{Ab}	6.14 ± 0.42^{Ba}	5.99 ± 0.56^{Ba}

层，8月时0~10 cm土层土壤紧实度显著高于10~20 cm土层；9月时10~20 cm土层土壤紧实度显著低于其他土层。对于同一土层不同月份而言，0~10 cm土层在各月份间差异不显著；10~20 cm土层土壤紧实度7月时显著高于8月；20~30 cm土层土壤紧实度9月时显著高于其他月份。在重度放牧处理下，7月、8月、9月均表现为0~10 cm土层土壤紧实度显著高于其他土层。对于同一土层不同月份而言，0~10 cm土层土壤紧实度在7月显著高于其他月份，10~20 cm土层则表现为9月时显著高于其他月份，20~30 cm土壤紧实度则表现为9月显著高于7月。

由表3-7可知，冷季草场在对照处理下，7月时0~10 cm土层的土壤紧实度显著高于其他土层，而8月和9月时各土层土壤紧实度差异不显著。对于同一土层不同月份而言，20~30 cm土层土壤紧实度表现为9月显著高于其他月份，其余土层在不同月份间差异不显著。在轻度放牧处理下，7月、8月时0~10 cm土层的土壤紧实度显著高于其他土层。而对于同一土层不同月份而言，0~10 cm土层土壤紧实度在不同月份之间无差异，10~20 cm土层8月的土壤紧实度显著低于其他月份，20~30 cm土层9月的土壤紧实度显著高于其他月份。在中度放牧处理下，7月时20~30 cm土层土壤紧实度显著低于其他土层；8月时0~10 cm土层土壤紧实度显著高于其他土层；9月时0~10 cm土层土壤紧实度显著高于其他土层。对于同一土层不同月份而言，0~10 cm土层土壤紧实度在9月最高，10~20 cm土层土壤紧实度7月时显著高于其他月份；20~30 cm土层土壤紧实度在不同月份之间差异不显著。在重度放牧处理下，7月时0~10 cm土层土壤紧实度显著高于10~20 cm土层，8月和9月各土层之间差异不显著。对于同一土层不同月份而言，0~10 cm土层土壤紧实度在8月显著低于其他月份；10~20 cm土层土壤紧实度9月时显著高于其他月份。20~30 cm土层土壤紧实度8月显著低于其他月份。

表3-7　冷季放牧下放牧强度和月份对土壤紧实度的影响

放牧强度	月份	土壤紧实度（N/m^2）		
		0~10 cm	10~20 cm	20~30 cm
CK	7	6.94 ± 0.65^{Aa}	4.78 ± 0.60^{Ba}	4.84 ± 0.43^{Bb}
	8	5.91 ± 0.60^{Aa}	5.56 ± 0.40^{Aa}	4.96 ± 0.35^{Ab}
	9	6.19 ± 0.38^{Aa}	6.53 ± 0.46^{Aa}	7.81 ± 0.93^{Aa}
LG	7	9.78 ± 0.70^{Aa}	7.74 ± 0.59^{Ba}	4.85 ± 0.44^{Cb}
	8	7.74 ± 0.75^{Aa}	4.40 ± 0.27^{Bb}	4.60 ± 0.25^{Bb}
	9	8.95 ± 0.76^{Aa}	7.94 ± 0.74^{Aa}	7.53 ± 0.56^{Aa}
MG	7	9.57 ± 0.88^{Ab}	8.12 ± 1.06^{Aa}	5.12 ± 0.43^{Ba}
	8	7.81 ± 0.45^{Ab}	4.09 ± 0.26^{Cb}	5.67 ± 0.36^{Ba}
	9	12.96 ± 1.10^{Aa}	5.94 ± 0.58^{Bab}	5.73 ± 0.74^{Ba}

续 表

放牧强度	月份	土壤紧实度（N/m²）		
		0~10 cm	10~20 cm	20~30 cm
HG	7	9.51 ± 0.79^{Aa}	6.21 ± 0.36^{Bb}	7.65 ± 0.95^{ABab}
	8	5.49 ± 0.44^{Ab}	4.37 ± 0.18^{Ac}	5.45 ± 0.31^{Ab}
	9	11.81 ± 1.27^{Aa}	8.68 ± 0.90^{Aa}	10.22 ± 0.96^{Aa}

3.3.3 两季轮牧下放牧强度对土壤容重的影响

由表3-8可知，在暖季草场，除10~20 cm土层，各放牧处理显著降低了土壤容重外，不同放牧处理及不同土层间土壤容重差异均不显著。

表3-8 暖季放牧下放牧强度对土壤容重的影响

放牧强度	土壤容重（g/cm³）		
	0~10 cm	10~20 cm	20~30 cm
CK	0.80 ± 0.07^{Aa}	0.97 ± 0.05^{Aa}	1.02 ± 0.01^{Aa}
LG	0.74 ± 0.01^{Aa}	0.85 ± 0.05^{Aab}	0.92 ± 0.03^{Aa}
MG	0.78 ± 0.02^{Aa}	0.81 ± 0.04^{Ab}	0.93 ± 0.04^{Aa}
HG	0.81 ± 0.02^{Aa}	0.87 ± 0.03^{Aab}	0.90 ± 0.07^{Aa}

表3-9 冷季放牧下放牧强度对土壤容重的影响

放牧强度	土壤容重（g/cm³）		
	0~10 cm	10~20 cm	20~30 cm
CK	0.80 ± 0.07	0.97 ± 0.05	1.02 ± 0.01
LG	0.82 ± 0.03	0.90 ± 0.02	0.94 ± 0.04
MG	0.87 ± 0.05	0.88 ± 0.03	0.90 ± 0.06
HG	0.87 ± 0.05	0.92 ± 0.04	0.95 ± 0.03

如表3-9所示，在冷季草场，不同放牧处理及不同土层间土壤容重差异均不显著。

3.4 两季轮牧下放牧强度对土壤养分含量的影响

3.4.1 两季轮牧下放牧强度对土壤有机质含量的影响

在暖季草场（图3-6），2011年，除轻度放牧处理外，其余处理下土壤有机质含量均随土层的加深逐渐降低且差异显著。对于同一土层不同放牧强度而言，在0~10 cm土层，土壤有机质含量表现为中度放牧＞对照＞重度放牧＞轻度放牧，且差异显著；在10~20 cm土层，土壤有机质含量表现为重度放牧＞中度放牧＞对照＞轻度放牧，且差异显著。在20~30 cm土层，重度放牧处理下的土壤有机质含量显著高于其他处理下的土壤有机质含量。

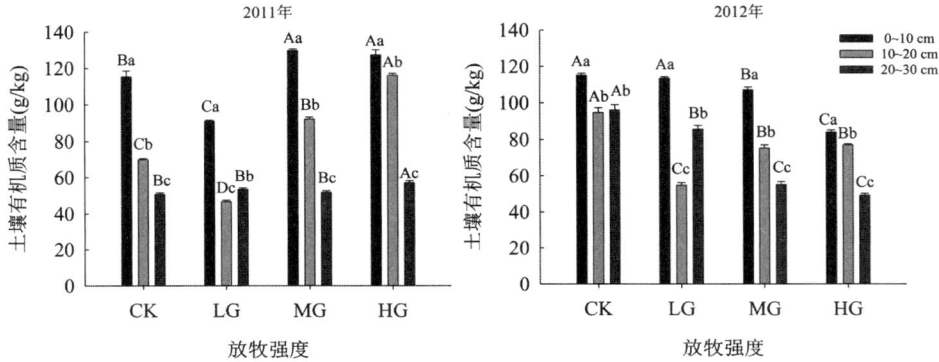

图3-6　暖季放牧下放牧强度对土壤有机质含量的影响

2012年，中度放牧与重度放牧处理下土壤有机质含量随土层的加深逐渐降低且差异显著。对于同一土层不同放牧强度而言，在0~10 cm土层，土壤有机质含量表现为对照与轻度放牧处理显著高于中度放牧与重度放牧处理；在10~20 cm土层，对照处理的土壤有机质含量显著高于其他处理下的土壤有机质含量；在20~30 cm土层，土壤有机质含量表现为对照与轻度放牧处理显著高于中度放牧与重度放牧处理。

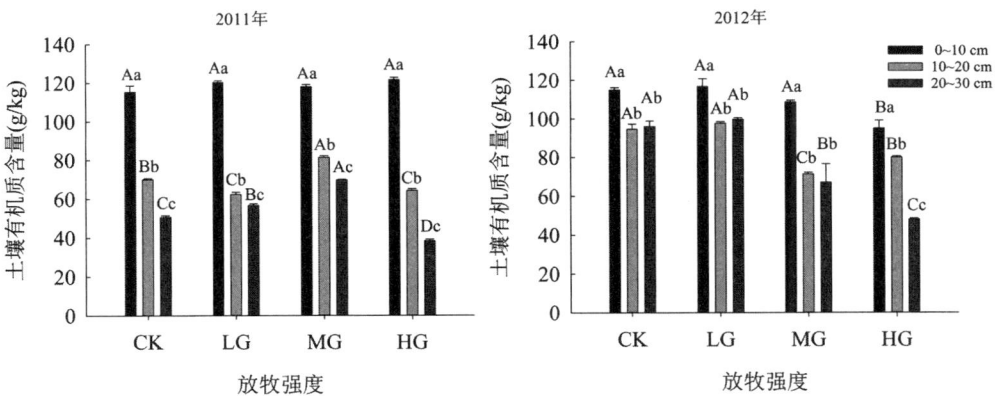

图3-7　冷季放牧下放牧强度对土壤有机质含量的影响

在冷季草场（图3-7），2011年，各处理下土壤有机质含量均随土层的加深逐渐降低且差异显著。对于同一土层不同放牧强度而言，在0~10 cm土层，各放牧处理间土壤有机质含量差异不显著；在10~20 cm土层，中度放牧处理下，土壤有机质含量显著高于其他处理下的土壤有机质含量；在20~30 cm土层，土壤有机质含量表现为中度放牧＞轻度放牧＞对照＞重度放牧，且差异显著。

2012年，中度放牧与重度放牧处理下土壤有机质含量均随土层的加深逐渐降低且差异显著。对于同一土层不同放牧强度而言，在0~10 cm土层，重度放牧处理下，土壤有机质含量显著低于其他处理下的土壤有机质含量；在20~30 cm土层，中度放牧和重度放牧处理下，土壤有机质含量显著低于其他处理下的土壤有机质含量。

3.4.2 两季轮牧下放牧强度对土壤全氮含量的影响

在暖季草场（图3-8），2011年，各放牧处理下土壤全氮含量均随土层的加深逐渐降低且差异显著。对于同一土层不同放牧强度而言，在0~10 cm土层，中度放牧处理下的土壤全氮含量显著高于对照与轻度放牧处理；在10~20 cm土层，重度放牧处理的土壤全氮含量显著高于其他处理的土壤全氮含量；在20~30 cm土层，各放牧处理下土壤全氮含量差异不显著。

2012年，各放牧处理下土壤全氮含量均随土层的加深逐渐降低且差异显著。对于同一土层不同放牧强度而言，在0~10 cm土层，轻度放牧处理下的土壤全氮含量显著低于其他放牧处理下的土壤全氮含量；在10~20 cm土层，重度放牧处理下的土壤全氮含量显著高于其他放牧处理下的全氮含量；在20~30 cm土层，土壤的全氮含量表现为重度放牧＞轻度放牧＞中度放牧＞对照，且差异显著。

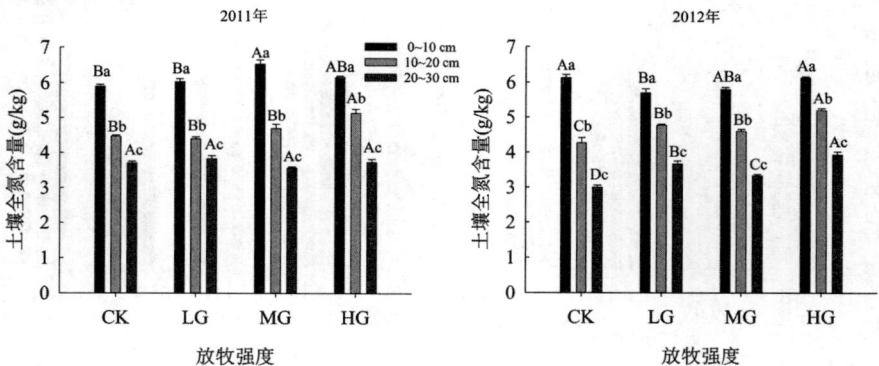

图3-8 暖季放牧下放牧强度对土壤全氮含量的影响

在冷季草场（图3-9），2011年，各放牧处理下土壤全氮含量均随土层的加深逐渐降低且差异显著。对于同一土层不同放牧强度而言，在0~10 cm土层，重度放牧下的土壤全氮含量显著高于对照和轻度放牧处理；在10~20 cm土层，中度放牧与重度放牧处理下的土壤全氮含量显著高于对照和轻度放牧处理；在20~30 cm土层，重度放牧处理下的土壤全氮含量显著低于其他放牧处理下的土壤全氮含量。

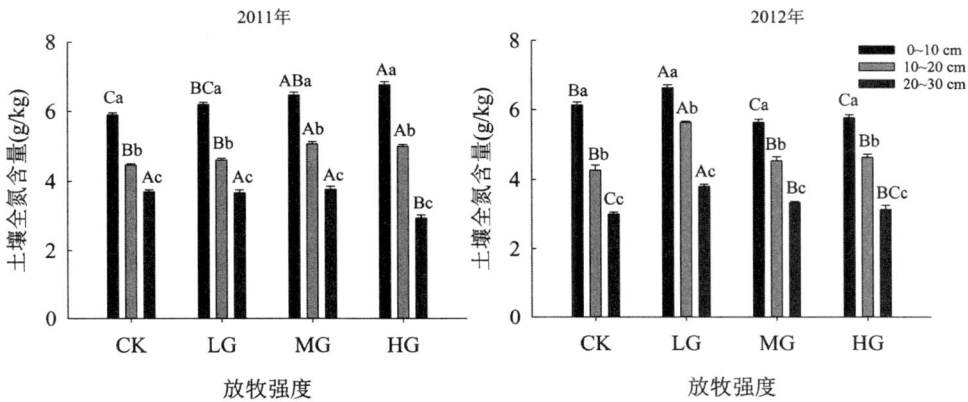

图3-9　冷季放牧下放牧强度对土壤全氮含量的影响

2012年，各放牧处理下土壤全氮含量均随土层的加深逐渐降低且差异显著。对于同一土层不同放牧强度而言，在0~10 cm土层，轻度放牧处理下土壤全氮含量最高、对照处理次之且差异显著；在10~20 cm土层及20~30 cm土层，轻度放牧处理下的土壤全氮含量显著高于其他放牧处理下的土壤全氮含量。

3.4.3　两季轮牧下放牧强度对土壤速效氮含量的影响

在暖季草场（图3-10），2011年，轻度放牧于中度放牧处理下土壤速效氮含量均随土层的加深逐渐降低且差异显著。对于同一土层不同放牧强度而言，在0~10 cm土层，土壤速效氮含量表现为重度放牧＞对照＞中度放牧＞轻度放牧；在10~20 cm土层，轻度放牧与重度放牧处理下的土壤速效氮含量显著高于对照与中度放牧处理下的土壤速效氮含量；在20~30 cm土层，土壤速效氮含量表现为重度放牧＞中度放牧＞对照＞轻度放牧，且差异显著。

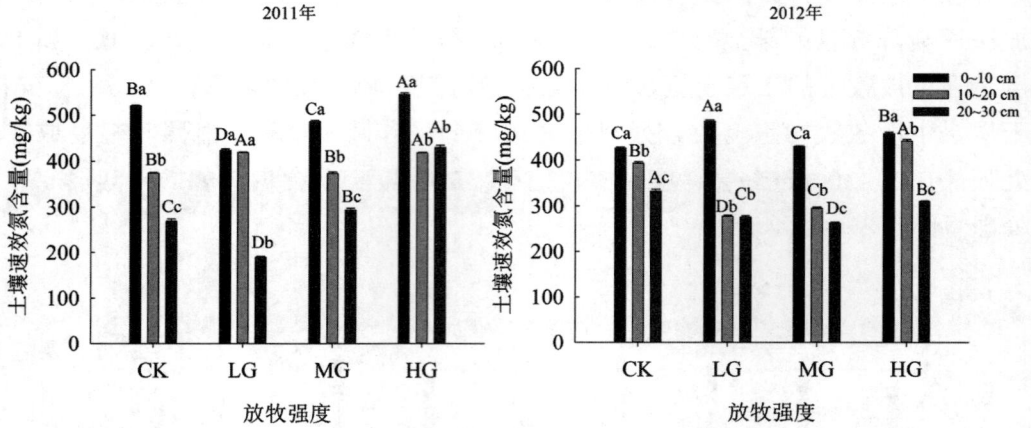

图3-10　暖季放牧下放牧强度对土壤速效氮含量的影响

2012年，除轻度放牧处理外，其余放牧处理下土壤速效氮含量均随土层的加深逐渐降低且差异显著。对于同一土层不同放牧强度而言，在0~10 cm土层，轻度放牧处理下土壤速效氮含量显著高于其他放牧处理下的土壤速效氮含量；在10~20 cm土层，土壤速效氮含量表现为重度放牧＞对照＞中度放牧＞轻度放牧，且差异显著；在20~30 cm土层，土壤速效氮含量表现为对照＞重度放牧＞轻度放牧＞中度放牧，且差异显著。

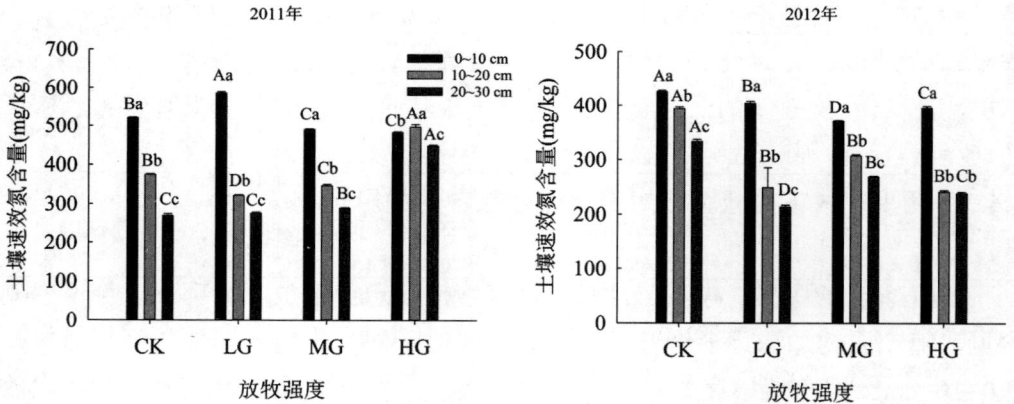

图3-11　冷季放牧下放牧强度对土壤速效氮含量的影响

在冷季草场（图3-11），2011年，除重度放牧处理外，其余放牧处理下土壤速效氮含量均随土层的加深逐渐降低且差异显著。对于同一土层不同放牧强度而言，在0~10 cm土层，土壤速效氮含量表现为轻度放牧＞对照＞中度放牧＞重度放牧，且差异显著；在10~20 cm土层，土壤速效氮含量表现为重度放牧＞对照＞中度放牧＞轻度放牧，且差异显著；在20~30 cm土层，重度放牧处理的土壤速效氮含量显著高于其他放牧处理下的土壤速效氮含量。

2012年，除重度放牧处理外，其余放牧处理下土壤速效氮含量均随土层的加深逐渐降低且差异显著。对于同一土层不同放牧强度而言，在0~10 cm土层，土壤速效氮含量表现为对照＞轻度放牧＞重度放牧＞中度放牧，且差异显著；在10~20 cm土层及20~30 cm土层，对照处理的土壤速效氮含量显著高于其他放牧处理下的土壤速效氮含量。

3.4.4 两季轮牧下放牧强度对土壤全磷含量的影响

在暖季草场（图3-12），2011年，各放牧处理下土壤全磷含量变化规律不尽相同。对于同一土层不同放牧强度而言，在0~10 cm土层，轻度放牧和中度放牧处理下土壤全磷含量显著高于其他放牧处理下的土壤全磷含量；在10~20 cm土层，轻度放牧与中度放牧处理下土壤全磷含量显著高于对照与重度放牧处理下土壤全磷含量；在20~30 cm土层，土壤全磷含量表现为中度放牧＞轻度放牧＞对照＞重度放牧，且差异显著。

2012年，中度放牧处理下土壤全磷含量随土层深度增大逐渐降低且差异显著，其余放牧处理下土壤全磷含量变化不尽相同。对于同一土层不同放牧强度而言，在0~10 cm土层，对照处理的土壤全磷含量显著高于其他放牧处理下的土壤全磷含量，其余土层土壤全磷含量在各放牧处理下的变化不尽相同。

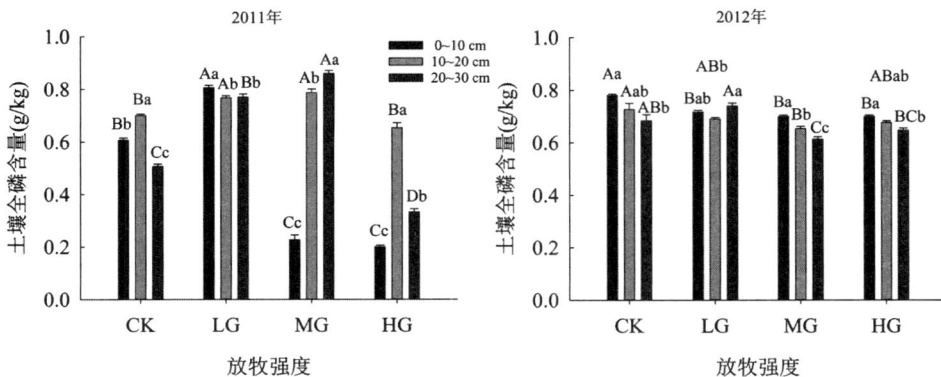

图3-12 暖季放牧下放牧强度对土壤全磷含量的影响

在冷季草场（图3-13），2011年，各放牧处理下土壤全磷含量变化规律不尽相同。对于同一土层不同放牧强度而言，在0~10 cm土层，土壤全磷含量表现为中度放牧＞轻度放牧＞重度放牧＞对照，且差异显著；在10~20 cm土层，土壤全磷含量表现为轻度放牧＞对照＞重度放牧＞中度放牧，且差异显著；在20~30 cm土层，轻度放牧处理下土壤全磷含量显著高于其他放牧处理下的土壤全磷含量。

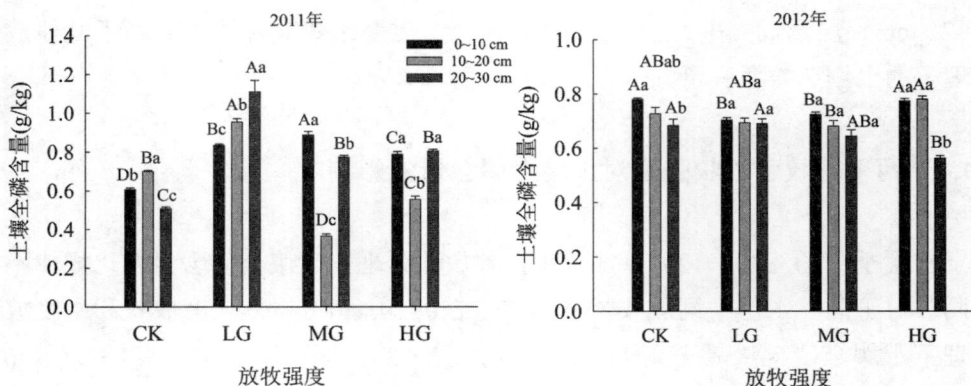

图3-13　冷季放牧下放牧强度对土壤全磷含量的影响

与2011年相同，2012年在各放牧处理下土壤全磷含量变化规律不尽相同。对于同一土层不同放牧强度而言，在0~10 cm土层，对照与重度放牧处理下土壤全磷含量显著高于轻度放牧与中度放牧处理的土壤全磷含量；在10~20 cm土层，中度放牧处理下土壤全磷含量显著低于重度放牧处理下的土壤全磷含量；在20~30 cm土层，重度放牧处理下土壤全磷含量显著低于对照和轻度放牧处理下的土壤全磷含量。

3.4.5　两季轮牧下放牧强度对土壤速效磷含量的影响

在暖季草场（图3-14），2011年，对照与轻度放牧处理下土壤速效磷含量随土层加深逐渐降低且差异显著，其余放牧处理下土壤速效磷含量变化不尽相同。对于同一土层不同放牧强度而言，在0~10 cm土层，对照处理下土壤速效磷含量显著高于其他放牧处理下的土壤速效磷含量；在10~20 cm土层，对照与轻度放牧处理下土壤速效磷含量显著高于中度放牧与重度放牧的土壤速效磷含量；在20~30 cm土层，各放牧处理间土壤速效磷含量差异不显著。

2012年，除对照处理下土壤速效磷含量随土层加深逐渐降低且差异显著，其余放牧处理下土壤速效磷含量变化不尽相同。对于同一土层不同放牧强度而言，在0~10 cm土层，对照处理下土壤速效磷含量显著高于其他放牧处理下的土壤速效磷含量；在10~20 cm土层，土壤速效磷含量变化表现为对照＞中度放牧＞轻度放牧＞重度放牧，且差异显著；在20~30 cm土层，重度放牧处理下土壤速效磷含量显著低于其他放牧处理下的土壤速效磷含量。

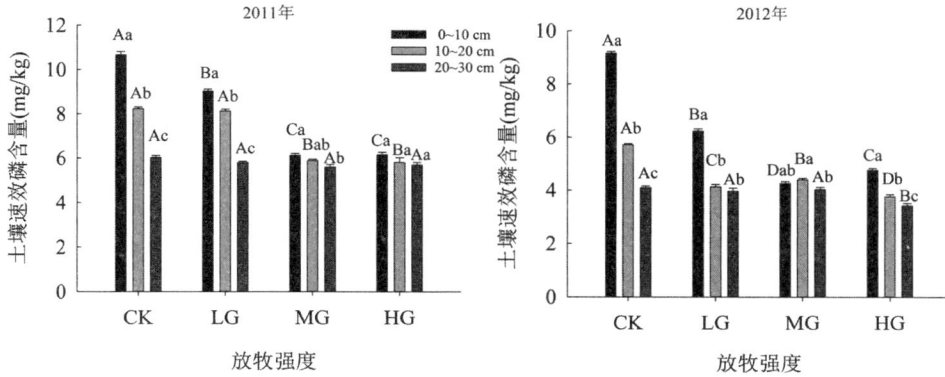

图3-14 暖季放牧下放牧强度对土壤速效磷含量的影响

在冷季草场（图3-15），2011年，除中度放牧处理外，其余放牧处理下土壤速效磷含量均随土层加深逐渐降低且差异显著。对于同一土层不同放牧强度而言，在0~10 cm土层，土壤速效磷含量变化表现为对照＞中度放牧＞重度放牧＞轻度放牧，且差异显著；在10~20 cm土层，对照与重度放牧处理下土壤速效磷含量显著高于轻度放牧与中度放牧处理的土壤速效磷含量；在20~30 cm土层，土壤速效磷含量变化表现为中度放牧＞对照＞重度放牧＞轻度放牧，且差异显著。

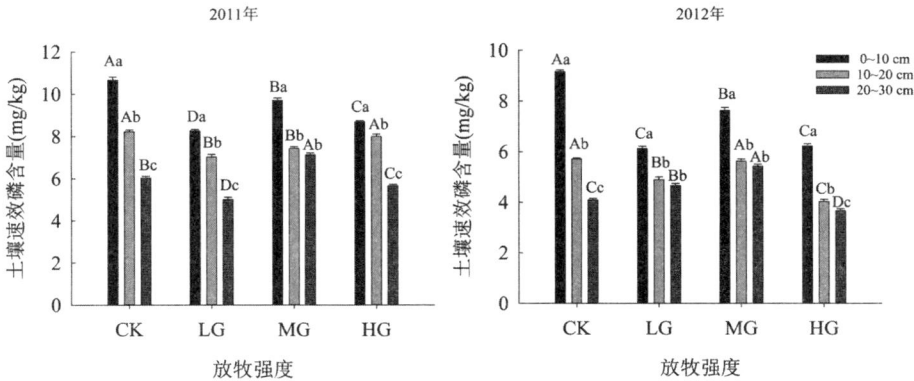

图3-15 冷季放牧下放牧强度对土壤速效磷含量的影响

2012年，对照与重度放牧处理下土壤速效磷含量随土层加深逐渐降低且差异显著，其余放牧处理下的土壤速效磷含量变化不尽相同。对于同一土层不同放牧强度而言，在0~10 cm土层及在10~20 cm土层，对照处理的土壤速效磷含量显著高于其他放牧处理下的土壤速效磷含量；在20~30 cm土层，土壤速效磷含量变化表现为中度放牧＞轻度放牧＞对照＞重度放牧，且差异显著。

3.5 讨论与结论

制约土壤含水量的因素有很多，包括植被覆盖度、降雨、蒸腾等，当降雨量持续大于植物蒸腾时，土壤含水量主要受地形的影响，但当降雨量持续低于植物蒸腾时，土壤特征和植物蒸腾控制土壤含水量的空间变化。本研究中7月、8月土壤各土层的含水量不存在显著性差异，因为7月、8月降雨比较充足，掩盖了放牧强度对土壤各土层的土壤含水量造成的影响。家畜的啃食和践踏作用使得草地裸露面积变大，地表蒸发作用增加，植物对土壤的保水能力下降，土壤含水量沿着放牧梯度表现为下降趋势。本研究中全年连续放牧草场和暖季草场放牧对土壤水分的影响仅发生在生长季末期（9月）。冷季草场放牧时间处于非生长季，所以各放牧处理下土壤含水量的变化不大。

放牧家畜首先改变土壤的紧实度，进而就会引起其他理化性质发生变化。家畜的践踏作用随放牧强度的增大而增加，草地土壤表面硬度增大，土壤孔隙度减小，土壤的渗透阻力加大，土壤紧实度也随之增加。本研究中，8月全年连续放牧表层土壤紧实度的变化规律与此一致。而两季轮牧草场适度的放牧区内（轻度、中度）土壤紧实度相对于禁牧区变化不明显，说明该地区在不超过最适载畜率情况下，家畜对草地的践踏作用对土壤紧实度的影响不是太明显。

本研究中，沿着放牧梯度全年连续放牧草场和冷季草场土壤容重差异不显著；暖季草场10~20 cm土层的土壤容重降低。植被应对放牧干扰的一种对策是将能量物质转向地下，以植被根系为食的动物的活动会变得频繁，导致地下洞口数量增多、土质变得疏松，所以暖季草场10~20 cm土层的土壤容重随放牧梯度降低。而全年连续放牧和冷季草场土壤容重无差异，因为家畜践踏的压实效应与动物活动的效应抵消。

理解草地生态系统的功能首先要了解土壤中养分含量的时空分布格局。土壤养分是土壤资源中的固有属性，土壤是植物生长的基质，植物对其的争夺能够影响植被的群落特征，群落的演替程度又使得土壤的固有属性在时间和空间上呈现出复杂性。碳、氮和磷是土壤有机质的重要组成部分，也是草地生态系统中最大的营养库。土壤有机质是农业生态系统可持续性的一个非常重要的指标，土壤有机质含量的变化可以改善土壤物理性质和化学性质。土壤全氮是反应土壤肥力的重要指标，土壤速效磷指示当年可以被植物吸收利用的有效磷含量，且可以在土壤中快速移动和在植物体内自由转运。在气候条件相同的情况下，土壤的养分状况主要取决于土壤母质和生物因素。本研究中全年放牧中度放牧处理和重度放牧处理，暖季草场中度放牧处理，以及冷季草场对照处理的土壤有机质含量的变化表现为随着土层深度的增加，土壤有机质含量逐渐降低，这可能是土壤养分空间分布的固有特性；暖季草场重度放牧处理表现为随着土层深度的增加，土壤有机质含量逐渐增加。全年连续放牧和暖季草场各土层的全氮含量随放牧强度的增加呈增加趋势，冷季草场全氮含量的变化与暖季草场和全年连续放牧相反，土壤速效磷没有太大的变化趋势。

4

放牧对高寒草原
第一性生产力的影响

4.1 全年连续放牧下放牧强度对地上生物量的影响

2010—2013年不同放牧强度下植物群落地上生物量在牧草生长季（6~10月）的动态变化如图4-1所示。放牧强度对群落地上生物量产生了显著地影响。各年份不同放牧强度下群落地上现存量的季节变化规律基本一致，均表现为随季节变化呈现出低—高—低的动态变化规律，只是峰值出现的时间不一。

2010年6月初始放牧，各处理间群落地上生物量差异不显著（$P > 0.05$），随后随着放牧时间的推移，各处理间表现出显著差异（$P < 0.05$），且随着放牧强度的增加，群落地上生物量降低明显（$P < 0.05$）。在整个生长季，各处理间群落地上生物量随季节基本呈现出先增加再降低的变化规律，但中重度放牧和重度放牧处理下的地上生物量在7月降低，这可能是由于放牧家畜的采食强度过大，影响了牧草的生长。随后由于7~8月降雨量的增加，地上生物量开始升高。对照和重度放牧处理下的地上生物量最高值出现在8月，其他放牧处理的最高值出现在9月。2011年和2012年，对照处理地上生物量显著高于其他放牧处理（除了2012年9月）（$P < 0.05$），各放牧处理地上生物量也产生了显著差异，且随着放牧强度的增加，牧草生长季群落地上生物量降低（$P < 0.05$）。

2013年由于干旱原因（当年1~4月累计降水量仅为5.3 mm），牧草返青较晚，6月各处理地上生物量较低，随后随着降水增加，各处理地上生物量开始增加，对照、轻中度放牧和中度放牧处理下增长速度较快，显著高于中重度放牧和重度放牧处理（$P < 0.05$）。对照处理地上生物量的最高值出现在9月，其他放牧

54

处理的地上生物量最高值出现在8月。进入9月，群落地上生物量随放牧强度的增加而降低（$P<0.05$）。

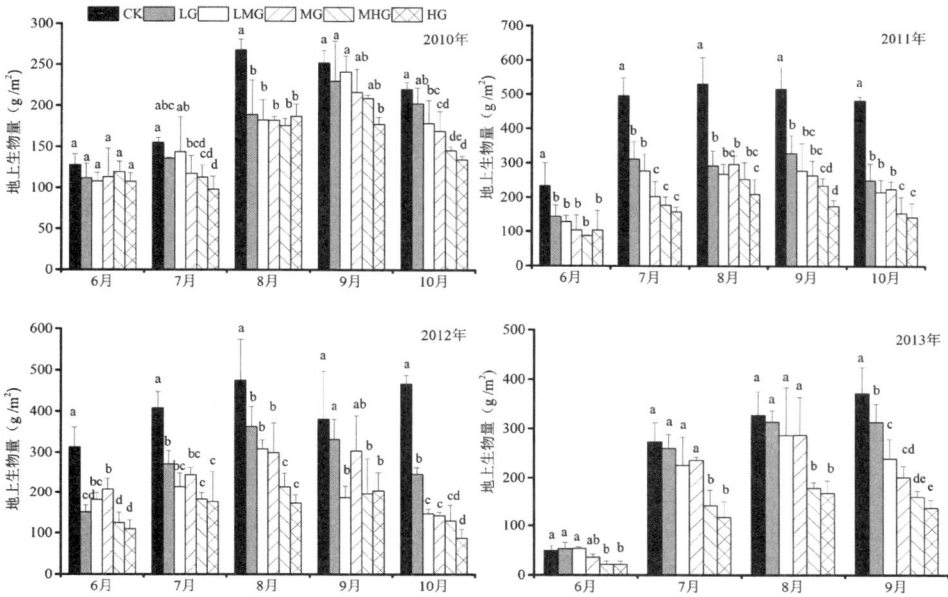

注：CK，对照；LG，轻度放牧；LMG，轻中度放牧；MG，中度放牧；MHG，中重度放牧；HG，重度放牧。下同。

图4-1　不同放牧强度下群落地上生物量季节动态

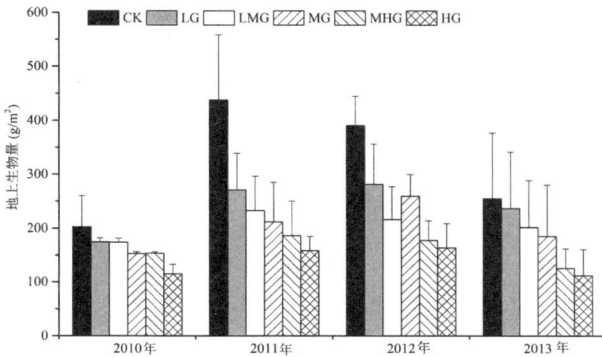

图4-2　不同放牧强度下群落平均地上生物量年际动态

牧草生长季群落平均地上生物量的年际变化如图4-2所示。各年度群落地上生物量基本随放牧强度的增加而降低，基本表现为对照＞轻度放牧＞轻中度放牧＞中度放牧＞中重度放牧＞重度放牧。相关分析表明，2010年和2011年放牧强度与牧草生长季群落平均地上生物量之间呈显著的线性负相关（$P<0.05$），2012年和2013年放牧强度与牧草生长季群落平均地上生物量之间呈极显著的线性负相关（表4-1）。

表4-1　放牧强度与群落年平均地上生物量的简单线性回归方程

年度	回归方程	相关系数 R	显著性 P
2010	$y=-11.086x+189.13$	−0.9416	<0.05
2011	$y=-46.87x+380.21$	−0.9093	<0.05
2012	$y=-39.659x+357.78$	−0.9243	<0.01
2013	$y=-28.891x+265.458$	−0.9699	<0.01

不同放牧强度下群落地上生物量功能群组成如表4-2所示。放牧强度对群落地上生物量的组成产生了显著的影响。随着放牧强度的增加，禾本科牧草在群落中的比例降低，杂类草的比例增加。2010年莎草科牧草随着放牧强度的增加而降低，到2013年随放牧强度的增加而增加。豆科牧草比例随放牧强度的增加又呈现出增大的趋势，在中重度放牧处理下达到最大值。各处理下，不同功能群在群落生物量中所占的比例具有明显的年际动态。各放牧处理下禾本科牧草比例和豆科牧草比例随放牧时间的增加而减小；对照处理下禾本科牧草比例随时间推移而增加。

表4-2　不同放牧强度下群落地上生物量组成变化(%)

处理	禾本科比例		莎草科比例		豆科牧草比例		杂类草比例	
	2010 年	2013 年	2010 年	2013 年	2010 年	2013 年	2010 年	2013 年
CK	52.42	59.88	26.76	18.79	13.63	17.2	7.19	4.12
LG	47.87	37.02	22.65	21.28	19.28	38.29	10.2	3.4
LMG	54.81	42.88	19.48	20.54	15.01	33.5	10.7	3.08
MG	47.89	33.12	22.62	19.38	13.8	39.98	15.68	7.52
MHG	44.96	24.27	27.05	26.89	20.6	40.61	7.39	8.22
HG	46.26	30.05	18.1	24.94	16.05	32.38	19.59	12.63

4.2 全年连续放牧下放牧强度对地下生物量的影响

多年生草本植物地下根系含有大量的往年的活体，同时当年新生的根系组织也在不断的死亡，因此在测定草地植物地下生物量时很难做到严格区分，所以测定的地下生物量包括活根和死根。

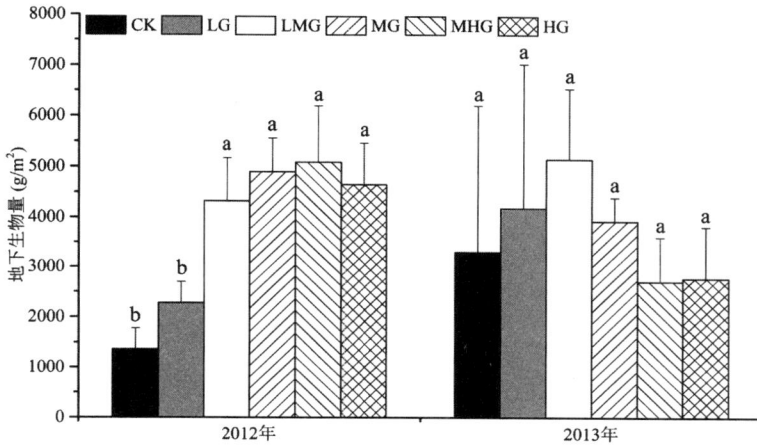

图4-3　不同放牧强度下总地下生物量变化

对不同放牧强度下植物地下生物量的研究结果显示，到第三年（2012年），放牧强度对总地下生物量和各土层地下生物量产生了显著的影响（图4-3，4-4）。随着放牧强度的增加，各土层地下生物量的变化趋势基本一致，都呈现出单峰反应模式。对照处理下，各土层地下生物量都表现最低，0~10 cm土层地下生物量最高值出现在中重度放牧处理下，10~20 cm和20~30 cm土层地下生物量的最高值则出现在中度放牧处理下。轻中度放牧、中度放牧、中重度放牧和重度放牧处理下的总地下生物量显著高于对照和轻度放牧处理（$P<0.05$）。在0~10 cm土层，各处理地下生物量之间的差异性与地下总生物量的差异性一致。随着土壤深度的增加，各处理地下生物量的分布趋势也基本一致，均呈现出倒金字塔形的分布模式（图4-4）。各放牧处理下的地下生物量主要分布在0~10 cm土层，0~10 cm土层地下生物量占总地下生物量的75.13%~84.56%，10~20 cm土层地下生物量占总地下生物量的10.44%~18.03%，20~30 cm土层地下生物量占总地下生物量的3.53%~6.84%。

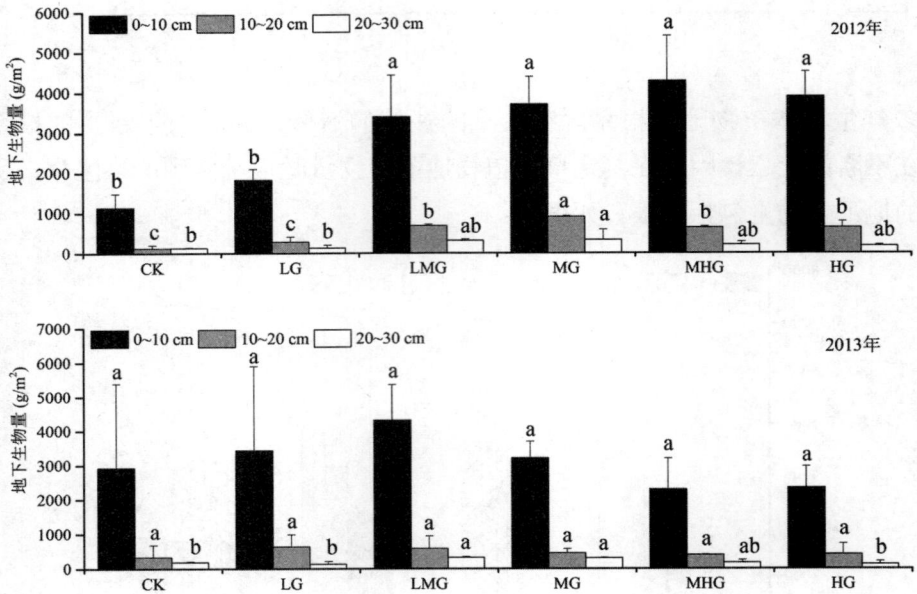

图4-4　不同放牧强度下不同土层地下生物量

到放牧第四年（2013年），放牧强度对总地下生物量和各土层地下生物量的影响不显著（$P>0.05$）（图4-3，4-4）。不同放牧强度处理下，总地下生物量和各土层地下生物量都表现出单峰变化模式，各土层地下生物量的最高值出现在轻中度放牧处理下。各放牧处理下，0~10 cm土层地下生物量占总地下生物量的81.97%~87.51%，10~20 cm地下生物量占总地下生物量的9.16%~14.64%，20~30 cm地下生物量占总地下生物量的2.49%~6.75%。

相比于2012年，在2013年，0~10 cm土层地下生物量占总地下生物量的比例呈增加的趋势，10~20 cm土层和20~30 cm土层地下生物量占总地下生物量的比例呈降低的趋势，这说明随着放牧年限的增加，植物根系趋于表层化。

从年际间的变化来看，相比于2012年，2013年对照、轻度放牧和轻中度放牧处理下的地下生物量增加，中度放牧、中重度放牧和重度放牧处理下的地下生物量降低。这主要是由于2013年降水量较2012年少的原因，而在放牧强度大的处理下，由于放牧家畜对地上部分的高强度采食，导致植物向地下部分的分配减少。

对地下生物量和放牧强度之间的相关关系进行曲线估计，取R^2最大的函数模型，得到的回归方程如表4-3所示。植物地下生物量与放牧强度之间呈二次曲线函数关系，2012年0~10 cm土层达到显著水平（$P<0.05$），其他的未达到显著水平（$P>0.05$）。放牧强度对0~10 cm土层地下生物量影响较大，对20~30 cm土层地下生物量影响较小。

表4-3　放牧强度与地下生物量的回归方程

2012 年	2013 年	平均
$y=-180.8x^2+1692.7x+1026.0$ （$R^2=0.8520$，$P=0.057$）	$y=-147.8x^2+637.1x+3491.1$ （$R^2=0.557$，$P=0.295$）	$y=-164.3x^2+1164.9x+2258.6$ （$R^2=0.751$，$P=0.124$）
$y_1=-124.2x^2+1267.5x+867.8$ （$R^2=0.875$，$P=0.044$）	$y_1=-113.9x^2+449.8x+3043.0$ （$R^2=0.549$，$P=0.303$）	$y_1=-119.0x^2+858.6x+1955.4$ （$R^2=0.740$，$P=0.133$）
$y_2=-38.7x^2+308.2x+93.9$ （$R^2=0.681$，$P=0.180$）	$y_2=-19.2x^2+107.0x+353.7$ （$R^2=0.384$，$P=0.483$）	$y_2=-29.0x^2+207.6x+223.8$ （$R^2=0.777$，$P=0.106$）
$y_3=-18.0x^2+117.08x+64.2$ （$R^2=0.586$，$P=0.266$）	$y_3=-14.6x^2+80.4x+94.4$ （$R^2=0.512$，$P=0.341$）	$y_3=-16.3x^2+98.7x+79.34$ （$R^2=0.542$，$P=0.310$）

注：y，0~30 cm土层总地下生物量，y_1、y_2、y_3分别为0~10 cm、10~20 cm、20~30 cm土层地下生物量，x：放牧强度。

4.3　全年连续放牧下放牧强度对地上地下生物量分配的影响

在2012年，放牧强度对地下生物量与地上生物量的比值（根冠比）具有显著的影响（$P<0.05$）。

表4-4　放牧强度对根冠比的影响

年份	放牧处理					
	CK	LG	LMG	MG	MHG	HG
2012	2.78[Bc]	6.45[Bc]	14.40[Bb]	16.96[Ab]	24.54[Aa]	27.66[Aa]
2013	10.73[Aa]	13.00[Aa]	18.80[Aa]	14.94[Ba]	15.55[Ba]	16.39[Ba]
两年均值	6.75[c]	9.72[c]	16.60[b]	15.95[b]	20.05[ab]	22.03[a]

注：不同大写字母表示年际间差异显著，不同小写字母表示放牧处理间差异显著。

由表4-4可知，随着放牧强度的增加，根冠比显著增加（$P<0.05$），即植物群落生物量更多地分配到地下，但在2013年，放牧强度对根冠比的影响则不显著（$P>0.05$），但随着放牧强度的增加，根冠比呈现出先增后减再增的变化趋势，对照处理最低，轻中度放牧处理下最高。根冠比年均值随放牧强度的增加显著增加（$P<0.05$）。从年际变化看，相比于2012年，2013年对照、轻度放牧和轻中度

放牧处理下根冠比增加，中度放牧、中重度放牧和重度放牧处理下根冠比减小。

如上所述，放牧强度对紫花针茅高寒草原第一性生产力的影响如下：

（1）群落地上生物量随放牧强度的增加显著降低，牧草生长季群落平均地上生物量与放牧强度之间呈显著的线性负相关。

（2）地下生物量与放牧强度之间呈二次曲线函数关系，因此中度到重度放牧处理下植物地下生物量较高。同时，放牧导致植物根系趋于表层化，地下生物量的75%~88%分布在0~10 cm土层。

（3）根冠比随放牧强度的增加呈增加的趋势，这是植物对放牧干扰的一种适应策略。

4.4　讨论与结论

放牧家畜通过采食植物器官影响植物群落生产力。经过4年的连续放牧，不同放牧强度下群落地上生物量随放牧强度的增加而显著降低。这主要是因为放牧家畜的频繁啃食作用使牧草的生物量直接损失，同时放牧降低了植物的光合作用，影响了植物能量的积累。放牧可能使部分地上生物量被转移到了地下根系，使地上部分生物量降低。此外，放牧家畜的践踏改变了土壤特性，这也引起了群落生产能力的降低。这与王艳芬和汪诗平（1999a）的研究结果相反，但与段敏杰等（2010）、董全民等（2012）、张静妮等（2010）在天然草地上的研究结果一致。

放牧对植物地下生物量的影响是不确定的，因草地类型、放牧时间、气候条件等不同，研究结果也不尽相同。Eddy和Argenta（1989）对典型草原的生物量及其分布模式的研究发现，地下生物量在无牧（对照）下最低，中度放牧下最高，地下生物量受降雨的影响较大，降雨量大时，随放牧强度的增加而增加。本试验中，群落地下生物量在放牧第三年（2012年）随放牧强度的增加而增加，到放牧第四年（2013年）以轻中度放牧最高，这与上述的结论一致。这主要与群落的优势种和种类组成的变化有关。随放牧强度的增大，披针叶黄华和莎草科植物（高山嵩草）优势度增加，在群落中数量增多，因为莎草科植物的根系远比禾本科植物的根系发达，因此导致地下生物量的增加。2013年降雨量比2012年少得多，地下生物量比2012年有所增加。这与王艳芬和汪诗平（1999b）的研究结果一致。降雨量较少时，植物通过减少地上部分的分配减轻蒸腾作用。但放牧强度过大时，家畜的采食强度增强，促使光合产物向地上分配，再加上地上部分的减少，使地下部分的光合产物补给相应减少，地下生物量下降。因此，地下生物量不仅受放牧强度的影响，还受降雨量等环境因素的影响。平均根冠比可以综合反映不同放牧强度下植物地上生物量和地下生物量的分配规律。研究表明，平均根冠比随放牧强度的增加而增大，说明植物将更多的光合产物分配给根系，这是植物对放牧干扰的一种适应策略。

5

放牧对高寒草原植物群落结构的影响

5.1 放牧强度对群落盖度的影响

在2012年和2013年，放牧强度对草地植物群落盖度均具有显著的影响（$P<0.001$）。由图5-1可知，随着放牧强度的增加，群落盖度呈显著降低趋势（$P<0.05$），尤其是重度放牧处理下降低最多。在这两年，对照处理的盖度均为99%，而在重度放牧处理下，盖度分别降低了39.5%（2012年）、43.5%（2013年）。

在2012年，不同放牧强度处理下群落盖度依次为对照、轻度放牧＞轻中度放牧、中度放牧＞中重度放牧、重度放牧；在2013年，则为对照＞轻度放牧＞轻中度放牧、中度放牧＞中重度放牧、重度放牧。

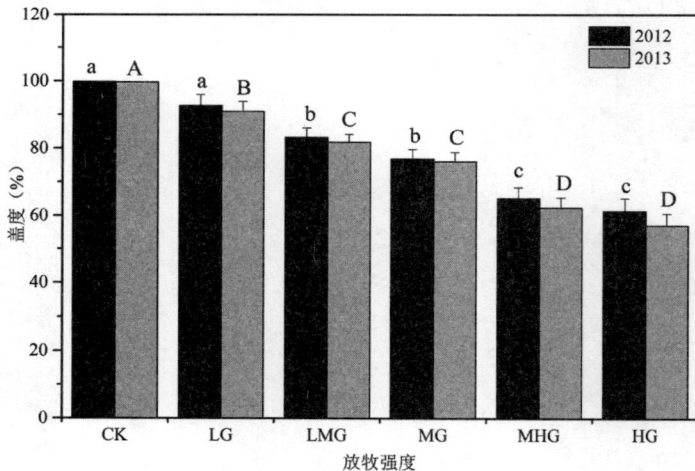

注：CK，对照；LG，轻度放牧；LMG，轻中度放牧；MG，中度放牧；MHG，中重度放牧；HG，重度放牧；不同小写字母表示2012年不同处理间差异显著；不同大写字母表示2013年不同处理间差异显著。下同。

图5-1　不同放牧强度下群落盖度的变化

5.2 放牧强度对群落物种组成及其重要值的影响

对照处理下，植物群落由14种植物组成，其中禾本科植物有6种，莎草科植物3种，豆科植物有2种，杂类草有3种。在轻度放牧处理下，群落由21种植物组成，与对照处理相比，增加了1个豆科植物多枝黄芪，同时增加了另外的5个杂类草植物。在轻中度放牧和中度放牧处理下，出现了24个物种，两个处理下的物种基本相同，但中度放牧下没有溚草。在中重度放牧和重度放牧处理下，出现了23个物种，与轻度放牧、轻中度放牧和中度放牧处理相比，增加了豆科植物宽苞棘豆（*O. latibracteata*）、杂类草狼毒和平车前（*Plantago depressa*），但没有出现溚草、多裂委陵菜、婆婆纳、簇生柴胡（*B. condensatum*）和异叶青兰。

放牧强度对群落中各物种的重要值具有显著影响。随着放牧强度的增加，禾草类植物的响应不是很一致，垂穗披碱草、赖草、冰草、溚草的重要值呈逐渐降低的趋势，而紫花针茅和冷地早熟禾从对照到轻度放牧，重要值增加，从轻度放牧到重度放牧，呈降低趋势。莎草植物中矮嵩草和高山嵩草的重要值随着放牧强度的增加呈现先升高后降低的趋势，在轻中度放牧处理下最高。豆科植物中扁蓿豆重要值在对照处理下最高，披针叶黄华的重要值则随着放牧强度的增加呈现增加的趋势。杂类草中各物种对放牧强度的响应不一致，如草地风毛菊（*S. amara*）、无茎黄鹤菜等在对照和轻度放牧处理下没有，而黄缨菊仅在对照处理存在，狼毒出现在中重度放牧和重度放牧处理下，阿尔泰狗娃花存在于所有处理下而且随着放牧强度的增加呈现增大的趋势。

因此，随着放牧强度的增加，群落中原有的一些高适口性的植物有明显减少的趋势，如紫花针茅、垂穗披碱草、冷地早熟禾、矮嵩草、高山嵩草。而群落中，莎草科的圆囊苔草（*C. orbicularis*）和一些适口性差的杂类草如阿尔泰狗娃花、猪毛蒿、多裂委陵菜、短穗兔耳草（*Lagotis brachystachya*）等有增加的趋势，同时毒杂草披针叶黄华和狼毒有明显增加的趋势，这表明随着放牧强度的增加，群落由以紫花针茅为建群种的群落，向以圆囊苔草和适口性差的杂类草过渡的可能。

表5-1　不同放牧强度下群落的物种组成及其主要物种重要值

植物类群	物种	物种拉丁名	CK	LG	LMG	MG	MHG	HG
禾草	紫花针茅	S. purpurea	1.0615	1.1742	1.1571	1.0416	0.8279	0.9175
	赖草	L. chinensis	0.0112	0.0082	—	—	—	—
	冷地早熟禾	P. crymophila	0.4887	0.4996	0.4977	0.2702	0.2598	0.2076
	甘青剪股颖	A. gigantea	—	0.0567	0.0394	0.0327	0.0238	0.0235
	溚草	K. cristata	0.0348	0.0316	0.0312	—	—	—
	垂穗披碱草	E. nutans	0.6864	0.6328	0.3185	0.1573	0.0995	0.0227
	冰草	A. cristatum	0.0334	—	—	—	—	—
莎草	高山嵩草	K. pygmaea	0.1528	0.2549	0.3165	0.2720	0.2344	0.2009
	矮嵩草	K. humilis	0.3517	0.4699	0.7218	0.6088	0.3680	0.3033
	圆囊苔草	c. orbicularis	0.0168	0.0295	0.0330	0.0530	0.0863	0.1025
豆科	披针叶黄华	T. lanceolata	0.0403	0.0843	0.1027	0.2752	0.5965	0.7166
	宽苞棘豆	O. latibracteata	—	—	—	—	0.0123	0.0130
	多枝黄芪	A. polycladus	—	0.2377	0.1511	0.1512	0.0557	0.0487
	扁蓿豆	M. ruthenica	1.0972	0.5739	0.5465	0.3959	0.3655	0.3243
杂类草	阿尔泰狗娃花	H. altaicus	0.0276	0.0704	0.0717	0.0833	0.0749	0.1019
	草地风毛菊	S. amara	—	—	0.0079	0.0120	0.066	0.1005
	无茎黄鹌菜	Y. simulatrix	—	—	0.0184	0.0197	0.0530	0.0983
	黄缨菊	X.subacaulis	0.0835	—	—	—	—	—
	臭蒿	A. hedinii	—	—	—	0.0658	0.0136	0.0147
	蒲公英	T. mongolicum	—	0.0119	0.0127	0.0138	0.0221	0.0269
	猪毛蒿	A. scoparia	—	0.0457	0.0464	0.0501	0.0361	0.0835
	多裂委陵菜	P. multifida	0.0051	0.0135	0.0179	0.02226	—	—
	短穗兔耳草	L. brachystachya	—	0.0161	0.0058	0.0028	0.0184	
	婆婆纳	V.eronica			0.0038	0.0029	—	—
	肉果草	L. tibetica	—	0.0193	0.0776	0.0812	0.0849	0.0856
	达乌里秦艽	G. dahurica	—	0.0237	0.0173	0.0175	0.0269	0.0221
	簇生柴胡	B.condensatum	—	—	0.0049	0.0111	—	—
	隐瓣蝇子草	S. gonosperma	—	0.0050	0.0632	0.0332	0.0145	0.0186
	狼毒	S. chamaejasme	—	—	—	—	0.0714	0.2649
	异叶青兰	D.heterophyllum	—	0.0101	0.0313	0.0289	—	—
	平车前	P. depressa	—	—	—	—	0.0245	0.0267

注：表中"—"表示该物种未出现。

5.3 放牧强度对物种多样性的影响

放牧强度显著影响了群落Shannon-Wienner多样性指数（$P<0.001$）和Pielou均匀度指数（$P<0.001$）。随着放牧强度的增加，Shannon-Wienner多样性指数和Pielou均匀度指数呈相同的变化趋势，呈现先增加后降低的趋势，在轻中度放牧处理下最高（图5-2）。在对照处理下，这两种指数均为最低，可见过度放牧和不放牧，都不利于物种多样性的维持，而轻中度放牧强度可以维持植物群落物种多样性。

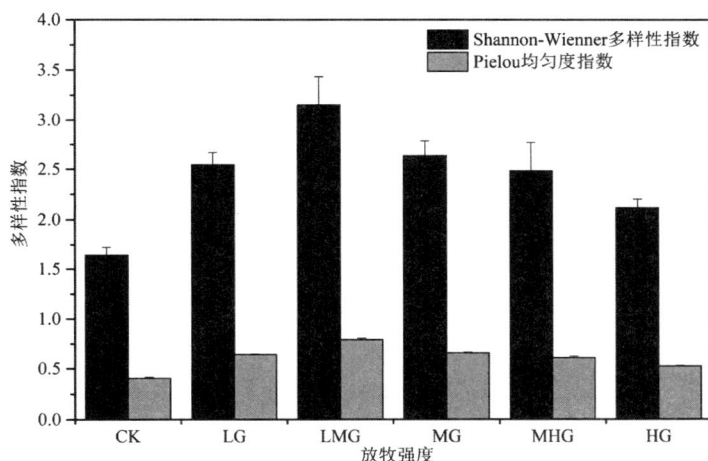

图5-2　不同放牧强度下群落盖度的变化图

5.4 放牧强度对牧草营养成分的影响

5.4.1 放牧强度对牧草粗蛋白含量的影响

不同放牧强度下牧草的粗蛋白含量的季节动态如图5-3所示。

2010年，对照处理下牧草粗蛋白含量随着牧草生长而降低，6月牧草粗蛋白含量最高，而在放牧处理下牧草粗蛋白含量随生长季进程呈现低—高—低的变化趋势，8月牧草粗蛋白含量最高，对照和各放牧处理下，到10月时牧草粗蛋白含量都降至最低，各处理下比6月分别降低了4.88%、3.82%、5.31%、2.04%、0.91%和1.93%。2010年6月，各处理间牧草粗蛋白含量差异不大，随着牧草的生长，牧草粗蛋白含量随放牧强度的增加呈先增加后降低的趋势。

2011年，各处理下牧草粗蛋白含量随生长季呈单峰变化，牧草粗蛋白含量在8月最高。在8月和10月，牧草粗蛋白含量随着放牧强度的增加而增大。

2012年，对照和轻度放牧处理下牧草粗蛋白含量随生长季进程而降低，其他放牧处理下，牧草粗蛋白含量呈单峰变化，最高值出现在8月。8月牧草粗蛋白含量随着放牧强度的增加而增大，至10月，各放牧处理下的粗蛋白含量降低幅度较大。

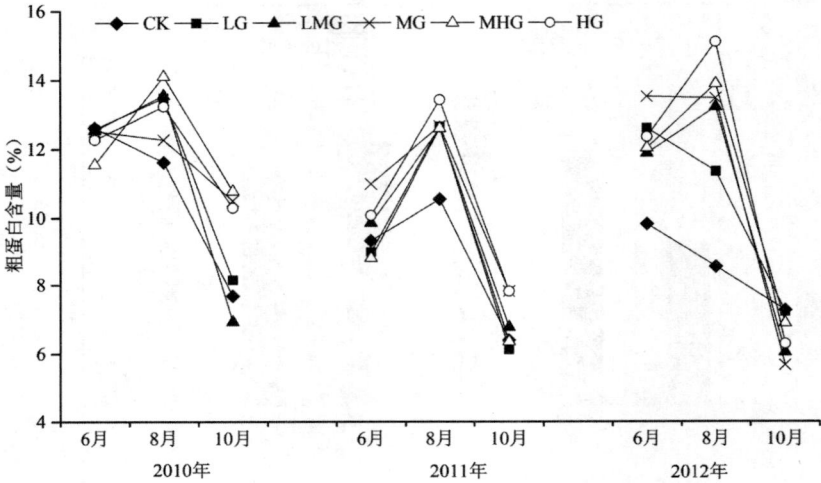

图5-3　不同放牧强度下牧草粗蛋白含量的季节动态

5.4.2　放牧强度对牧草粗脂肪含量的影响

如图5-4所示，在2010年，各处理下牧草粗脂肪含量均呈现出随生长季进程增加的趋势，在生长季初期各处理间牧草粗脂肪含量无差异，随着时间推移，各处理间牧草粗脂肪含量差异逐渐变大，在8月和10月，牧草粗脂肪含量在重度放牧处理下最高。

2011年，对照处理下的牧草粗脂肪含量随生长季进程先略上升后降低。而在其他5个放牧处理下的牧草粗脂肪含量则随生长季进程而升高，重度放牧处理下增加量最高，至10月，各放牧处理牧草粗脂肪含量均高于对照处理，其中中度放牧和中重度放牧处理下牧草粗脂肪含量最高。

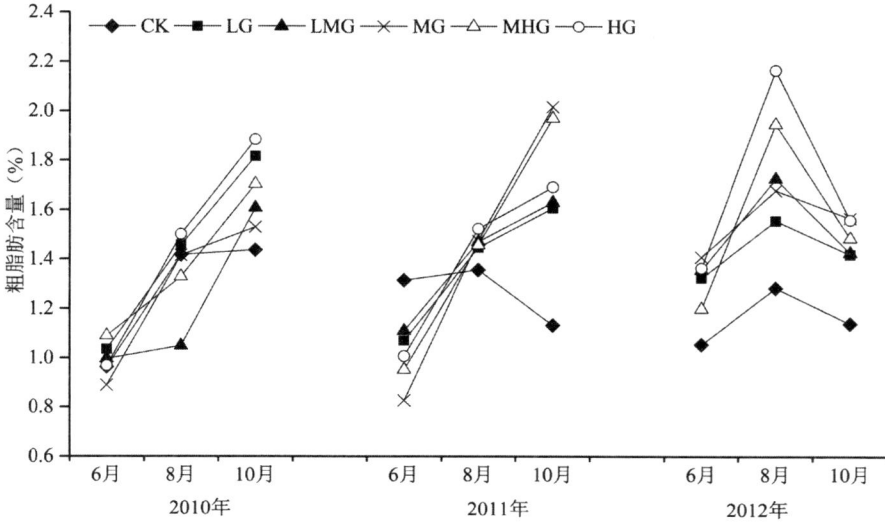

图5-4 不同放牧强度下牧草粗脂肪含量的季节动态

2012年，各处理下牧草粗脂肪含量均随生长季的进程呈单峰变化，最高值出现在8月。6月、8月和10月，对照处理下的牧草粗脂肪含量始终低于各放牧处理下。在6月，中度放牧处理下牧草粗脂肪含量最大，而在8月，牧草粗脂肪含量随着放牧强度的增加而增大，在重度放牧处理下最高。

5.4.3 放牧强度对牧草粗纤维含量的影响

2010年，各处理下牧草粗纤维含量随生长季进程表现出增加的趋势，对照处理下增加的速度最快。在生长季初期，各处理牧草粗纤维含量没有显著差异，随着时间的推移，差异逐渐明显。在8月和10月，对照处理下牧草粗纤维含量最高（图5-5）。

2011年，各处理下（除了对照处理和轻度放牧处理）牧草粗纤维含量随生长季的进程而增加。在6月、8月和10月，对照处理下牧草粗纤维含量均最高。

2012年，对照和轻度放牧处理下牧草的粗纤维含量随生长季的进程而增加，而其他放牧处理下牧草的粗纤维含量随生长季的进程表现出先降低再升高的变化趋势。

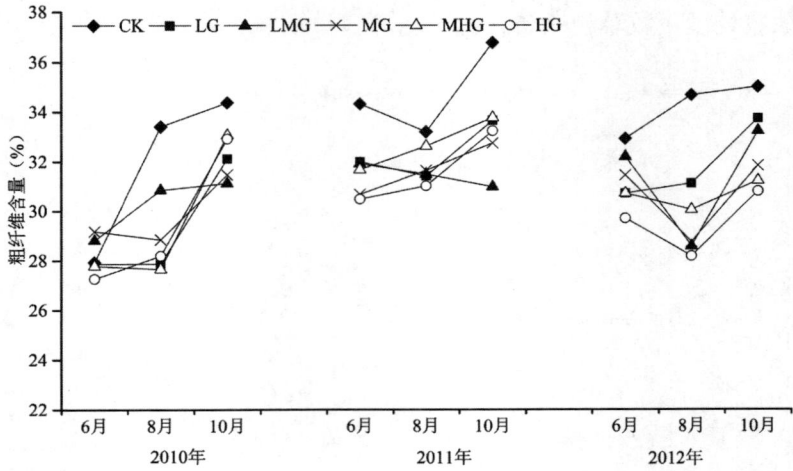

图5-5　不同放牧强度下牧草粗纤维含量的季节动态

5.4.4　放牧强度对牧草粗灰分含量的影响

2010—2012年，不同放牧强度下牧草粗灰分含量的季节动态表现出较大的差异（图5-6），其变化的规律性不强。

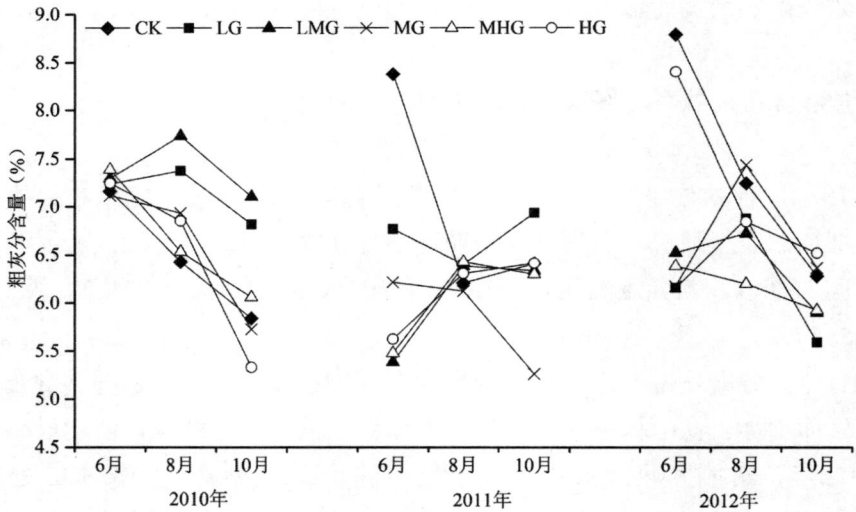

图5-6　不同放牧强度下牧草粗灰分含量的季节动态

5.4.5 放牧强度对牧草钙、磷含量的影响

不同放牧强度下牧草钙含量的季节动态见图5-7。从图中可以看出，2010年各处理下（除了轻度处理）牧草的钙含量随生长季进程呈单峰变化模式，最高值出现在8月，轻度处理下牧草的钙含量则随生长季进程而增加。2011年和2012年各处理下（除了对照处理）牧草钙含量的季节动态变化基本一致，均随着生长季的进程而增加。2011年，轻度放牧处理下牧草的钙含量较高，到了2012年，重度放牧处理下牧草的钙含量较高。

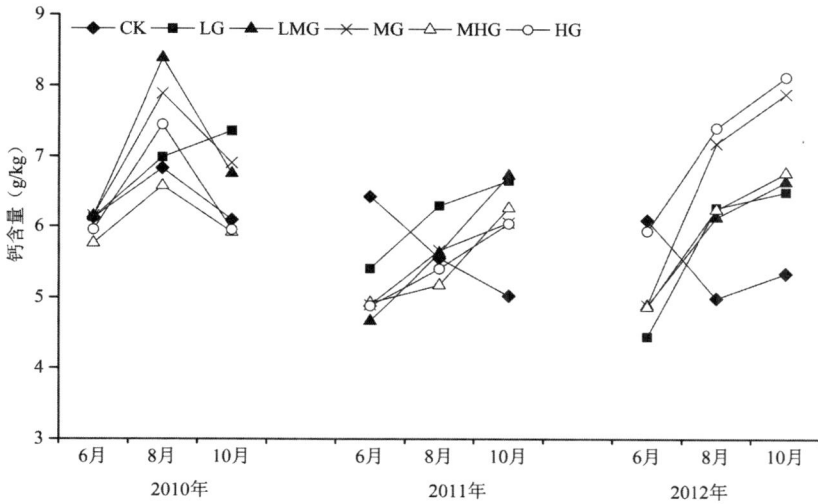

图5-7　不同放牧强度下牧草钙含量的季节动态

不同放牧强度下牧草磷含量的季节动态见图5-8。从图中可以看出，2010年和2011年各处理之间牧草磷含量差异不大；2012年6月和8月，各处理之间牧草的磷含量差异明显，到了10月各处理之间牧草的磷含量差异变小。2011年各处理之间牧草的磷含量随着生长季的进程而降低；2011年各处理下牧草的磷含量随着时间推移出现先增加后降低的变化；2012年，对照处理和轻度放牧处理下，牧草的磷含量随着生长季进程而降低，其他放牧处理下牧草的磷含量随生长季进程先增加后降低的变化。从图中还可看出，重度放牧处理下，牧草的磷含量基本上处于较高水平。在牧草的生长过程中，磷与蛋白质的代谢有关，因此牧草磷含量的变化与牧草粗蛋白的含量变化类似。

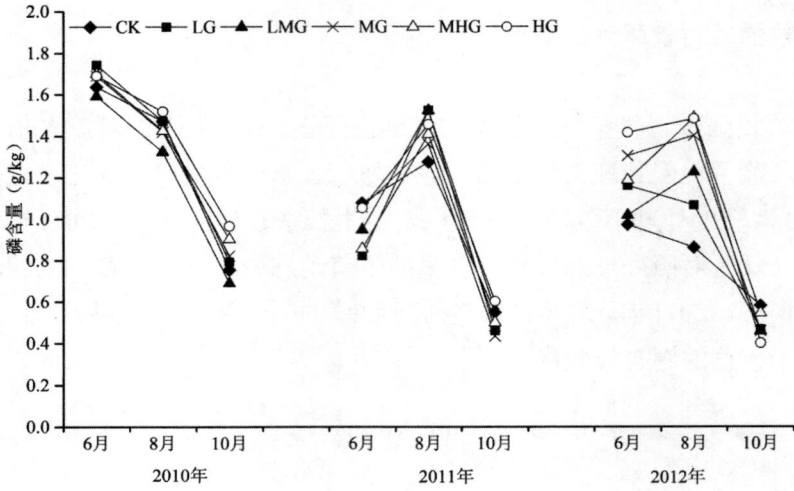

图5-8   不同放牧强度下牧草磷含量的季节动态

5.5 讨论与结论

5.5.1   放牧对高寒草原植物群落结构特征的影响

放牧对植物种群的直接影响包括两个方面，一方面是放牧家畜的践踏作用使草地植物受损，生长恢复困难，另一方面是放牧家畜的采食作用减少和破坏了植物的光合组织、器官，使牧草减少了或失去养分的供给来源，植物的新陈代谢受抑制，从而影响了植物的生长发育和繁殖更新，甚至引起植物的死亡，使草地出现凸斑，表现出草地植被盖度和生产力下降。由于这些因素，草地植物群落的结构发生了改变。植物群落物种组成的变化与放牧家畜的选择性采食以及植物的竞争力密切相关。本研究表明，随放牧强度的增加，植物群落盖度降低，禾本科牧草（早熟禾、紫花针茅等）的优势度减小，一些杂类草（如多裂委陵菜、短穗兔耳草等）和莎草科牧草（高山嵩草）的优势度增加。放牧过程中，由于放牧家畜的选择性采食，家畜优先采食适口性好的牧草，特别是处于群落上层的禾草（早熟禾、紫花针茅等），使其数量和质量减小，优势度降低。群落中的一些矮草类的耐牧性更高，因为，放牧的采食作用改变了草丛的垂直结构，放牧减少了群落中处于上层的高大禾草，植物的冠层高度降低，从而使群落的郁闭度降低，这为处于群落下层的一些矮草类提供了更多的资源（光照、水分、养分）和空间，提高了其物质能量的积累，促进了其生长发育、繁殖更新和数量的增加。莎草虽然被优先采食，但其较禾草耐牧性较强，具有较强的分蘖能力，优势度增加。总之，放牧改变了植物群落的结构，植被盖度降低，禾本科牧草的优势度减小，丧失部分生态位，杂类草的优势度增加，占据更多的生态位。

放牧家畜的选择性采食改变了群落植物的竞争力与群落结构，导致群落小生境发生改变，从而引起物种的消长，使群落物种的地位发生演替。本研究中，随放牧时间的延长，群落物种多样性随放牧强度的增加表现出增加的趋势，多样性在中度到重度放牧处理下较高。这是因为放牧家畜的选择性采食抑制了处于群落上层的高大禾草类的生长，其在群落中的竞争力减弱，这样使原本处于弱势地位的物种的入侵和定居成为可能，同时为处于群落下层的杂类草（短穗兔耳草、多裂委陵菜等）的生长发育创造了有利条件（资源和空间），增加了群落结构的复杂性、多样性。在轻度放牧处理和对照处理下，由于放牧干扰程度较轻和没有干扰，使群落中的一些优势植物的竞争优势明显，降低了其他植物对光照、养分和水分等资源的利用率，抑制了其他植物的生长，群落物种组成变得单一；此外，群落中的枯落物增多，影响了植物的再生和幼苗的形成，群落物种多样性降低。

5.5.2 放牧对高寒草原牧草营养成分的影响

牧草的营养成分是畜产品生产的基础，也是评价牧草饲用价值的重要指标。放牧家畜通过采食牧草来直接获取营养，因此家畜的健康及其生产性能受牧草营养成分含量高低的影响。牧草的饲用价值与粗蛋白含量成正比，与粗纤维含量呈反比。放牧干扰下，放牧强度改变了草地植物的种类组成及其比例，进而对草地牧草品质产生影响，因此不同放牧强度下草地的品质有较大的差别。

放牧干扰下，牧草营养成分含量不仅随季节的变化而变化，还受不同放牧强度下放牧家畜对牧草的采食强度和对牧草利用的最优理论的影响。本研究表明，从整体上来看，牧草粗蛋白含量随放牧时间的延续表现出低—高—低的季节性变化，牧草粗脂肪和粗纤维含量随牧草生育期的推移呈现出增加的趋势。这主要是因为生长季前期，牧草比较鲜嫩，蛋白质含量较高，粗脂肪和粗纤维含量较低；随着牧草生长时间的推移，牧草逐渐开始成熟枯黄，成熟度增大，蛋白质含量较低，粗脂肪和粗纤维含量较高，这符合了植物正常生长的发育规律。这与刘冬伟等（2013）和董全民等（2007a）的研究结果一致。随着放牧时间的推移，到了10月，较高放牧强度下牧草粗蛋白含量较高，而粗纤维含量较低。因为在无牧和轻度放牧条件下，牧草没有被采食或采食率较低，因而随放牧时间的延长，牧草的成熟度逐渐增大，牧草的木质化程度提高，粗蛋白含量逐渐降低，粗纤维含量增大；随着放牧强度的增加，一方面放牧家畜对牧草的采食程度加强，延缓了牧草的成熟时间，甚至有些牧草不能成熟，使群落牧草整体比较鲜嫩；另一方面放牧家畜的采食作用促进了草地植物的补偿性生长，使牧草幼嫩枝叶增多，比例增加，蛋白质含量较高，粗纤维含量较低。这与付娟娟等（2013）在青藏高原高山嵩草草甸上、闫凯等（2011）在伊犁春秋冬草地上的研究结果一致。而与王艳芬等（1999b）和卫智军等（2003）的研究结果同一放牧时期不同放牧强度下牧草粗纤维含量随放牧强度增加而增加不一致。这主要是因为草地类型和环境条件不同，群落植物的营养成分不仅受放牧因素的影响，还可能受外部环境条件（如气候、降水等）的影响。因此，放牧不仅能减缓牧草粗蛋白含量下降的速度，还能减缓牧草纤维化的速度。

研究表明，放牧导致了牧草粗脂肪含量的减少（卫智军等，2003；付娟娟等，2013）。在本研究中，2012年，放牧增加了牧草粗脂肪含量，这与前述结果不一致。但Dyer等（1993）的研究结果表明，在重度放牧条件下，牧草的叶量丰富，牧草营养品质最佳，为放牧家畜能提供可观的营养物质。在放牧干扰下，群落的粗脂肪含量主要与杂类草植物有关，随着放牧强度的增加，虽然放牧家畜的采食程度加剧，但一年生和多年生杂类草比例增加，特别是在重度放牧条件下，家畜不喜食与不采食的植物个体增加，且能成熟和开花结籽，粗脂肪含量较高。在本研究中牧草粗灰分含量随放牧时间和放牧强度的变化规律不强，但不放牧处理下牧草粗灰分含量明显高于放牧处理下，这与塔娜等（2011）、杨静等（2001）的研究结果一致。钙是植物细胞分裂的必需成分，并参与细胞的伸长生长，本研究表明，在放牧后期（2011年和2012年），牧草钙含量随着放牧时间和放牧强度的增加而增加，这主要与放牧处理下群落中的种类组成和生物量中有较多的豆科植物（披针叶黄华）和杂类草有关。磷含量的变化规律与粗蛋白含量的变化规律类似，因为在牧草的生长过程中，磷与蛋白质的代谢有关。

6

放牧对高寒草原植物功能性状的影响

植物功能性状是植物在个体水平上对外界环境长期响应与适应后所呈现出来的可量度的特征，包括形态特征、解剖特征、生理特征和生物化学特征等。植物功能性状体现了其在长期的进化过程中，与环境相互作用而形成的内在生理和外在形态的适应对策，反映了在进化和群落构建过程中对环境的响应。植物功能性状的差异影响个体在特定生境中的生长、生存和繁殖，从而影响个体在特定环境中的适合度，这种适合度影响了种群动态和种间竞争，进而决定群落的组成和结构，最终这些因素都会通过对能量和资源的捕获、损失和循环的影响对生态系统过程产生影响。植物功能性状通过在个体—种群—群落—生态系统的不同尺度对诸多生理生态过程产生影响，是研究群落结构组成和生态系统功能的有效方法，被视为是生态学的"圣杯"（Lavorel and Garnier，2010）。

本章以紫花针茅、垂穗披碱草、冷地早熟禾、矮嵩草、高山嵩草和扁蓿豆为研究对象，探讨放牧强度对紫花针茅高寒草原优势物种及其所属功能群的叶功能性状的影响。

6.1 放牧强度对优势植物叶功能性状的影响

6.1.1 放牧强度对株高的影响

方差分析结果表明，在2012年和2013年，放牧强度对6个优势物种的株高都有极显著的影响（表6-1，$P<0.001$）。

表6-1　放牧强度对主要优势种株高影响的单因素方差分析表

物种	年份	F 值	P 值
垂穗披碱草	2012	72.26	< 0.001
	2013	70.59	< 0.001
紫花针茅	2012	27.52	< 0.001
	2013	23.66	< 0.001
冷地早熟禾	2012	63.32	< 0.001
	2013	83.24	< 0.001
矮嵩草	2012	16.37	< 0.001
	2013	38.69	< 0.001
高山嵩草	2012	67.43	< 0.001
	2013	43.45	< 0.001
扁蓿豆	2012	104.82	< 0.001
	2013	63.57	< 0.001

对于垂穗披碱草，与对照相比，在各放牧处理下，两年的株高均表现为显著降低（$P<0.001$），而且随着放牧强度的增加，株高降低幅度增加（图6-1a）。2012年，与对照相比，随着放牧强度增加，各放牧处理下株高分别降低25.50%、36.45%、42.83%、55.58%、64.82%，而在2013年，则分别降低46.96%、64.74%、76.92%、84.94%、86.70%。

对于紫花针茅，与对照相比，在各放牧处理下，两年的株高均表现为极显著降低（$P<0.001$），而且随着放牧强度的增加，株高降低幅度增加（图6-1b）。2012年，与对照相比，随着放牧强度增加，各放牧处理下株高分别降低9.37%、10.52%、13.96%、25.62%、41.87%，而在2013年，则分别降低19.80%、20.81%、23.86%、34.18%、48.56%。

对于冷地早熟禾，与对照相比，在各放牧处理下，两年的株高均表现为显著降低（$P<0.001$），而且随着放牧强度的增加，株高降低幅度增加（图6-1c）。2012年，与对照相比，随着放牧强度增加，各放牧处理下株高分别降低45.96%、58.85%、61.46%、72.92%、68.88%，而在2013年，则分别降低22.12%、44.04%、44.92%、65.91%、68.62%。

对于矮嵩草，与对照相比，在各放牧处理下，两年的株高均表现为显著降低（$P<0.05$），而且随着放牧强度的增加，株高降低幅度增加（图6-1d）。2012年，与对照相比，随着放牧强度增加，各放牧处理下株高分别降低21.05%、

36.84%、42.11%、51.58%、52.63%，而在2013年，则分别降低38.66%、53.09%、56.70%、58.28%、77.84%。

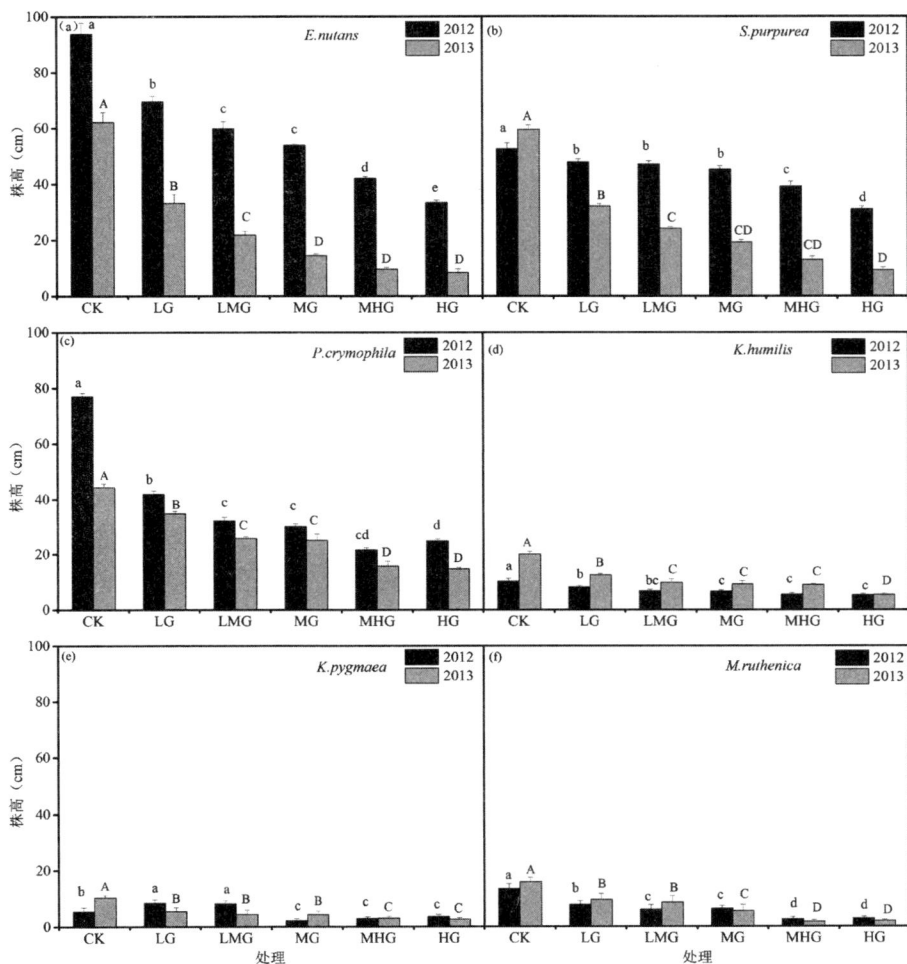

注：CK：对照；LG：轻度放牧；LMG：轻中度放牧；MG：中度放牧；MHG：中重度放牧；HG：重度放牧；不同小写字母表示2012年不同处理之间差异显著，不同大写字母表示2013年不同处理之间差异显著。下同。

图6-1　不同放牧强度下6个优势物种的株高

对于高山嵩草，在2012年，株高表现为单峰型变化，与对照处理相比，轻度放牧和轻中度放牧处理下株高显著增加，而中度放牧、中重度放牧和重度放牧处理下株高显著降低。在2013年，与对照相比，各放牧处理下株高均显著降低，且随着放牧强度的增加，株高降低幅度增加（图6-1e）。

对于扁蓿豆，与对照相比，在各放牧处理下，两年的株高均表现为显著降低

（$P<0.05$；图6-1f）。2012年，与对照相比，随着放牧强度增加，各放牧处理下株高分别降低53.31%、42.88%、55.22%、81.87%、82.41%，而在2013年，则分别降低36.85%、46.69%、66.82%、91.80%、89.31%。

6.1.2 放牧强度对单株重的影响

方差分析结果表明，在2012年和2013年，放牧强度对6个优势植物（垂穗披碱草、紫花针茅、冷地早熟禾、矮嵩草、高山嵩草、扁蓿豆）的单株重都有显著的影响（表6-2，$P<0.001$）。

表6-2　放牧强度对主要优势种单株重影响的单因素方差分析表

物种	年份	F 值	P 值
垂穗披碱草	2012	135.37	<0.001
	2013	272.47	<0.001
紫花针茅	2012	54.46	<0.001
	2013	61.07	<0.001
冷地早熟禾	2012	148.27	<0.001
	2013	224.25	<0.001
矮嵩草	2012	17.09	<0.001
	2013	20.88	<0.001
高山嵩草	2012	50.12	<0.001
	2013	30.79	<0.001
扁蓿豆	2012	131.11	<0.001
	2013	180.76	<0.001

对于垂穗披碱草，与对照相比，在各放牧处理下，两年的单株重均表现为显著降低（$P<0.05$），而且随着放牧强度的增加，株高降低幅度增加（图6-2a）。2012年，与对照相比，随着放牧强度增加，各放牧处理下单株重分别降低33.20%、65.43%、71.28%、84.67%、87.98%，而在2013年，则分别降低29.59%、57.26%、72.86%、83.33%、91.99%。

对于紫花针茅，单株重随放牧强度的增加表现为单峰型变化（图6-2b），轻度放牧下单株重增加，而其余4个放牧处理下单株重显著降低。与对照相比，在2012年和2013年，轻度放牧使紫花针茅的单株重分别增加8.00%和14.32%。其他4个放牧处理下，2012年，紫花针茅单株重分别降低16.24%、16.24%、49.00%和

50.00%,而在2013年,则分别降低11.35%、18.02%、34.88%和34.30%。

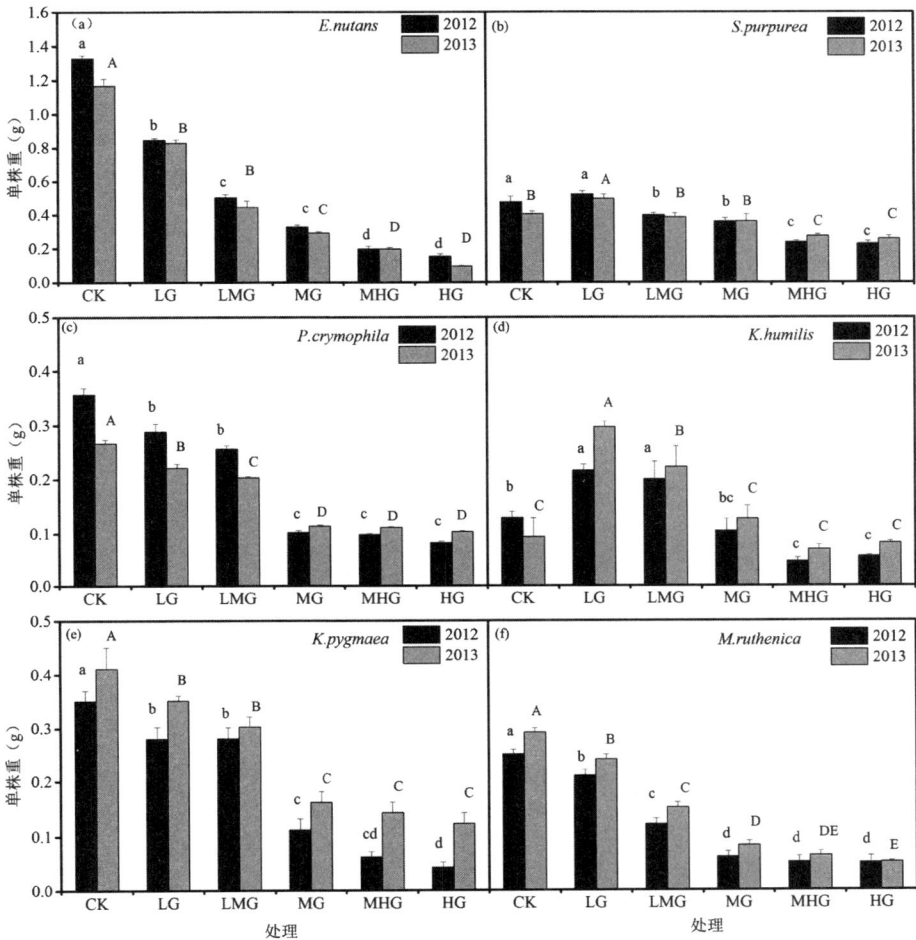

图6-2 不同放牧强度下6个优势物种的单株重

对于冷地早熟禾,与对照相比,在各放牧处理下,两年的单株重均表现为显著降低(P<0.05),而且随着放牧强度的增加,株高降低幅度增加(图6-2c)。2012年,与对照相比,随着放牧强度增加,各放牧处理下单株重分别降低22.22%、27.78%、66.67%、67.85%、69.53%,而在2013年,则分别降低18.52%、21.03%、51.92%、52.38%、53.04%。

对于矮嵩草,单株重在两年随放牧强度的增加均表现为单峰型变化,轻度放牧和轻中度放牧显著增加了单株重,中度放牧处理对其影响不显著,而当放牧强度继续增加后,单株重显著降低(图6-2d)。

对于高山嵩草，与对照相比，在各放牧处理下，两年的单株重均表现为显著降低（$P<0.05$），而且随着放牧强度的增加，株高降低幅度增加（图6-2e）。2012年，与对照相比，随着放牧强度增加，各放牧处理下单株重分别降低20.59%、19.83%、64.71%、69.83%、71.02%，而在2013年，则分别降低14.63%、24.39%、53.66%、55.23%、57.81%。

对于扁蓿豆，与对照相比，在各放牧处理下，两年的单株重均表现为显著降低（$P<0.05$），而且随着放牧强度的增加，株高降低幅度增加（图6-2f）。2012年，与对照相比，随着放牧强度增加，各放牧处理下单株重分别降低17.00%、52.00%、76.00%、80.52%和80.52%，而在2013年，则分别降低18.10%、48.28%、74.14%、78.86%和82.31%。

6.1.3 放牧强度对主要优势种叶面积的影响

方差分析结果表明，在2012年和2013年，放牧强度对6个优势物种（垂穗披碱草、紫花针茅、冷地早熟禾、矮嵩草、高山嵩草、扁蓿豆）的叶面积都有极显著的影响（表6-3，$P<0.001$）。

表6-3 放牧强度对主要优势种叶面积影响的单因素方差分析表

物种	年份	F 值	P 值
垂穗披碱草	2012	680.58	<0.001
	2013	103.57	<0.001
紫花针茅	2012	158.15	<0.001
	2013	57.19	<0.001
冷地早熟禾	2012	34.49	<0.001
	2013	40.89	<0.001
矮嵩草	2012	258.91	<0.001
	2013	157.74	<0.001
高山嵩草	2012	99.91	<0.001
	2013	59.94	<0.001
扁蓿豆	2012	67.86	<0.001
	2013	61.17	<0.001

对于垂穗披碱草，与对照相比，在两年内，各放牧处理均降低了其叶面积（$P<0.05$），且放牧强度增加，降低愈多（图6-3a）。在2012年，垂穗披碱草的叶面积在各放牧处理下分别降低37.32%、59.66%、72.28%、79.96%和85.09%，

而在2013年则分别降低57.11%、60.28%、79.33%、84.96%和87.27%。

对于紫花针茅，在2012年，叶面积随放牧强度的增加表现为单峰型变化，轻度放牧处理下增加，自轻中度放牧至重度放牧处理下显著降低（$P<0.05$，图6-3b），在2013年，叶面积在各放牧处理下均表现为降低。在2012年，轻度放牧处理下，紫花针茅叶面积增加了45.45%，在其余4个放牧处理下分别降低9.87%、30.50%、45.38%和7.25%，而在2013年，则分别降低49.48%、57.23%、78.01%、74.71%和75.58%。

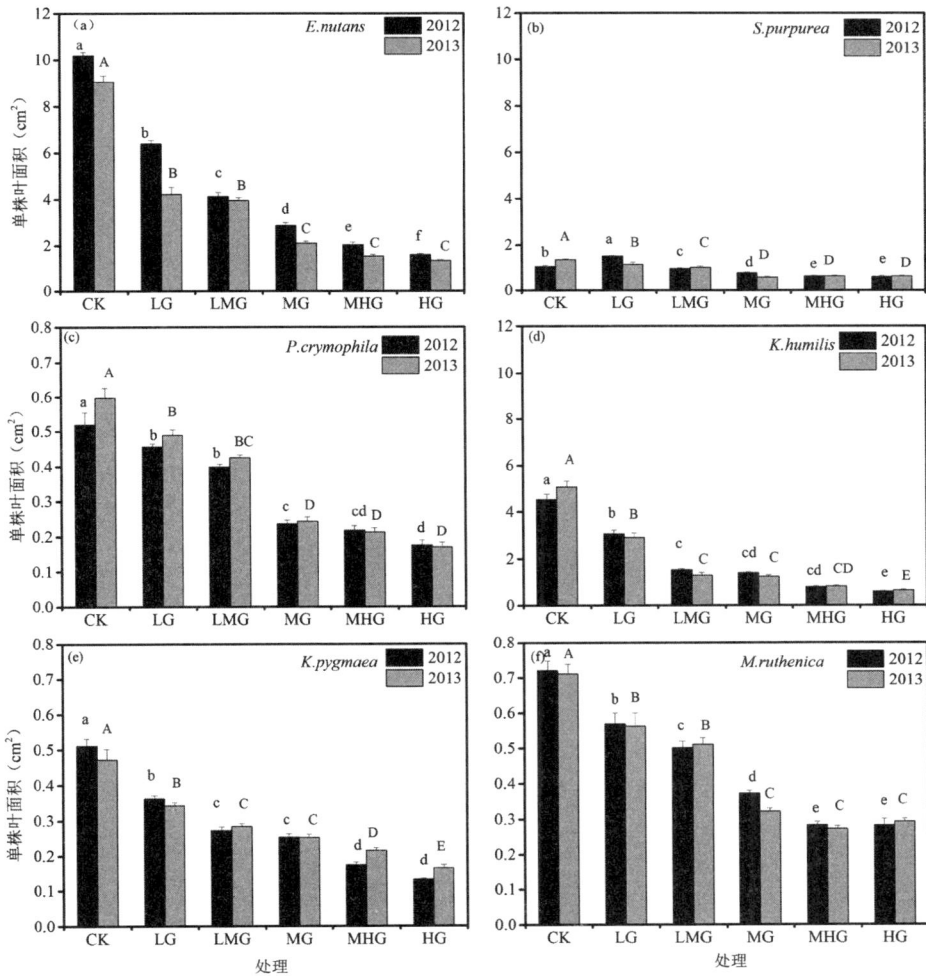

图6-3　不同放牧强度下的6个优势物种的叶面积

对于冷地早熟禾，与对照相比，在两年内，各放牧处理均降低了其叶面积

（$P<0.05$），且随放牧强度增加，降低幅度越大（图6-3c）。2012年，冷地早熟禾的叶面积分别降低了7.14%、19.39%、53.06%、56.63%和65.31%，而在2013年，分别降低3.00%、15.50%、52.74%、59.00%和67.50%。

对于矮嵩草，与对照相比，在两年内，各放牧处理均降低了其叶面积（$P<0.05$），且随放牧强度增加，降低幅度越大（图6-3d）。2012年，矮嵩草的叶面积在各放牧处理下依次降低36.00%、67.44%、70.56%、83.22%和87.55%，而在2013年，依次降低42.94%、74.46%、75.07%、83.64%和87.35%。

对于高山嵩草，与对照相比，在两年内，各放牧处理均降低了其叶面积（$P<0.05$），且随放牧强度增加，降低幅度越大（图6-3e）。在2012年，高山嵩草的叶面积分别降低29.90%、47.06%、51.71%、64.71%和75.00%，而在2013年，分别降低28.19%、41.49%、46.53%、55.85%和65.43%。

对于扁蓿豆，与对照相比，在两年内，各放牧处理均降低了其叶面积（$P<0.05$），且随放牧强度增加，降低幅度越大（图6-3f）。在2012年，扁蓿豆的叶面积分别降低21.00%、30.38%、49.13%、61.28%和61.63%，而在2013年，依次降低20.77%、28.52%、54.58%、61.79%和59.51%。

6.1.4 放牧强度对主要物种叶片干重的影响

方差分析结果显示，在2012年和2013年，不同放牧强度对6个优势物种（垂穗披碱草、紫花针茅、冷地早熟禾、矮嵩草、高山嵩草、扁蓿豆）叶片干重都有显著影响（表6-4，$P<0.001$）。

对于垂穗披碱草，与对照相比，在两年内，各放牧处理下叶片均显著降低（$P<0.05$），而且随着放牧强度的增加，叶片干重降低幅度随之增加（图6-4a）。2012年，与对照相比，各放牧处理下，垂穗披碱草的叶片干重分别降低61.07%、69.51%、69.54%、87.39%和90.72%，而在2013年，分别降低52.72%、56.78%、69.95%、81.78%和83.15%。

对于紫花针茅，与对照相比，在两年内，各放牧处理均显著降低了其叶片干重（$P<0.05$），而且随放牧强度的增加，降低幅度越大（图6-4b）。在2012年，紫花针茅叶片干重在各放牧处理下分别降低40.93%、41.52%、56.14%、74.98%和75.08%，而在2013年，分别降低52.70%、51.40%、71.05%、77.98%和77.82%。

对于冷地早熟禾，与对照相比，在两年内，各放牧处理均显著降低了其叶片干重（$P<0.05$），而且随放牧强度的增加，降低幅度越大（图6-4c）。在2012年，冷地早熟禾的叶片干重在各放牧处理下分别降低26.40%、40.38%、43.26%、51.48%和54.36%，而在2013年，分别降低26.90%、38.58%、34.69%、48.96%和54.58%。

对于矮嵩草，与对照相比，在两年内，各放牧处理均显著降低了其叶片干重（$P<0.05$），而且随放牧强度的增加，降低幅度越大（图6-4d）。在2012年，矮嵩草的叶片干重在各个放牧处理下分别降低34.09%、45.38%、53.52%、65.53%和70.59%，而在2013年，分别降低36.61%、40.38%、55.97%、67.23%和71.24%。

对于高山嵩草，叶片干重随放牧强度的增加在两年均表现为显著降低（$P<0.05$，图6-4e）。在2012年，与对照相比，高山嵩草的叶片干重在各放牧强度下依次降低26.47%、20.96%、17.28%、32.90%和42.10%，而在2013年，分别降低18.19%、43.72%、33.25%、52.88%和56.15%。

对于扁蓿豆，与对照相比，在两年内，各放牧处理均显著降低了其叶片干重（$P<0.05$），而且随放牧强度的增加，降低幅度越大（图6-4f）。2012年，与对照相比，扁蓿豆的叶片干重在各放牧处理下分别降低10.88%、26.31%、39.02%、54.48%和59.88%，而在2013年，分别降低0.5%、11.37%、41.05%、47.74%和51.09%。

表6-4　放牧强度对主要优势种叶片干重影响的单因素方差分析表

物种	年份	F 值	P 值
垂穗披碱草	2012	853.20	< 0.001
	2013	83.20	< 0.001
紫花针茅	2012	86.43	< 0.001
	2013	72.36	< 0.001
冷地早熟禾	2012	26.58	< 0.001
	2013	18.92	< 0.001
矮嵩草	2012	19.15	< 0.001
	2013	129.47	< 0.001
高山嵩草	2012	4.55	< 0.001
	2013	24.95	< 0.001

续　表

物种	年份	F 值	P 值
扁蓿豆	2012	1.93	< 0.001
	2013	28.56	< 0.001

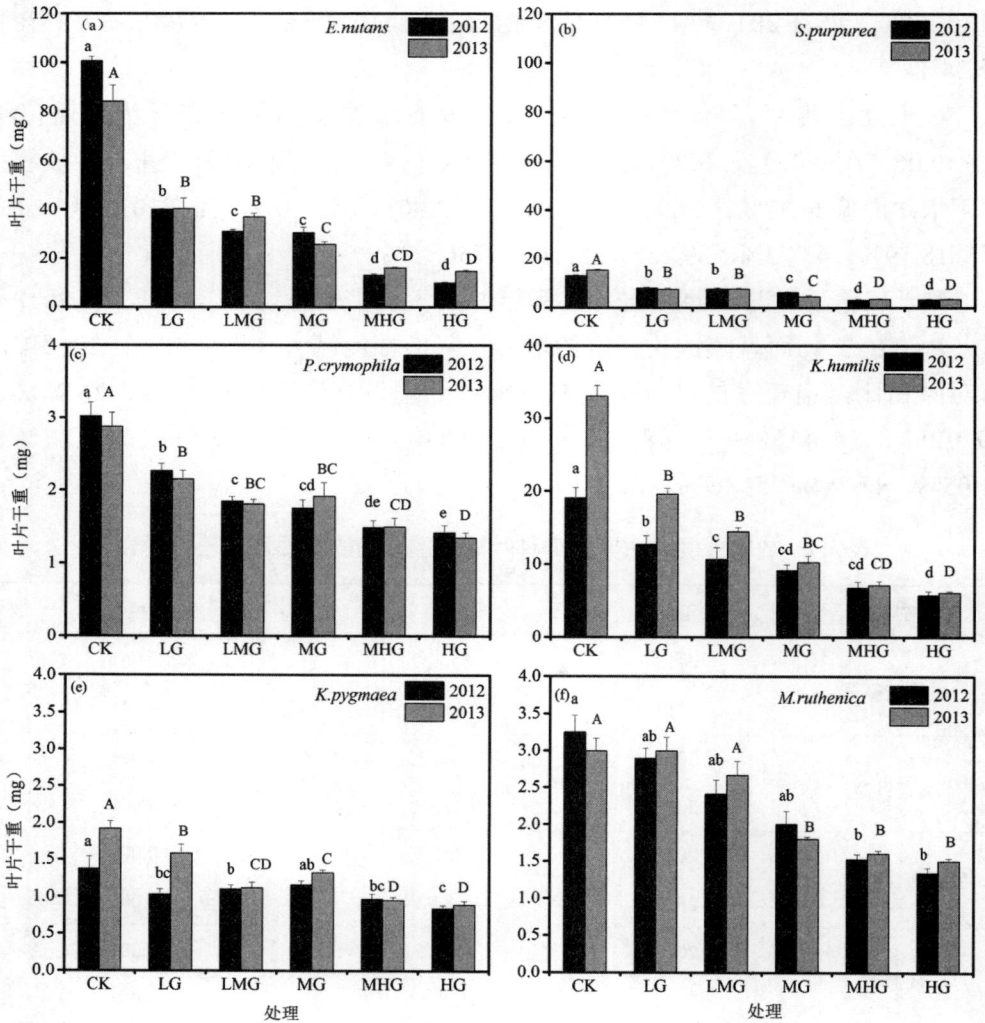

图6-4　不同放牧强度下6个优势物种的叶片干重

6.1.5 放牧强度对主要优势物种比叶面积的影响

方差分析结果显示，在2012年和2013年，不同放牧强度对6个优势物种（垂穗披碱草、紫花针茅、冷地早熟禾、矮嵩草、高山嵩草、扁蓿豆）的比叶面积都有显著的影响（表6-5，$P<0.001$）。

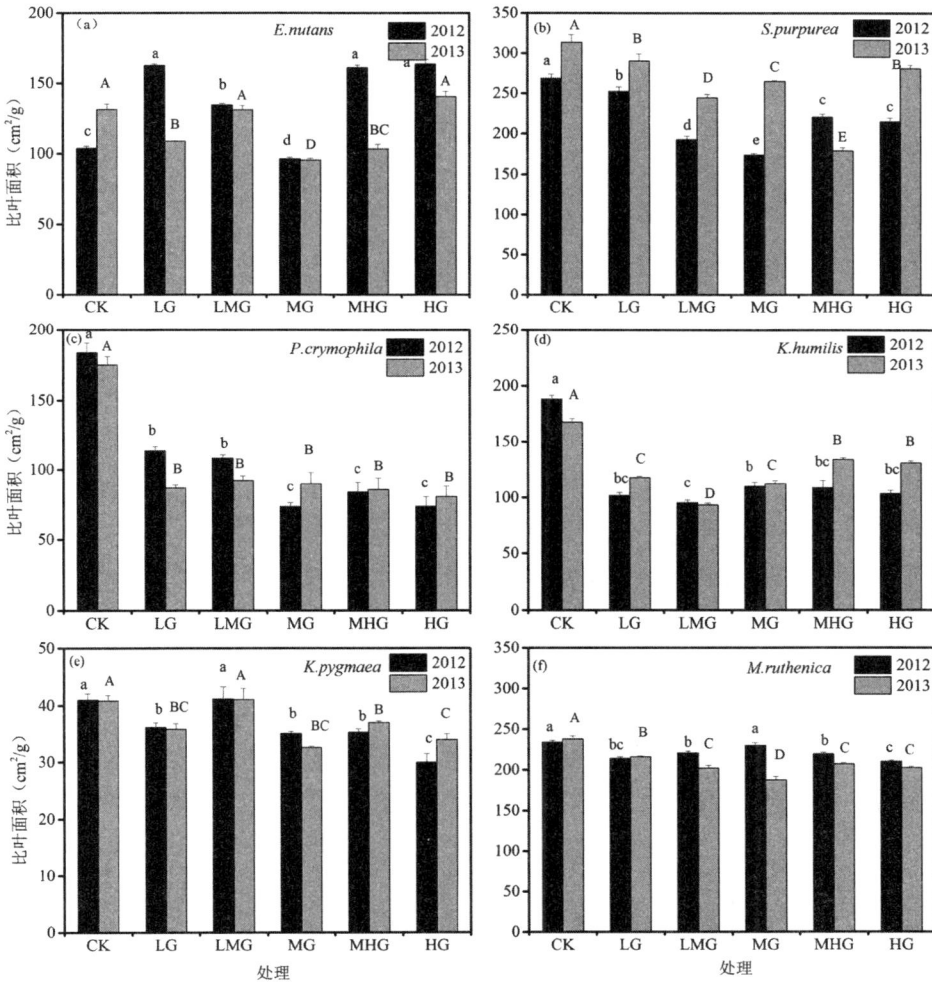

图6-5 不同放牧强度下6个优势物种的比叶面积

对于垂穗披碱草，两年的比叶面积均随着放牧强度的增加呈现出不同的变化趋势（$P<0.05$）。在2012年，与对照相比垂穗披碱草的比叶面积除在中度放牧

处理下降低外，在其余4个放牧处理下均显著增加。2013年，除中度放牧外，轻度放牧和中重度放牧处理也显著降低了垂穗披碱草的比叶面积，其他放牧处理有增加比叶面积的趋势（图6-5a）。

紫花针茅的比叶面积在两年均随放牧强度的增加而表现为显著差异（$P<0.05$，图6-5b），呈现先降低后升高的趋势，2012年在中度放牧处理下最低，2013年则在中重度放牧处理下最低。冷地早熟禾的比叶面积随着放牧强度的增加，而显著降低（$P<0.05$，图6-5c）。

矮嵩草的比叶面积随放牧强度的增加，呈现先降低后升高的变化趋势（图6-5d）。放牧显著影响了高山嵩草的比叶面积，但是没有发现明显的变化规律（图6-5e）。扁蓿豆的比叶面积对放牧强度的响应在两年并不一致，在2012年没有一致的变化规律，而在2013年，随放牧强度的增加呈先降低再升高的趋势（图6-5f）。

6.1.6 放牧强度对主要优势物种叶片氮含量的影响

方差分析结果显示，在2012年和2013年，不同放牧强度对6个优势物种（垂穗披碱草、紫花针茅、冷地早熟禾、矮嵩草、高山嵩草、扁蓿豆）的叶片氮含量有显著的影响（表6-6，$P<0.001$）。

对于垂穗披碱草，在两年内各放牧处理均显著降低其叶片氮含量（2012年重度放牧除外，图6-6a），在中度放牧处理下下降最多。

对于紫花针茅，随放牧强度的增加，其叶片氮含量表现为显著增加（$P<0.05$），在中重度放牧和重度放牧处理下增加最多（图6-6b）。

表6-5　放牧强度对主要优势种比叶面积影响的单因素方差分析表

物种	年份	F 值	P 值
垂穗披碱草	2012	190.35	< 0.001
	2013	30.28	< 0.001
紫花针茅	2012	59.21	< 0.001
	2013	64.95	< 0.001
冷地早熟禾	2012	64.29	< 0.001
	2013	30.24	< 0.001
矮嵩草	2012	60.52	< 0.001
	2013	70.35	< 0.001

续　表

物种	年份	F 值	P 值
高山嵩草	2012	12.14	<0.001
	2013	9.89	<0.001
扁蓿豆	2012	10.46	<0.001
	2013	43.99	<0.001

对于冷地早熟禾，在两年内其叶片氮含量随着放牧强度的增加，表现为先升高再降低，从对照到轻中度放牧表现为显著升高（$P<0.05$），从轻中度放牧到重度放牧处理（$P<0.05$），叶片氮含量显著降低，在轻中度放牧处理下，叶片氮含量为最高，在对照和重度放牧处理下叶片氮含量最低（图6-6c）。

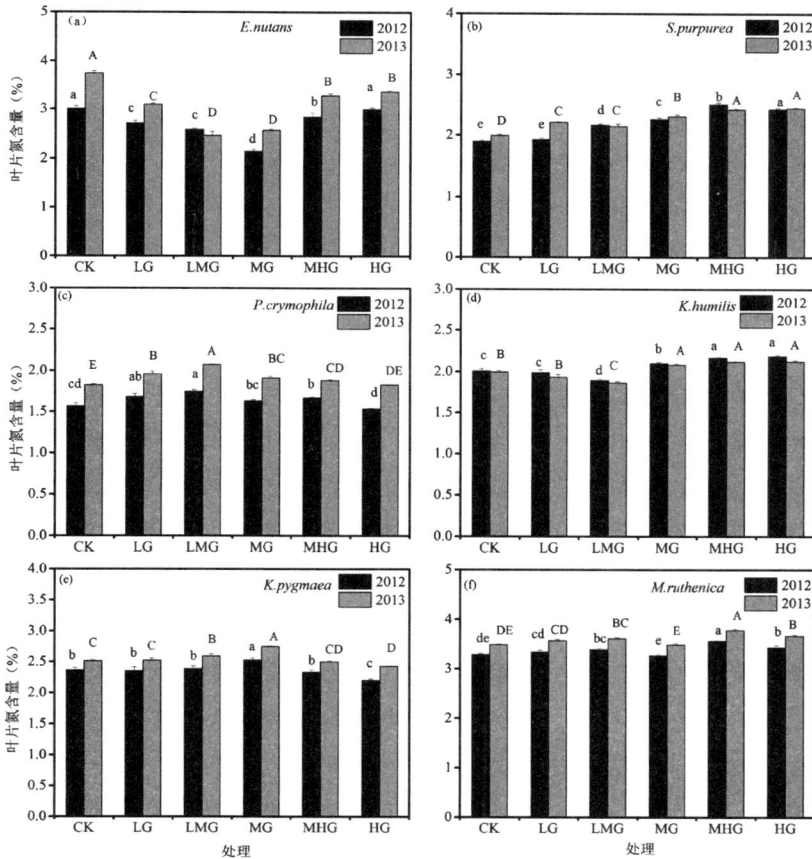

图6-6　不同放牧强度下6个优势物种的叶片氮含量

对于矮嵩草，两年内随放牧强度的增加，其叶片氮含量表现为先降低后增加的趋势，从对照到轻中度放牧，叶片氮含量显著降低，从轻中度放牧到重度放牧，表现为显著增加，叶片氮含量在中重度放牧和重度放牧处理下为最高，在轻中度放牧下最低（图6-6d）。

对于高山嵩草，随放牧强度的增加，其叶片氮含量呈现先升高再降低的趋势，从对照到中度放牧，表现为显著升高（$P<0.05$），从中度放牧到重度放牧，叶片氮含量为显著降低（$P<0.05$），叶片氮含量在中度放牧处理下最高，在重度放牧处理下最低（图6-6e）。

对于扁蓿豆，两年内其叶片氮含量随放牧强度的增加，表现为先升高再降低再升高的趋势。从对照到轻中度放牧，叶片氮含量表现为显著升高（$P<0.05$），从轻中度放牧到中度放牧显著降低（$P<0.05$），在中重度放牧为显著升高（$P<0.05$），在重度放牧下表现为显著降低（$P<0.05$），叶片氮含量在中重度放牧处理下最高，在对照和中度放牧处理下最低（图6-6f）。

表6-6　放牧强度对主要优势种叶片氮含量影响的单因素方差分析表

物种	年份	F 值	P 值
垂穗披碱草	2012	45.40	< 0.001
	2013	92.85	< 0.001
紫花针茅	2012	90.9	< 0.001
	2013	38.07	< 0.001
冷地早熟禾	2012	8.62	< 0.001
	2013	18.51	< 0.001
矮嵩草	2012	22.36	< 0.001
	2013	14.42	< 0.001
高山嵩草	2012	6.27	< 0.001
	2013	25.11	< 0.001
扁蓿豆	2012	18.99	< 0.001
	2013	19.86	< 0.001

6.1.7 放牧强度对主要优势物种叶片磷含量的影响

方差分析结果（表6-7）显示，放牧强度显著影响了垂穗披碱草、冷地早熟禾的叶片磷含量（$P<0.01$），而对紫花针茅、矮嵩草、高山嵩草和扁蓿豆的叶片磷含量没有显著影响（$P>0.05$）。随着放牧强度的增加，垂穗披碱草和冷地早熟禾的叶片磷含量呈升高趋势，其余物种的叶片磷含量在各个放牧强度下没有显著差异（图6-7）。

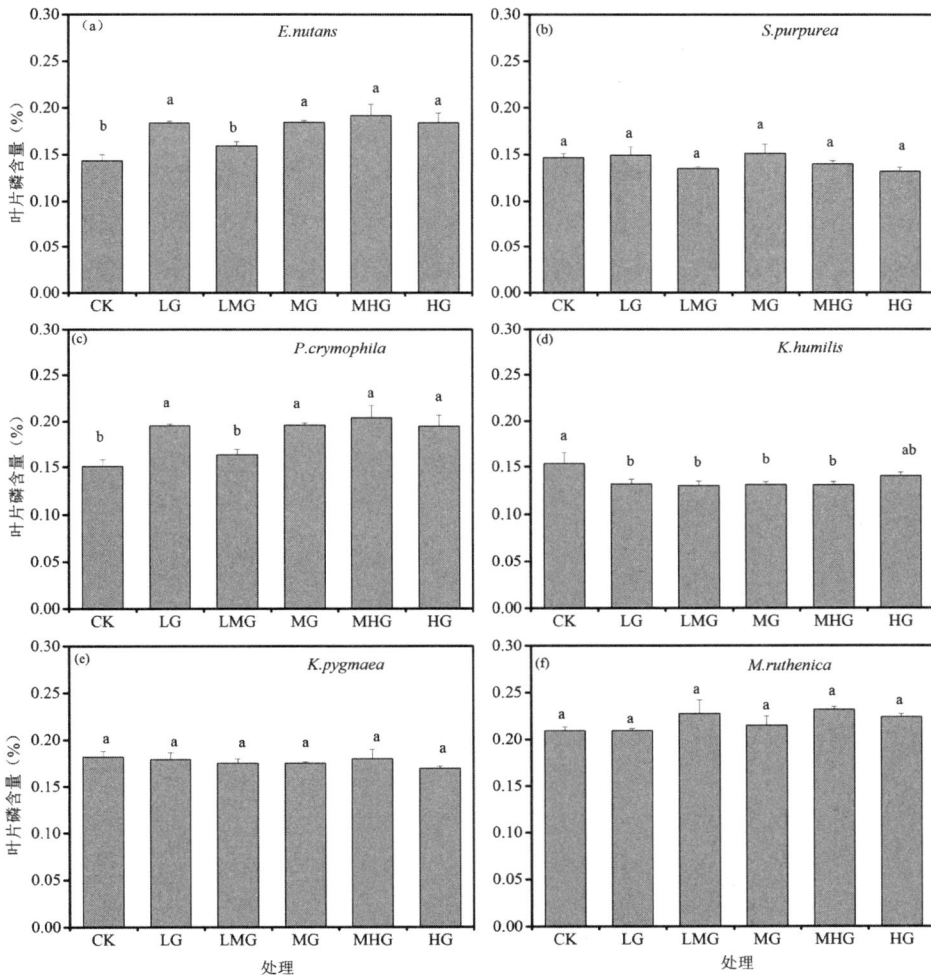

图6-7 不同放牧强度下6个优势物种的叶片磷含量

表6-7　放牧强度对主要优势种叶片磷含量影响的单因素方差分析表

物种	F 值	P 值
垂穗披碱草	5.82	< 0.01
紫花针茅	1.67	> 0.01
冷地早熟禾	6.62	< 0.001
矮嵩草	2.35	< 0.001
高山嵩草	0.43	< 0.001
扁蓿豆	1.77	< 0.001

6.1.8　放牧强度对主要优势物种叶片氮磷比的影响

方差分析结果（表6-8）显示，除扁蓿豆外，放牧对其他5个物种的叶片氮磷比（N∶P）均有显著影响（$P<0.05$）。各放牧处理均显著降低了垂穗披碱草的N∶P（图6-8a），紫花针茅的N∶P呈升高趋势，在中重度和重度放牧处理之间差异不显著（图6-8b）。冷地早熟禾的N∶P在对照和轻中度放牧处理下最大，其余各个处理下最低，且无显著差异（图6-8c）。矮嵩草的N∶P在轻度放牧、中度放牧和中重度放牧处理下最高，且各个放牧强度之间无显著差异，在对照、轻中度放牧和重度放牧处理下最低，且各个放牧压之间没有明显差异（图6-8d）。高山嵩草的N∶P在中度放牧处理下最高，其余放牧处理与对照处理均无显著差异（图6-8e）。

表6-8　放牧强度对主要优势种叶片氮磷比含量影响的单因素方差分析

物种	F 值	P 值
垂穗披碱草	6.47	< 0.01
紫花针茅	1.69	< 0.01
冷地早熟禾	6.65	< 0.001
矮嵩草	2.48	< 0.001
高山嵩草	0.53	< 0.001
扁蓿豆	2.09	> 0.01

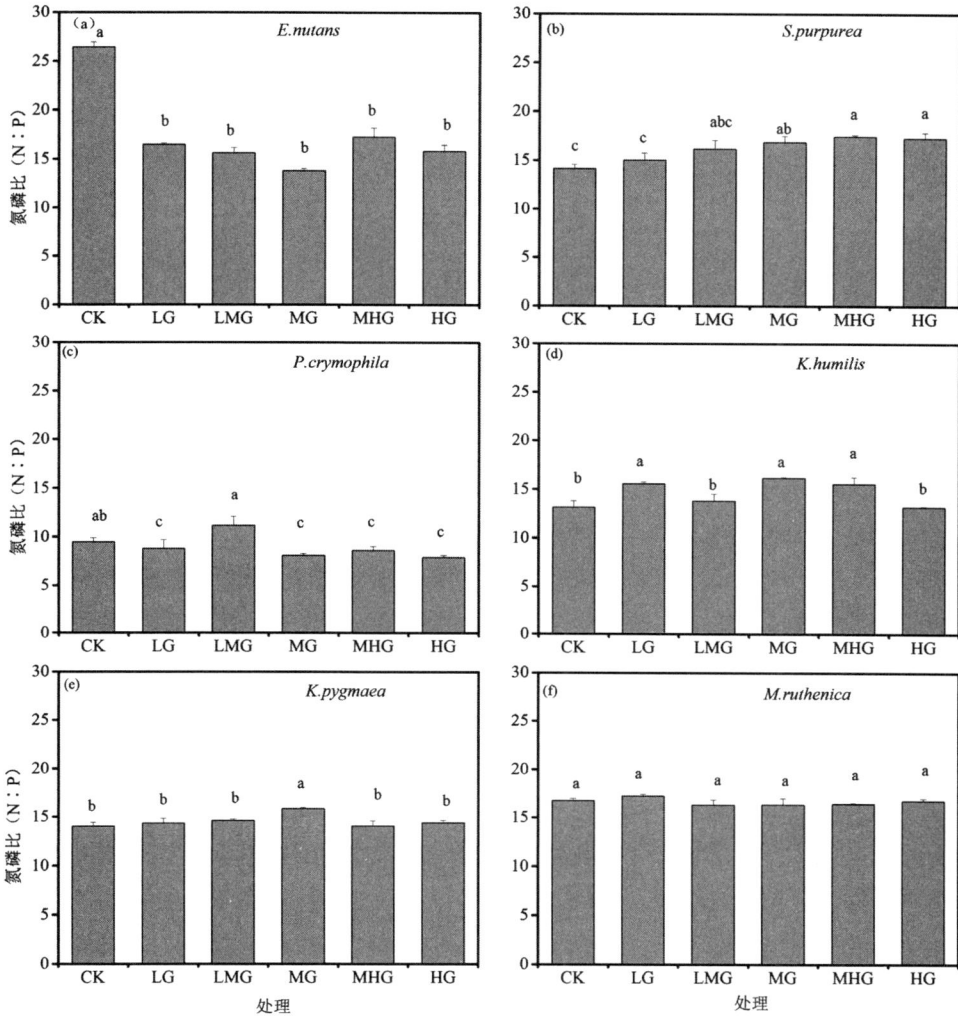

图6-8　不同放牧强度下6个优势物种的叶片氮磷比（N∶P）

6.1.9　小结

（1）功能性状在6个优势物种具有较一致响应规律的性状包括株高、单株重、叶面积、叶片干重，除了紫花针茅、矮嵩草的单株重呈先升高再降低，其他性状随放牧强度的增加，呈显著降低趋势，说明这几个功能性状指标，对优势植物放牧响应有较高的预测效果。

（2）6个优势物种的比叶面积、叶片含氮量对放牧的响应规律不是很一致。

不过一些物种，在两年均表现为一致的趋势，如紫花针茅、矮嵩草的比叶面积呈一致的先降低再升高的趋势，冷地早熟禾的比叶面积表现为显著降低；垂穗披碱草、矮嵩草、扁蓿豆的叶片氮含量表现为先降低再升高，而冷地早熟禾、高山嵩草的叶片氮含量呈先升高再降低的趋势，紫花针茅的叶片氮含量呈显著上升趋势。

6.2 放牧强度对不同功能群植物叶功能性状的影响

如表6-9所示，这6个优势物种分属于3个不同的功能群：禾草，包括垂穗披碱草、紫花针茅和冷地早熟禾；莎草，包括矮嵩草和高山嵩草；豆科植物，即扁蓿豆。

表6-9　研究样地主要功能群物种

功能群	科	属	物种名
禾草	禾本科	披碱草属 *Elymus*	垂穗披碱草 *Elymus nutans*
	禾本科	针茅属 *Stipa*	紫花针茅 *Stipa purpurea*
	禾本科	早熟禾属 *Poa*	冷地早熟禾 *Poa crymophila*
莎草	莎草科	嵩草属 *Kobresia*	矮嵩草 *Kobresia humilis*
	莎草科	嵩草属 *Kobresia*	高山嵩草 *Kobresia pygmaea*
豆科	豆科	扁蓿豆属 *Melissitus*	扁蓿豆 *Medicago ruthenica*

6.2.1 放牧强度对不同功能群植物株高和单株重的影响

在两年内放牧显著影响了禾草的株高（$P<0.001$，图6-9a），随放牧强度的增加，两年内禾草的株高均显著降低（$P<0.05$）。在对照处理下，株高最高，分别为65.1 cm、52.3 cm；各放牧处理中重度放牧处理下的株高最低，分别为29.1 cm、10.4 cm。在2012年，各放牧处理下禾草的株高均表现为显著差异（$P<0.05$）。2013年，在轻中度放牧和中度放牧之间，在中重度放牧和重度放牧之间差异不显著。

两年内，放牧显著增加了莎草的株高（$P<0.001$，图6-9b），而且随放牧强度的增加而增高的幅度显著降低（$P<0.05$）。在2012年，对照、轻度放牧和轻中度放牧之间，中度放牧、中重度放牧和重度放牧处理之间莎草株高的差异不

显著。在2013年，轻中度放牧、中度放牧和中重度放牧之间莎草的株高差异不显著，而在其他各个放牧强度之间呈显著差异（$P<0.05$），在中重度放牧和重度放牧处理下，莎草的株高最低，分别为3.5 cm、3.1 cm，与对照相比，株高分别降低了53.9%和78.8%。

放牧也显著影响了豆科的株高（$P<0.001$，图6-9c）。2012年，除中重度放牧和重度放牧处理之间差异不显著外，其余放牧处理下豆科的株高均呈显著差异（$P<0.05$），在对照最高，在重度放牧处理下最低，与对照相比，下降了77.3%。在2013年，株高随放牧强度的增加呈显著降低（$P<0.05$），而在对照和轻度放牧处理之间、中重度放牧和重度放牧处理之间差异均不显著；最高值在对照处理下，为7.6 cm；重度放牧处理下最低，与对照相比降低了85.5%。

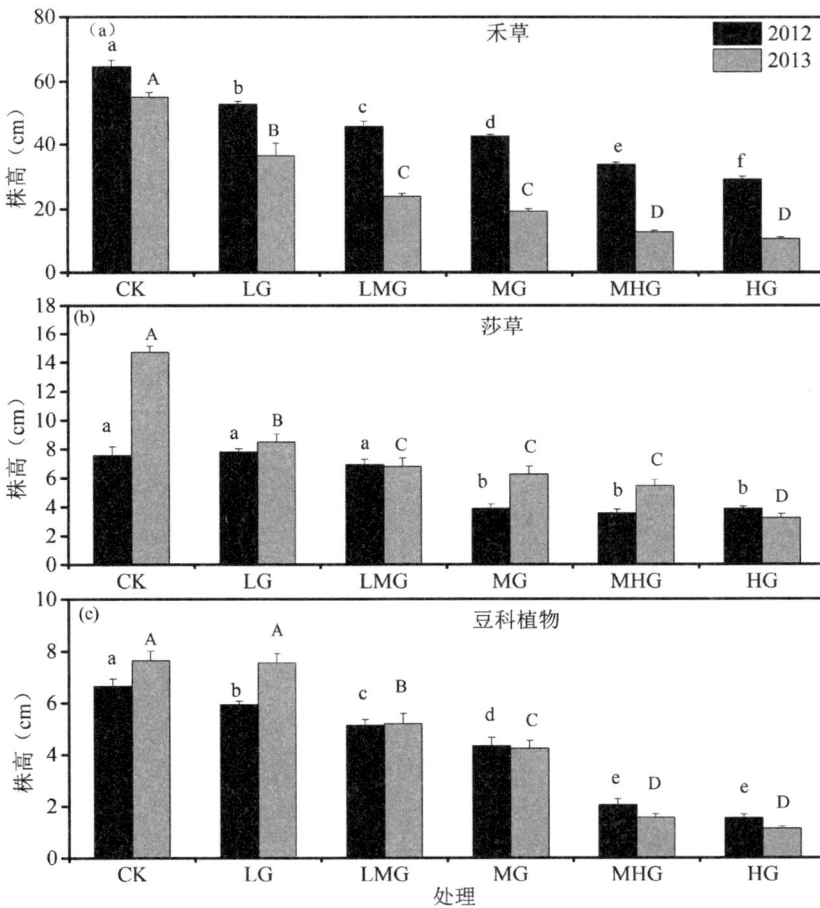

图6-9 不同放牧强度下的各功能群的株高

放牧显著影响各年份禾草的单株重（图6-10a）。2012年，随放牧强度的增加，单株重呈显著降低（$P<0.05$），在对照时，单株重最高为0.72 g，与对照相比，在重度放牧处理下，单株重降低了76.39%，而在中重度放牧和重度放牧处理之间差异不显著。2013年，禾草的单株重也随放牧强度的增加显著降低（$P<0.05$），在对照下，单株重最高为0.62 g，在重度放牧处理下的单株重为对照的25.81%。

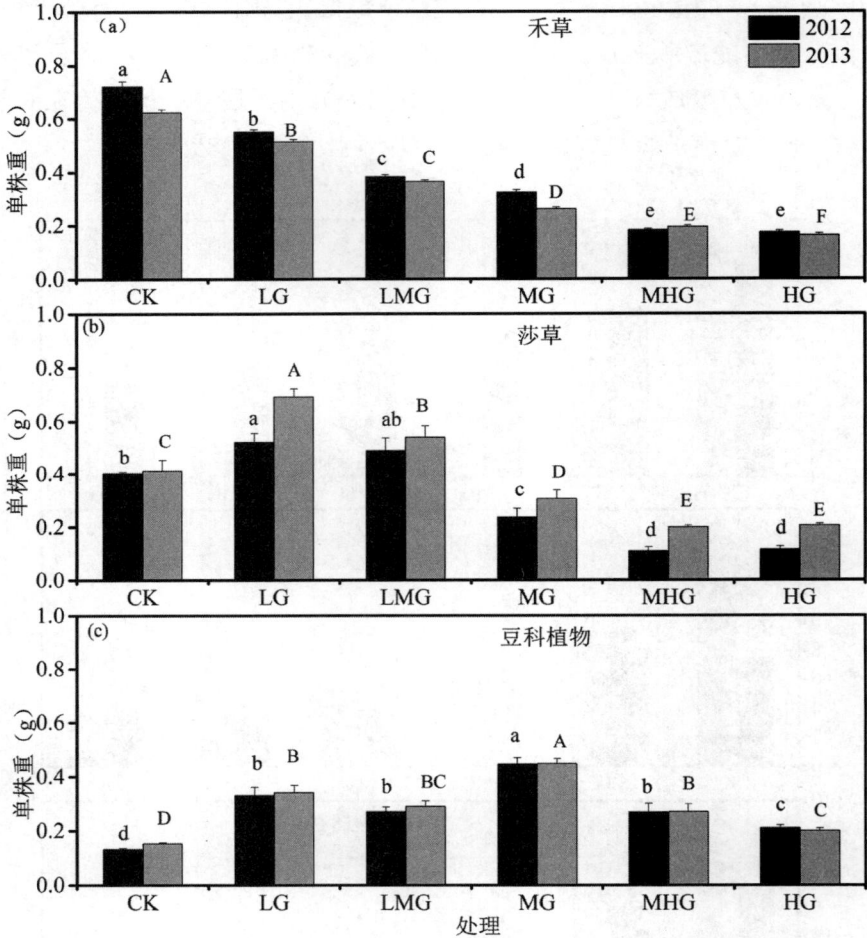

图6-10　不同放牧强度下的各功能群的单株重

放牧显著影响各年份莎草的单株重（$P<0.001$，图6-10b），随放牧强度的增加，莎草的单株重在两年均呈先升高再降低的趋势（$P<0.05$），在轻度放牧下莎草的单株重最高，在中重度放牧和重度放牧处理下最低，与轻度放牧下莎

草的单株重相比降低了76.9%（2012年）和51.22%（2013年），而在中重度放牧和重度放牧之间，单株重没有显著差异。放牧显著影响了两年内豆科的单株重（$P<0.001$，图6-10c），随放牧强度的增加，豆科的单株重在两年均呈先增高后降低的趋势，在中度放牧处理下最高，在对照处理下最低。

6.2.2　放牧强度对各功能群叶片性状的影响

放牧在两年均显著影响禾草的叶面积（$P<0.001$，图6-11a），随放牧强度的增加，禾草的叶面积显著降低。2012年，叶面积在各个放牧强度下，差异显著（$P<0.05$）。2013年，除在轻度放牧和轻中度放牧处理之间、中度放牧和中重度放牧处理之间差异不显著外，在其余各个强度之间，禾草的叶面积差异显著（$P<0.05$）。两年叶面积最大值均在对照处理下，而最小值在重度放牧处理下，与对照相比，在两年分别降低80.93%和84.34%。

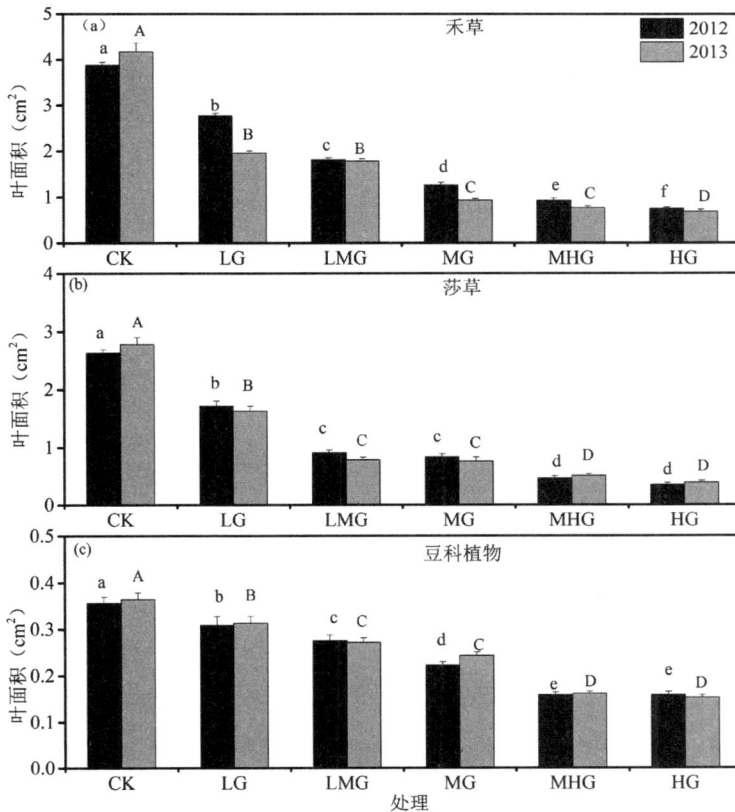

图6-11　不同放牧强度下各功能群的叶面积

　　放牧在两年均显著影响了莎草的叶面积（$P<0.001$，图6-11b），其叶面积随着放牧强度的增加呈显著降低的趋势（$P<0.05$）。2012年，在轻度放牧和轻中度放牧处理下，莎草的叶面积与对照相比差异不显著，而在中度放牧、中重度放牧和重度放牧处理下，其叶面积均显著降低，分别为对照的31.37%、18.30%和13.69%。在2013年，各个放牧处理均极显著降低了莎草的叶面积，与对照相比，各放牧处理下的莎草叶面积分别降低了58.44%、28.30%、27.39%、18.77%和14.53%。

　　不同放牧处理在两年内均对豆科植物的叶面积具有显著影响（$P<0.001$，图6-11c），其叶面积随放牧强度的增加，在2012年和2013年均呈现显著降低的趋势（$P<0.05$），在中重度放牧和重度放牧处理下，降低最为明显，分别为对照的43.66%和44.87%（2012年）、43.45%和41.05%（2013年）。2012年，豆科植物的叶面积在中重度放牧和重度放牧之间差异不显著，在2013年则在轻中度放牧和中度放牧之间、中重度放牧和重度放牧之间差异不显著。

　　放牧对禾草的叶片干重具有显著的影响（$P<0.001$，图6-12 a）。两年内，禾草的叶片干重均随放牧强度的增加而显著降低，且变化趋势一致，在对照处理下，叶片干重最高，在中重度放牧和重度放牧处理下叶片干重降低明显，分别为对照的14.88%和11.95%（2012年）、19.72%和18.44%（2013年），而两年内禾草的叶片干重均在中重度放牧和重度放牧之间差异不显著。

　　莎草的叶片干重亦受到放牧强度的显著影响（$P<0.001$，图6-12 b）。随放牧强度的增加，莎草的叶片干重在两年均表现为显著降低，在重中度放牧和重度放牧处理下下降极为明显。与对照相比，在2012年，各放牧强度下莎草的叶片干重分别降低66.38%、56.23%、49.14%、36.67%和31.30%，在2013年分别降低59.81%、44.08%、32.45%、23.33%和19.24%。

　　放牧对豆科植物的叶片干重具有显著影响（$P<0.001$，图6-12 c）。其叶片干重从对照到轻度放牧呈增加趋势，并在轻度放牧下达到最大，随之开始下降，在中度放牧和重度放牧下降低明显。2012年，在轻度放牧下，豆科植物的叶片干重与对照没有显著差异，2013年在轻度放牧和轻中度放牧处理下，叶片干重与对照表现为差异不显著。

　　放牧显著影响了两年内禾草、莎草和豆科植物的比叶面积（$P<0.001$，图6-13）。随放牧强度的增加，禾草的比叶面积在两年呈先降低再升高的趋势，对照处理下的比叶面积最大，在中度放牧处理下最低，分别为对照的61.95%（2012年）和72.31%（2013年），从中度放牧到重度放牧叶片干重呈升高的趋势。莎草

的叶面积在两年内均在对照处理下最高，随放牧强度的增加，其比叶面积表现为先降低再升高的趋势，2012年在中度放牧下最低，2013年在中重度放牧下最低。与对照相比，放牧在两年内均显著增加了豆科植物的比叶面积，在轻度放牧处理下达到最高，与对照相比分别增加了47.92%（2012年）和48.13%（2013年），随之，从轻度放牧到中度放牧呈降低趋势，然后从中度放牧到中重度放牧和重度放牧处理呈升高趋势。

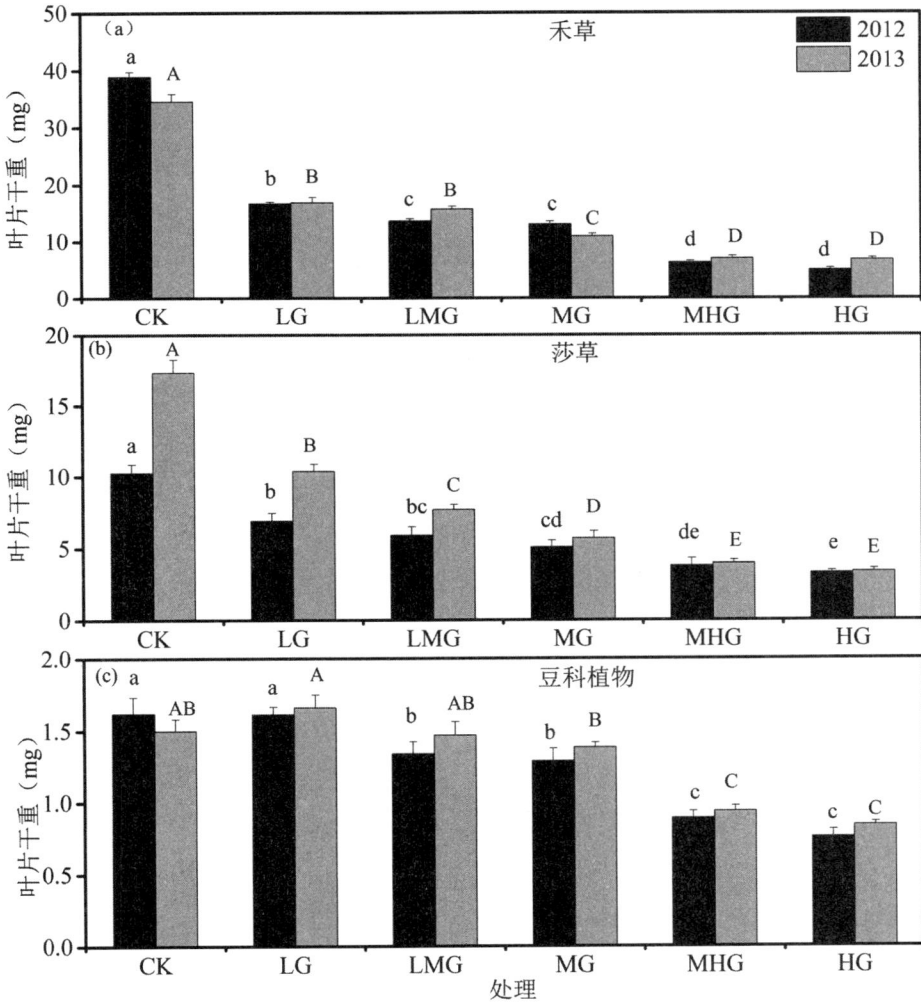

图6-12　不同放牧强度下的各功能群的叶片干重

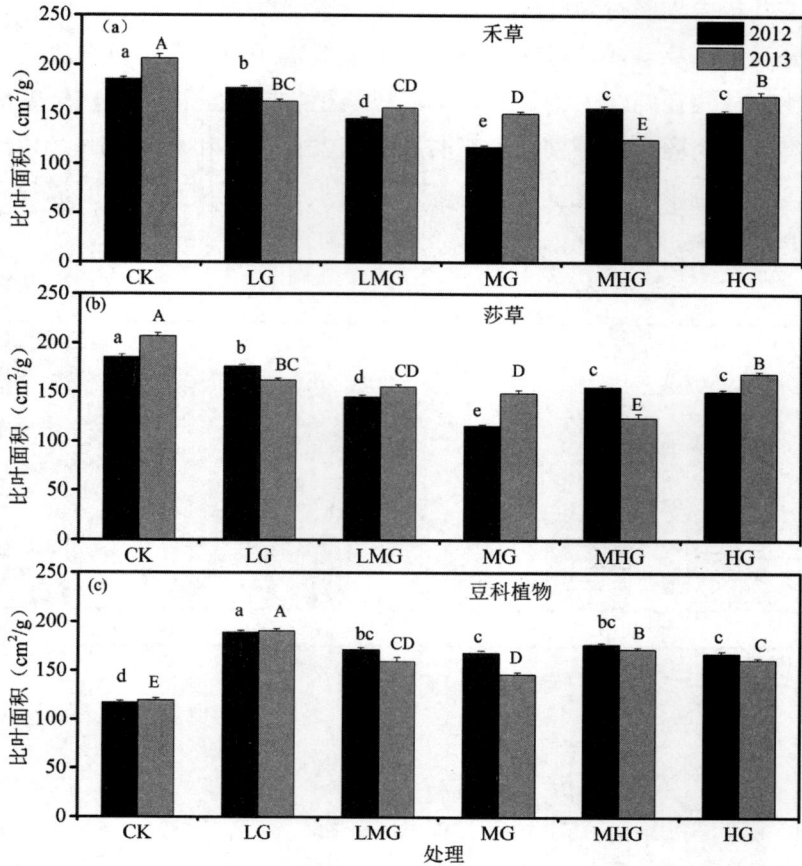

图6-13   不同放牧强度下的各功能群的比叶面积

6.2.3   放牧强度对功能群叶片氮含量的影响

放牧显著影响了各年禾草、莎草和豆科的叶片氮含量（图6-14）。禾草叶片氮含量在两年内均随放牧强度的增加呈先降低再升高的趋势，在中重度放牧和重度放牧处理下达到最大，在2012年中重度放牧和重度放牧的禾草叶片氮含量显著高于对照处理，在2013年该两个处理与对照处理下的叶片氮含量差异不显著。在2012年和2013年，莎草的叶片氮含量均在中度放牧下最大，且显著高于对照，在其他放牧处理之间，莎草的叶片氮含量差异不显著。在2012年和2013年，各个放牧处理下，豆科植物的叶片氮含量均显著高于对照，在中重度放牧和重度放牧处理下达到最大。

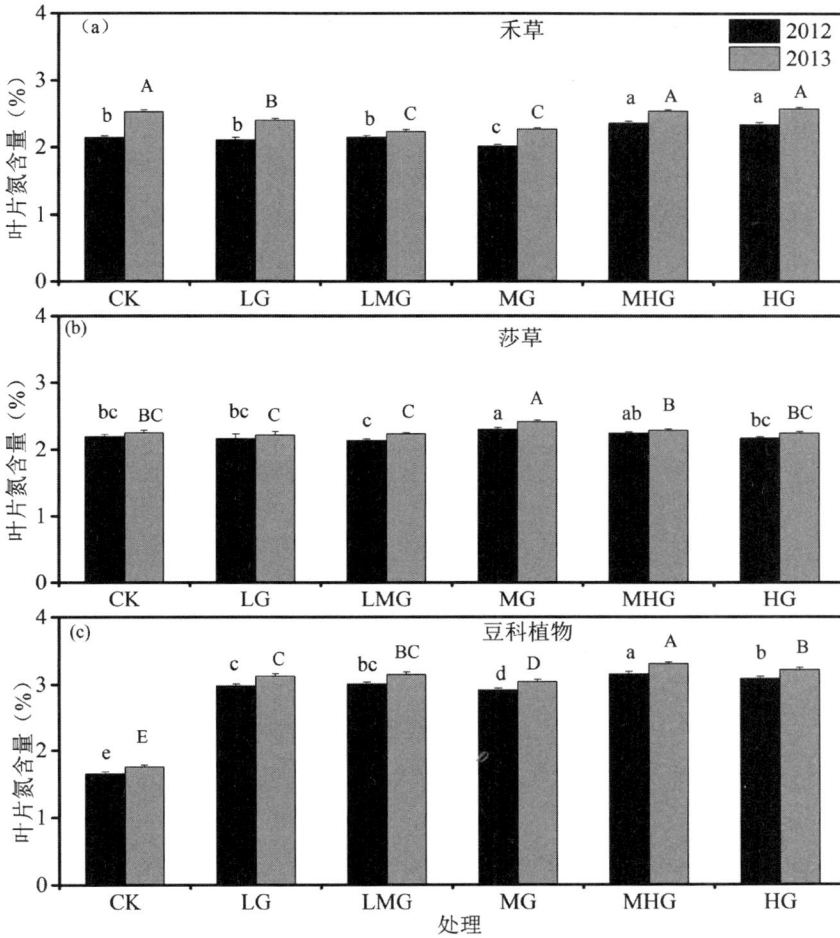

图6-14　不同放牧强度下的各功能群的叶片氮含量

6.2.4　放牧强度对功能群叶片磷含量的影响

放牧显著影响了禾草的叶片磷含量（图6-15a），其中在对照和轻中度放牧处理下最低，在轻度放牧、中度放牧和中重度放牧处理下最高。莎草的叶片磷含量对放牧处理没有显著的响应（图6-15b），放牧显著增加了豆科植物的叶片磷含量，各个放牧处理下均显著大于对照，同时各个放牧处理之间无显著差异（图6-15c）。

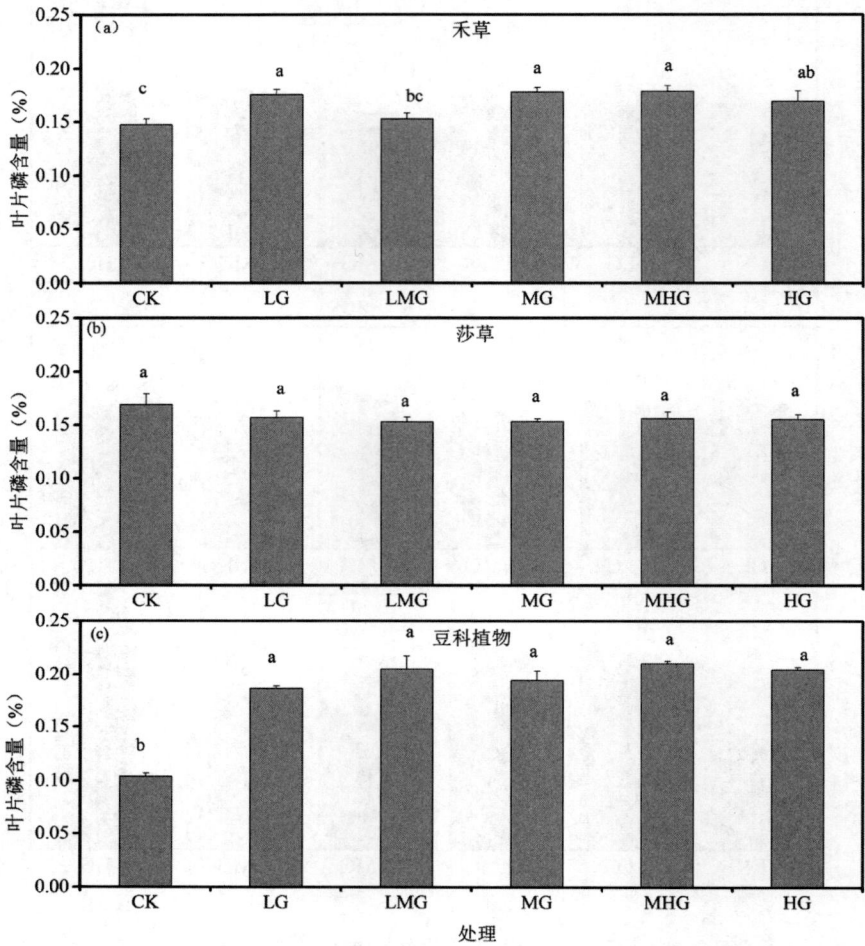

图6-15　不同放牧强度下的各功能群的叶片磷含量

6.2.5　放牧强度对功能群叶片氮磷比值的影响

放牧显著影响了禾草的叶片氮磷比值（N：P；图6-16a）。莎草的N：P随着放牧强度的增加，呈先升高后降低的趋势，在中度放牧处理下最高（图6-16b）。各放牧处理均显著增加了豆科植物的N：P，但各个放牧处理之间并无显著差异（图6-16c）。

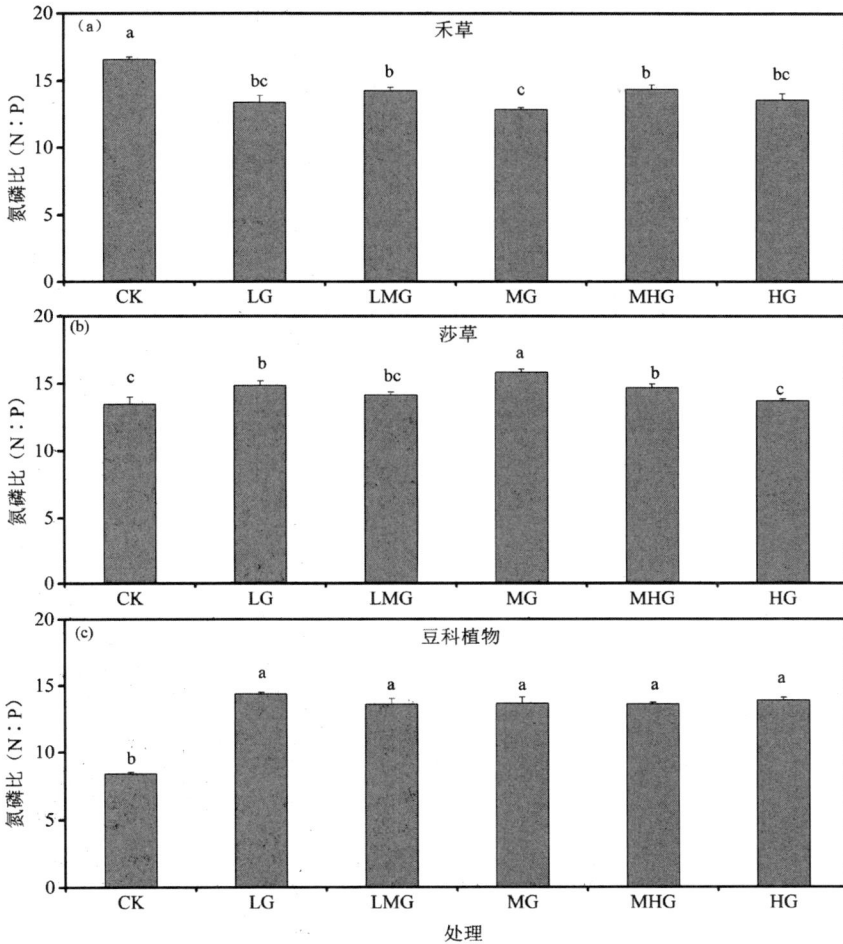

图6-16　不同放牧强度下的各功能群的叶片氮磷比（N∶P）

6.2.6　小结

（1）功能群的株高、单株重、叶面积和叶片干重表现为随放牧强度的增加而显著降低，表明放牧对禾草、莎草功能群与有较一致的影响。

（2）随着放牧强度的增加，禾草功能群的叶片氮含量先降低再升高，而莎草功能群的叶片氮含量为先升高再降低。

6.3 优势植物功能性状与地上生物量及土壤化学性状的关系

6.3.1 植物功能性状与地上生物量和土壤化学性状的相关关系

垂穗披碱草的株高、单株重、叶面积、叶片干重均与群落地上生物量和土壤有机碳含量呈极显著正相关，叶片磷含量和叶片氮磷比值分别与群落地上生物量呈显著负相关、极显著正相关；株高、叶面积、叶片干重和比叶面积与土壤磷含量呈显著负相关（表6-10）。放牧强度对土壤化学性状和群落地上生物量的影响见第三章和第四章。

表6-10　垂穗披碱草功能性状与群落地上生物量及土壤化学性状的Pearson相关系数表

植物功能性状	AGB	SOC	STN	STP	S-N：P
PH	0.829**	0.656**	-0.01	0.486*	-0.216
PW	0.860**	0.739**	-0.131	0.403	-0.344
LA	0.847**	0.760**	-0.038	0.476*	-0.282
LDM	0.837**	0.674**	-0.151	0.594*	-0.382
SLA	0.381	0.292	0.114	0.511*	-0.136
LNC	0.377	0.117	0.275	-0.039	0.315
LPC	-0.586*	-0.411	0.073	-0.366	0.264
L-N：P	0.656**	0.265	0.06	0.146	-0.01

注：*，$P<0.05$；**，$P<0.01$；PH，株高；PW，单株重；LA，叶面积；LDM，叶片干重；SLA，比叶面积；LNC，叶片氮含量；LPC，叶片磷含量；L-N：P，叶片氮磷比值；AGB，群落地上生物量；SOC，土壤有机碳含量；STN，土壤全氮含量；STP，土壤全磷含量；S-N：P，土壤氮磷比值。下同。

紫花针茅的株高、单株重、叶面积、叶片干重与群落地上生物量和土壤有机碳含量呈显著正相关，叶片氮含量与土壤有机碳和土壤样有机磷，株高、单株重、叶面积、叶片干重均与土壤全磷含量呈显著正相关，比叶面积与土壤N：P呈显著正相关关系，叶片N：P与群落地上生物量呈极显著负相关（表6-11）。

表6-11　紫花针茅功能性状与群落地上生物量及土壤化学性状的Pearson相关系数表

植物功能性状	AGB	SOC	STN	STP	S-N∶P
PH	0.843**	0.746**	-0.142	0.536*	-0.322
PW	0.776**	0.627**	-0.062	0.558*	0.348
LA	0.810**	0.529*	0.195	0.577*	-0.083
LDM	0.826**	0.751**	-0.051	0.458*	-0.3
SLA	-0.147	-0.319	0.398	-0.084	0.469*
LNC	-0.304	-0.552*	-0.395	-0.516*	-0.163
LPC	0.398	0.002	-0.452	-0.239	-0.363
L-N∶P	-0.710**	-0.448	0.023	-0.236	0.144

冷地早熟禾的株高、单株重、叶面积和叶片干重分别与群落地上生物量和土壤有机碳含量呈极显著正相关关系；比叶面积、叶片磷含量分别与群落地上生物量呈显著正、负相关关系；株高、单株重、叶面积和叶片干重与土壤全磷含量呈显著正相关关系（表6-12）。

表6-12　冷地早熟禾功能性状与群落地上生物量及土壤化学性状的Pearson相关系数表

植物功能性状	AGB	SOC	STN	STP	S-N∶P
PH	0.943**	0.697**	-0.022	0.511**	-0.282
PW	0.902**	0.691**	0.02	0.560*	0.262
LA	0.863**	0.626**	-0.024	0.540*	-0.298
LDM	0.835**	0.614**	0.094	0.518*	-0.06
SLA	0.568*	0.343	-0.096	0.462	-0.337
LNC	-0.284	0.019	-0.022	0.093	0.071
LPC	-0.569*	-0.422	0.067	-0.378	0.267
L-N∶P	0.279	0.385	-0.076	0.411	0.289

矮嵩草的株高、叶面积、叶片干重与群落地上生物量和土壤有机碳含量表现为显著的正相关关系；单株重分别与土壤有机碳和土壤全磷呈显著正相关和极显著正相关（表6-13）。

表6-13　矮嵩草功能性状与群落地上生物量及土壤化学性状的Pearson相关系数表

植物功能性状	AGB	SOC	STN	STP	S-N∶P
PH	0.737**	0.699**	−0.155	0.187	−0.261
PW	0.404	0.54**	0.225	0.592**	−0.058
LA	0.889**	0.669**	−0.053	0.381	−0.249
LDM	0.861**	0.637**	−0.194	0.417	−0.418
SLA	0.392	0.323	0.307	0.212	0.065
LNC	0.206	0.117	−0.163	−0.141	−0.104
LPC	0.434	0.243	0.306	0.136	0.26
L-N∶P	−0.145	−0.08	−0.317	−0.189	−0.244

　　高山嵩草的株高、单株重、叶面积、叶片干重与群落地上生物量和土壤有机碳含量表现为极显著的正相关关系，单株重与土壤全磷含量呈显著正相关，叶片N∶P与土壤N∶P呈显著负相关（表6-14）。

表6-14　高山嵩草功能性状与群落地上生物量及土壤化学性状的Pearson相关系数表

植物功能性状	AGB	SOC	STN	STP	S-N∶P
PH	0.916**	0.688**	−0.119	−0.336	−0.297
PW	0.872**	0.587**	−0.09	0.542*	−0.371
LA	0.965**	0.764**	−0.116	0.358	−0.305
LDM	0.905**	0.604**	−0.21	0.37	−0.413
SLA	0.349	0.402	0.09	0.217	−0.013
LNC	0.134	0.298	−0.383	−0.166	−0.327
LPC	0.216	0.288	0.1	−0.281	0.249
L-N∶P	−0.092	−0.03	−0.03	0.127	−0.483*

　　扁蓿豆的株高、单株重、叶面积、叶片干重与群落地上生物量和土壤有机碳均表现为极显著的正相关关系；株高、单株重、叶片干重与土壤全磷含量显示为显著正相关，而比叶面积与土壤全磷含量表现为显著负相关关系（表6-15）。

表6-15　扁蓿豆功能性状与群落地上生物量及土壤化学性状的Pearson相关系数表

植物功能性状	AGB	SOC	STN	STP	S-N∶P
PH	0.867**	0.655**	−0.154	0.591**	−0.464
PW	0.939**	0.667**	0.032	0.550*	−0.243
LA	0.917**	0.701**	0.058	0.583	−0.232
LDM	0.852**	0.722**	0.001	0.595**	−0.3
SLA	0.343	0.144	−0.21	−0.479*	0.017
LNC	−0.591*	−0.379	0.301	−0.048	0.347
LPC	−0.531*	−0.101	0.117	−0.271	0.262
L-N∶P	0.189	−0.226	0.127	0.347	−0.039

6.3.2 小结

（1）6个优势物种（垂穗披碱草、紫花针茅、冷地早熟禾、矮嵩草、高山嵩草和扁蓿豆）的株高、叶面积、叶片干重均与群落地上生物量和土壤有机碳含量表现为极显著正相关关系。随着放牧强度的增大，地上生物量呈显著降低趋势，暗示出优势植物的株高、叶面积、叶片干重可预测在增加的放牧强度影响下的群落地上生物量的变化趋势。

（2）垂穗披碱草、紫花针茅和冷地早熟禾的株高、叶面积、叶片干重与土壤全磷含量呈显著正相关，表明出垂穗披碱草、紫花针茅、冷地早熟禾的生长受到土壤中磷含量的限制。

（3）优势物种的叶片磷含量与土壤全磷含量没有显著相关关系，表明土壤全磷含量不能有效反映优势植物叶片磷含量的变化。

（4）垂穗披碱草和扁蓿豆的比叶面积与土壤全磷含量显著正相关；同时紫花针茅的比叶面积与土壤N∶P显著正相关；高山嵩草的叶片N∶P与土壤N∶P显著负相关。

6.4 讨论与结论

植物功能性状的变化在一定程度上反映了植物的形态可塑性，也反映了植物适应外部环境的综合表现，在较高的放牧强度下，植物通常会采取一个或者多个避牧策略，例如茎节的再生、株高及叶片尺寸的降低等。

本研究中，放牧显著地降低了6个优势物种（垂穗披碱草、紫花针茅、冷地早熟禾、矮嵩草、高山嵩草和扁蓿豆）的株高、叶面积、叶片干重。各个优势物种单株重对放牧的响应有一些差异，随着放牧强度的升高，一些物种的株高表现为逐渐降低趋势如垂穗披碱草、冷地早熟禾、高山嵩草、扁蓿豆；而紫花针茅、矮嵩草的单株重表现为先增加后降低的趋势。可见，优势物种通常随放牧强度的增加，趋向于低的株高和小的叶片，尤其在重度放牧压力下，物种趋向矮形化。本研究的结果与已有的研究结果相符（Wang et al., 2000；Díaz et al.,

2001；Adler et al.，2005）。通常，矮的株高与小的叶片被认为是植物主要的避牧机制，降低的单株重，可能是由于降低的叶面积和叶片干重导致（Díaz et al.，2007；Cingolani et al.，2005），在重度放牧下，进一步削弱了植物的同化能力和生产性能（Milla and Reich，2007）。各个优势物种株高、单株重、叶面积、叶片干重降低的幅度不同，随着放牧强度的增加，株高、单株重、叶面积、叶片干重降低幅度较大的物种有垂穗披碱草、冷地早熟禾、扁蓿豆，而降低幅度较小的优势物种有紫花针茅、矮嵩草、高山嵩草。这主要是由于家畜的选择性采食和采食习性引起的，垂穗披碱草、冷地早熟禾、扁蓿豆具有较高的适口性，因此被家畜优先采食，随着放牧强度的增加，其数量逐渐减少，而家畜仍然会优先选择适口性好的牧草采食。而紫花针茅的适口性中等，同时加上成熟时的紫花针茅的分枝顶端会产生针刺性的刺毛，影响家畜的采食；矮嵩草、高山嵩草具有矮化的特征，株高较低、叶面积也偏小，在家畜采食时，可以被高大的植株保护起来（Vesk et al.，2004）。

6个优势物种的比叶面积随着放牧强度的增加，表现为不同的响应。比叶面积与放牧响应相关，有较高比叶面积和较低比叶面积的物种响应不同。Westoby（1999）指出，在较低放牧强度下，有较高比叶面积的物种比较低比叶面积的物种降低快，而在重度放牧强度和非选择性放牧下，所有的物种均被家畜采食，此时拥有较高比叶面积的物种，在家畜采食后，再生速率快。这六个优势物种中，紫花针茅和扁蓿豆的比叶面积最高，而垂穗披碱草、冷地早熟禾和矮嵩草的比叶面积较高，高山嵩草的比叶面积最小。两年的变化趋势有一些差别，可能与两年的降雨量差异有关（Zheng et al.，2011）。拥有较高比叶面积的叶片，其光合能力较高，但是生命周期较短、易受家畜采食，低比叶面积的物种，看起来回报率低、竞争能力较弱，然而拥有较高的生命周期，这样在整个生命期内，有较低比叶面积的物种，因其单位干重的光捕获的投资能力较大。紫花针茅在抽穗开花之前，茎叶柔软，适口性好，但在成熟之后分枝顶端会产生针刺型的刺毛，影响家畜的采食。相比而言，扁蓿豆，高山嵩草的耐牧型较强，因此具有较小的叶片、最低的株高，而垂穗披碱草、冷地早熟禾和矮嵩草的耐牧型较差，因其适口性较好，同时叶片较大。

6个优势物种叶片氮含量随放牧强度的增加，表现趋势不一致。随放牧强度的增加，叶片氮含量表现升高趋势的物种包括紫花针茅、矮嵩草、扁蓿豆，这个研究基本与先前的结果一致（Zheng et al., 2011）。而垂穗披碱草的叶片氮含量呈先降低后升高的趋势，轻度放牧下，其密度降低，降低了竞争力，引起叶片氮含量的降低，随着放牧强度的升高，出现补偿性生长，萌发出新的枝条，导致其叶片氮含量又开始升高（Singer and Schoenecker, 2003）。冷地早熟禾和高山嵩草的叶片氮含量先升高再降低。在促进氮的升高的情况下，主要优势物种的数量没有降低，这样没有其他物种的更替，因此放牧促进了植物氮的吸收，增加了氮的矿化率，进一步增加了植物氮的有效性，因此形成正向反馈过程。在较高放牧强度下，适口性差的、含氮量低的物种数量在生态系统中逐渐增加，结果导致植物的氮含量降低，并降低了氮的矿化率（Ritchie et al., 1998；Singer and Schoenecker, 2003）。不同物种对放牧的响应，也与其各自的生长方式、形态及生理相关（Gastal et al., 2010）。不同的物种具有不同的吸收土壤有效氮的能力（Xu et al., 2011），家畜的选择性采食，也是物种的叶片氮含量具有不同相应响应的因素之一（Ritchie et al., 1998）。

物种叶片中的氮和磷的分配，随着植物种类、生长生理策略及其土壤环境而变化，一般来说，植物叶片中的氮磷分配遵循着生态化学计量规律。随着放牧强度的增加，垂穗披碱草和冷地早熟禾的叶片磷含量呈升高的趋势，而其余物种的叶片磷含量在各个放牧强度下均没有显著差异，这表明，放牧强度的增加对垂穗披碱草和冷地早熟禾磷的吸收有促进作用，而对其余物种的磷的吸收作用不明显。

通常，植物的生长受含量较少的元素限制，即Liebig最小因子定律。而最近研究指出，氮、磷会对植物的生长同时产生协同作用，并表明同时添加氮、磷比单独添加某一元素对植物生长的影响更加显著。各个物种的N：P也呈现出不同的响应，垂穗披碱草的N：P在对照时最大，表明对照可以使得垂穗披碱草得到最佳的生长。

本研究表明，在放牧影响下，6个优势物种的株高、叶面积、叶片干重均与群落地上生物量和土壤有机碳含量呈显著正相关关系。

随着放牧强度的增大，地上生物量、土壤有机碳含量呈显著降低趋势。许多研究表明：株高、叶面积、叶片干重是很重要的功能性状指标，被用来预测植物对放牧的响应。通常，随着放牧强度的增大，优势植物的株高、叶面积、叶片干重均表现为显著降低，尤其在重度放牧下，这几个物种趋于"矮型化"即呈现出低矮、叶片小的特征。在其他类型草原也得出相类似的研究结果。一般来说，株高低矮、叶片尺寸小被认为是主要的避牧策略，暗示了在不断增大的放牧压下，优势植物的株高、叶面积的生长及叶片干重的积累被受到限制，进一步约束了优势植物的生长，最终影响到群落地上生物量，这也进一步支持了"生物量比例假说"（The mass ratio；Grime，1998），本研究结果与已有的结果基本相同，可能推断出优势植物的功能性状与地上生物量对放牧产生正向协同响应。

土壤有机碳含量受到多种因素的影响比如：土壤质地、降雨量、植物种类、放牧强度、取样持续时间和土壤取样深度等。本研究表明，随着放牧强度的增大，土壤有机碳含量显著降低。已有研究表明，放牧通过不同途径影响土壤中碳的存储，通过消耗地上生物量、增加地上植物的呼吸，降低了土壤有机碳含量；此外，增加的放牧强度利于净初级生产力较低的植物的生长，降低了地上植物的碳向土壤输入，表明土壤有机碳含量降低的部分原因是优势植物种的功能性状的衰退引起的。在重度放牧强度下，家畜对地上植物过度采食，降低了植物向土壤的碳素归还，同时重度放牧对土壤物理、化学性状产生干扰，加速了土壤的呼吸作用，使得土壤中碳素进一步损失。

本研究表明优势植物的功能性状与土壤全氮含量无显著关系，随着放牧强度的增大，土壤全氮含量无显著差异，可能由于土壤全氮含量受到多种因素的影响（Ritchie et al.，1998）。垂穗披碱草、紫花针茅、冷地早熟禾的叶面积与土壤全磷含量呈显著正相关，表明垂穗披碱草、紫花针茅、冷地早熟禾的叶片生长受到土壤中磷含量的限制。我国陆地植物生长主要受到土壤中磷含量的限制，矮嵩草、高山嵩草的单株重与土壤全磷呈显著正相关关系，表明莎草科两种植物的同化能力受到土壤中磷的影响，植物体内的磷很大程度上由植物根系从土壤中吸收，因此土壤被认为是影响植物磷含量的一个重要的环境因子（耿燕等，2011）。本研究发现，优势植物的叶片磷含量与土壤全磷含量没有显著相关关系，表明土壤全磷含量不能有效反映优势植物叶片磷含量的变化。同时发现，部分优势植物比叶面积与土壤全磷含量、土壤N：P有显著相关性，比叶面积作为一个重要的功能性状，反映了植物的投资生长策略（Westoby，1998），表明不同植物的投资生长策略存在很大差异，可通过部分优势植物如垂穗披碱草、扁蓿豆的比叶面积可预测土壤全磷含量的变化，同时通过紫花针茅的比叶面积可预测土壤N：P的变化。同时发现，高山嵩草的叶片N：P与土壤N：P存在显著负相关关系，表明高山嵩草的叶片N：P可能对土壤N：P有一定的预测作用。植物叶片的N：P临界值可被作为土壤对植物生长的供应养分的指示，在植物功能生态学研究中具有很重要的意义。

7

放牧对高寒草原植物群落谱系构建的影响

　　群落构建（community assembly）研究对于解释物种共存、物种多样性维持及生态系统功能的变化等至关重要（Cavender-Bares et al., 2004；孙德鑫等，2018），因此一直是生态学研究的中心理论问题，但同时也是充满了争议的难题（Rosindell et al., 2011；柴永福和岳明，2016）。Diamond（1975）最早提出了"community assembly"的概念，意指物种聚合形成群落的非随机过程，而进入21世纪以来，此概念始见于国内生态学文献（周淑荣和张大勇，2006；牛克昌等，2009）。基于分类学的物种多样性和基于植物功能性状的功能多样性是来研究群落构建及其机制的主要方法，然而现有生态群落的形成，不仅受到目前的生态过程比如共存种之间的竞争排斥作用（Lester et al., 2009）和环境过滤（Godfree et al., 2004；Cingolani et al., 2007）的影响，同时也受到持续的历史和进化过程的影响（Reich et al., 2003）。近年来，随着基因信息技术的在系统进化方面的不断应用，生态学家对利用物种之间的进化关系如谱系来研究群落的构建产生了很大的兴趣。群落谱系构建研究就是在群落水平上，通过谱系方法研究群落的构建及共存种的维持机制，可以通过群落内共存种的谱系远近关系来反映（Webb et al., 2002； Webb et al., 2006；Kraft et al., 2007）。

　　Webb及其合作者（2002）采用谱系方法对群落中物种谱系关系的构建机制提出了合理的框架。一般来说，亲缘关系越近的物种，生态特性越相似（Reich et al., 2003），对环境的适应越具有一定的一致性，即它们的生态位越相似。在特定的群落中，若生境过滤起主导作用，相同生境作用会筛选出亲缘关系较近的物种，在这样的环境下，如果相互共存的亲缘种，功能性状是保守的，那么群落的谱系结构呈聚集模式，即谱系聚集（Webb, 2000）；相反，竞争排斥占主导地位的群落，由于亲缘关系较近的物种彼此竞争相同的限制性资源（Leibold，1998），就使得亲缘关系较近的物种分散，这样的群落呈发散模式，即谱系发散（Webb et al.，2002）。

群落的谱系结构主要依靠环境过滤和相似物种的竞争排斥作用（Swenson et al.，2006）。此外，密度制约如放牧和致病菌侵染等因素也会影响群落的谱系结构（Gilbert and Webb，2007）。闫邦国等（2010）在川西草原研究表明，轻度干扰下的阔叶林和针叶林样地的群落谱系结构呈谱系发散，而受严重干扰下的低矮灌丛和草甸的群落谱系结构为谱系聚集。

近年来，青藏高原高寒草原出现大面积退化，草原的生产力及生物多样性显著降低，大量的研究结果指出不合理的放牧管理是导致高寒草原退化的主要原因（董全民等，2004；董全民等，2007b）。放牧也影响群落的谱系结构（Gilbert and Webb，2007；闫邦国等，2010），许多生态学家对不同类型的群落的谱系结构进行了研究，然而对在放牧影响下的青藏高原高寒草原群落的谱系结构还不是很了解，研究在不同放牧强度下的青藏高原高寒草原群落的谱系结构，可为理解放牧影响下的群落构建机制提供科学基础。本章试图从群落谱系结构的角度探讨青藏高原高寒草原群落对放牧的响应规律。

Webb等（2002）提出了研究群落谱系结构的两个重要的指数：净谱系亲缘关系指数（NRI）和最近种间亲缘关系指数（NTI）的计算方法，并提供了研究群落谱系构建的具体步骤：①根据群落中的共存种即区域物种库构建超级谱系树；②经过分析共存种在谱系进化树上的位置，来测算群落中物种间的谱系距离；③通过随机模型下（假设物种分布随机）的标准化谱系距离，获得亲缘关系指数。Webb和Donoghue（2005）随后研发出谱系软件，此软件是在被子植物APG分类法[1]的基础上进行的，可以自动将输入的物种，生成谱系文档。Webb等（2008）指出，用R软件完成对谱系结构推算中的一些指标的计算和检验，用Phylocom提供的算法bladj模块将现有群落的谱系融合到其他超级谱系树或谱系信息上，融合分子及化石年龄数据（Wikstrom et al.，2001），计算所构建的谱系树上的每一个分支节点上的开始时间（用百万年表示），然后得到带有不同枝长的谱系树。本章内容根据上述方法建立区域物种库谱系，并计算研究样地内物种的亲缘关系指数。

注：[1]被子植物APG分类法是由被子植物种系发生学组（APG）提出的一种对于被子植物的现代分类法。这种分类法和传统的依照形态分类不同，是主要依照植物的三个基因组DNA的顺序，以亲缘分支的方法分类，包括两个叶绿体和一个核糖体的基因编码。APG分类法在1998年第一次发表后，根据新发现一直在进行修订，于2003年、2009年和2016年分别发表了被子植物APG II分类法、被子植物APG III分类法和被子植物APG IV分类法。

7.1 研究区域物种库谱系的建立

7.1.1 群落谱系调查方法

于2012年和2013年8月，在每个处理小区，设置面积为30 m×30 m的三个大样方，收集大样方中所有出现的植物并制作为标本，带回实验室进行植物分类学鉴定，准确鉴定每个物种，同时结合群落调查方法，调查每个物种的密度。

7.1.2 区域物种库的构建

物种库指的是能够在给定的群落中生活的共存种（Eriksson，1993）。因此，区域物种库在生态学意义上与给定的群落类型（given community type）即目标群落（target community）相关联。与区域物种库相关的当地群落物种的多少会影响植物群落结构的谱系分析效果，通常，当地的群落物种数量占到区域物种库数量的30%~60%时，分析结果较好（Kraft et al.，2007）。本研究构建的区域物种库为研究样地出现的物种总和，包括22个科、50个物种。

7.1.3 谱系信息和群落谱系结构

用谱系软件，即分析谱系树构建的谱系数据库和工具包，对区域物种库的物种构建谱系树。树的构建是基于大量的已经出版的分析谱系（Webb and Dono-ghue，2005）。分枝长度是根据科、属决定的最小节点年龄和来自较高形式的化石等级（Wikstrom et al.，2001），通过不断地从旧的分枝节点分隔出无限期的节点，并用软件中的分枝长度算法来完成（Webb et al.，2008）。具体方法为：

（1）将区域物种库所有物种按照其拉丁名依据科、属、种的顺序进行排列。

（2）复制"属"这一列的数据至被子植物谱系数据库，进行各属"科"的归属确认（数据库地址：http://ctfs.arnarb.harvard.edu/webatlas/apgnames）。

（3）重新整理区域物种库物种名录：待所有属与所归属的科名一一对应后，将所有物种按照"科名/属名/种名"顺序排列。

（4）将步骤（3）中的物种名录复制到Phylomatic网站（http://phylodiversity.net/phylomatic）中的"taxa="文字输入框中，选择storetree=Phylomatic tree R20120829（plants）、method=Phylomatic、clean=true，其余选项选择默认项，运行后生成谱系树文档，修改文档扩展名，命名为phylo。

（5）将步骤（4）中得到的phylo文件，放在phylocom文件夹中的win32中，将example_data/bladj_example/wikstrom.ages更名为ages，同时放到phylocom文件夹中的win32中，运行phylocom.bat。

（6）运行phylocom bladj-f phy.txt > bphy.txt，得到bphy.txt。

（7）运行phylocom agenode-f bphy.txt > age_1.txt，得到包含各节点年龄的ages_1.txt文件。

（8）用ages_1.txt的内容替换原有ages文件内容，运行phylocom bladj-f phy_c.txt > bphy_c.txt。

（9）得到bphy_c.txt，即为带有枝长的谱系树，可在R软件中读取。

7.1.4　群落谱系结构

物种在谱系树中的最短分枝长度代表两个物种的亲缘关系，这个分枝长度也被称为谱系距离，群落中各物种之间的谱系距离与群落的构建过程紧密关联（Webb et al.，2002）。通过谱系软件包进行群落谱系结构的所有分析（Webb et al.，2008）。在每个样地计算每两个物种间的原始谱系距离，每个谱系距离表征物种间谱系相关度的不同方面（Webb，2000）。物种间平均谱系距离（mean phylogenetic distance, MPD）通过所有物种之间的谱系距离的均值计算得出，种间最小平均谱系距离（mean nearest phylogenetic distance, MNPD）通过所有物种亲缘关系最近的物种间的谱系距离均值计算得出。两个距离以化石年龄百万年为单位。

通过各个放牧强度下的群落谱系结构与物种随机发生的群落谱系距离进行比较，得出群落谱系结构模型。在软件包中可以将谱系中的所有物种顺序打乱进行随机组合，通过物种间随机运行999次组合生成零模型的谱系距离。这个零模型假设区域物种库的所有物种能够均匀地出现在区域内的任何地方，不管是在放牧地群落还是当地其他群落中。然后，通过净谱系亲缘关系指数（net relatedness index，NRI）和最近种间亲缘关系指数（nearest taxon index，NTI）分析各个放牧强度下的群落谱系结构。NRI与NTI是最早被用来分析植物群落谱系结构的指数（Webb，2000），NRI为量度群落中物种间的平均谱系距离（所有物种两两之间距离的平均值）的指数，NTI则代表群落中所有物种与其亲缘关系最接近物种的谱系距离均值。NRI用如下公式计算（Webb et al., 2008）：

$$NRI_{sample} = -1 \times \frac{MPD_{sample} - MPD_{null}}{Sd(MPD_{null})}$$ （公式7-1）

式中NRI$_{sample}$、MPD$_{sample}$代表群落中实际的观测值，MPD$_{null}$表示物种在构建的谱系树上随机999次组合计算后所得平均值，Sd为标准偏差，若NRI＞0，则表明共存种的谱系结构聚集；若NRI＜0，代表共存种的谱系结构发散；若NRI=0，则表示共存种的谱系结构是随机的。

NTI用如下公式计算（Webb et al., 2008）：

$$NTI_{sample} = -1 \times \frac{MNPD_{sample} - MNPD_{null}}{Sd(MNPD_{null})}$$ （公式7-2）

式中NTI$_{sample}$、MNPD$_{sample}$代表群落中实际的观测值，MNPD$_{null}$表示物种在构建的谱系树上随机999次组合计算后所得平均值，Sd为标准偏差，若NTI＞0，则表明共存种的谱系结构聚集；若NTI＜0，代表共存种的谱系结构发散；若NTI=0，则表示共存种的谱系结构是随机的。

NRI和NTI计算利用R-2.10.2（R Development Core Team, 2009）中的picante软件包和谱系软件Phylocom 4.0.1版完成。

7.2 放牧强度对群落谱系结构的影响

7.2.1 放牧样地区域物种库群落谱系树

利用谱系软件包Phylocom 4.1，对放牧样地出现的来自属于22个科的50个物种构建了谱系树（图7-1）。总体上，在各个放牧强度下发现的物种数目分别为对照处理21种，轻度放牧处理下29种，轻中度放牧处理下26种，中度放牧处理下31种，中重度放牧处理下28种，重度放牧处理下28种。各放牧强度下的物种占物种库的百分比分别为41.2%、47.1%、52.9%、60.8%、54.9%和54.9%。

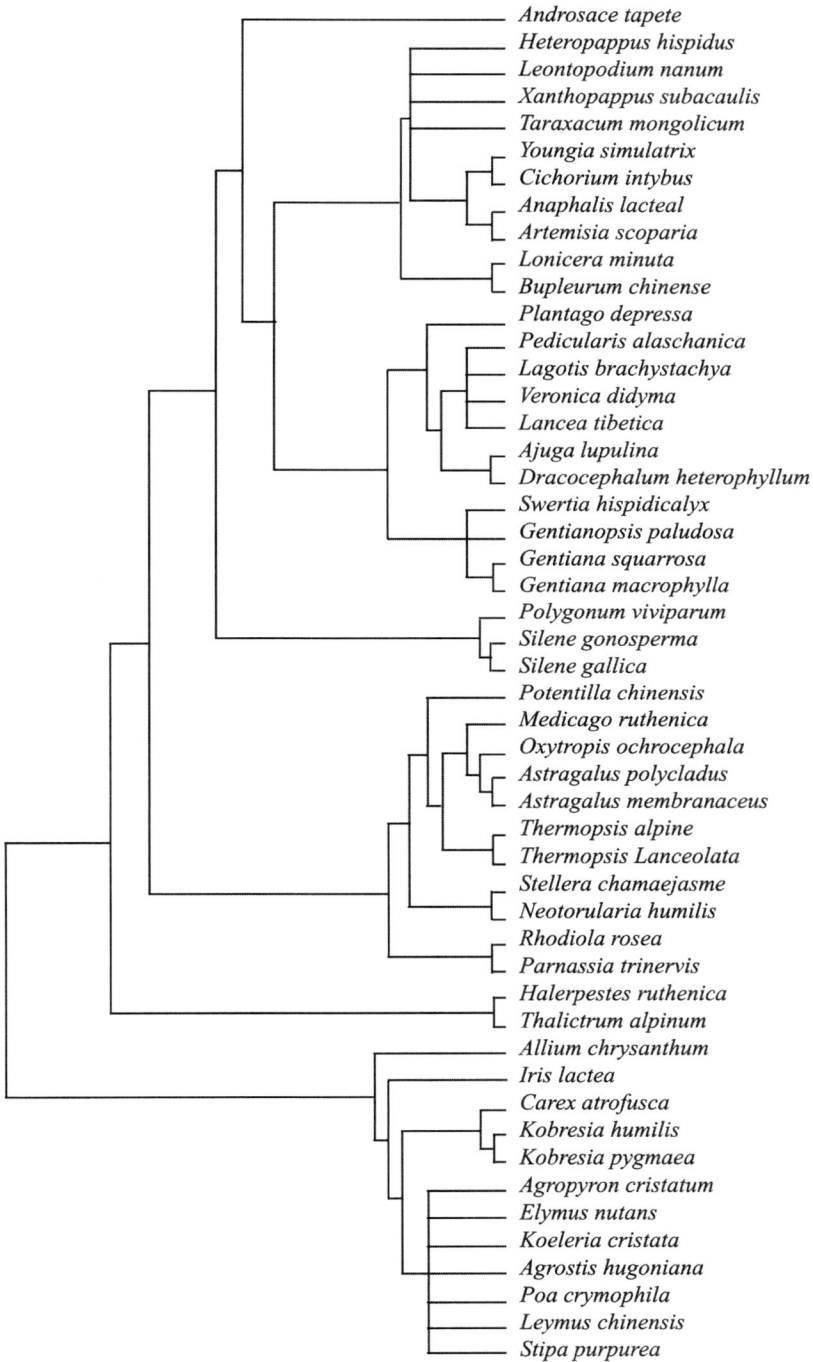

图7-1 研究区域物种谱系树

7.2.2 放牧强度对群落谱系结构的影响

随着放牧强度的增加，发现了不同的谱系结构信号。在对照、轻度放牧和轻中度放牧三个处理下，物种间平均谱系距离（MPD）分别是84.581百万年、82.336百万年和82.353百万年，种间最小平均谱系距离（MNPD）分别是13.175百万年、12.943百万年和12.986百万年，物种净谱系亲缘关系指数（NRI）分别是-1.400、-0.188和-0.233，最近种间亲缘关系指数（NTI）则分别为-1.720、-2.234和-2.280，从表7-1和7-2可知，对照、轻度放牧和轻中度放牧3个处理下的MPD和MNPD均大于随机发生的物种间平均谱系距离（MPD$_{null}$）和最小临近距离（MNPD$_{null}$），而NRI和NTI均小于0，因此可知，在不放牧或者较小的放牧强度下，群落的谱系结构是发散的，物种之间有发散的趋势。

表7-1 各放牧强度下物种间平均谱系距离参数表

处理	物种数	MPD	MPD$_{null}$	SdMPD$_{null}$	NRI	P	Pattern
CK	21	84.581	81.932	1.892	-1.400	0.019	overdispersion
LG	24	82.336	82.061	1.462	-0.188	0.032	overdispersion
LMG	27	82.353	82.019	1.434	-0.233	0.038	overdispersion
MG	31	82.315	82.626	1.450	0.214	0.017	overclustering
MHG	28	81.403	82.010	1.339	0.453	0.015	overclustering
HG	28	81.809	81.962	1.520	0.100	0.024	overclustering

注：MPD，物种间平均谱系距离；MPD$_{null}$，随机谱系距离；SdMPD$_{null}$，随机谱系距离标准偏差；NRI，净谱系亲缘关系指数；MPD、MPD$_{null}$、SdMPD$_{null}$单位为百万年。下同。

然而，在中度放牧、中重度放牧和重度放牧三个处理下，物种间平均谱系距离（MPD）分别是82.315百万年、81.403百万年、81.809百万年，种间最小平均谱系距离（MNPD）则分别是12.763百万年、9.876百万年、9.694百万年，物种净谱系亲缘关系指数（NRI）分别是0.214、0.453和0.100，最近种间亲缘关系指数（NTI）则分别为0.796、1.357和1.660。从表7-1和7-2可知，中度放牧、中重度放牧和重度放牧3个处理下的MPD和MNPD均大于随机发生的物种对的平均谱系距离（MPD$_{null}$）和最小临近距离（MNPD$_{null}$），NRI和NTI指数均大于0，在放牧强度增加的情况下，群落物种谱系结构为聚集模式，物种之间有聚集的趋势。

表7-2 各放牧强度下物种间最小平均谱系距离参数表

处理	物种数	MNPD	$MNPD_{null}$	$Sd MNPD_{null}$	NTI	P	Pattern
CK	21	13.175	11.416	1.023	-1.720	0.026	overdispersion
LG	24	12.943	11.086	0.831	-2.234	0.013	overdispersion
LMG	27	12.986	11.109	0.823	-2.280	0.016	overdispersion
MG	31	12.763	13.428	0.835	0.796	0.038	overclustering
MHG	28	9.876	11.086	0.784	1.357	0.026	overclustering
HG	28	9.694	11.109	0.876	1.660	0.017	overclustering

注：MNPD，种间最小平均谱系距离；$MNPD_{null}$，随机最小谱系距离；$Sd MNPD_{null}$，随机最小谱系距离标准偏差，NTI，最近种间亲缘关系指数；$Sd MNPD_{null}$单位为百万年。

7.2.3 小结

（1）通过构建放牧样地区域物种库谱系树和谱系软件计算得到的谱系距离等表明环青海湖流域高寒草原植物群落易受到放牧的影响，在不同的放牧强度下显示了不同的群落谱系结构：在不放牧或者放牧强度较小时，群落物种谱系结构呈发散模式，物种趋于发散；在放牧强度较大时，群落谱系结构呈聚集模式，物种趋于聚集。

（2）在环青海湖流域高寒草原，环境过滤和物种在限制性环境中的竞争排斥作用共同影响着群落的谱系构建。

7.3 讨论和结论

谱系距离较近的物种的生态位在谱系进化上较为保守，也就是说，近缘种相似的生态习性导致其对干扰的响应的相似性，意味着生态位相似的物种种间的竞争作用较强，然而谱系距离较远的物种，拥有相异的生态位，共存的可能性较高（Webb et al., 2002）。在对照、轻度放牧和轻中度放牧处理下，群落的谱系构建模式表现为谱系发散。这可能是由于种间的强烈竞争作用，增加了近缘种之间的竞争排斥（Lester et al., 2009）。除了竞争直接的资源（光照、水分和养分）外，群落的谱系构建也受到相关物种之间的相似性竞争，以及由放牧和病原菌侵染等引起的负密度制约（Gilbert and Webb, 2007）。由于植物较高程度的进化生态位和生态位保守，近缘种趋向于利用相似的保护和防御性状（Reich et al.，2003；Qian and Ricklefs，2004）。因此，近缘种可能更容易受到相似草食动物和病原体的影响，进而影响了密度制约力，导致距离较远的近缘种聚集在一起（Gilbert and Webb，2007）。比如，地中海森林植物中发生的野火，火烧频率低利于植物表型和谱系分散（Verdu and Pausas，2007）。我们的研究结果也与其他植物群落的已有结论相同（Cavender-Bares et al.，2004；Yan et al.，2010；Ndiribe et al.，2013）。

在中度放牧、中重度放牧和重度放牧处理下，群落谱系构建模式呈现为谱系聚集。这表明，在放牧强度逐渐升高的同时，放牧压力作为一个主要的环境过滤因子对群落构建起主导地位。在谱系进化上，物种生态位显示保守的特征，即亲缘关系相似的物种，对环境干扰具有相似的适应特征（Prinzing et al.，2001；Valiente-Banuet and Verdu，2007）。放牧被认为是草地的主要干扰因素之一，一些共存的物种能够较好地适应，而一些物种尤其是谱系上距离较远的物种可能被环境压力过滤，给小部分近缘种提供了机会，并降低了近缘种的平均谱系距离，导致谱系聚集（Díaz et al.，2007；Gilbert and Webb，2007）。此外，放牧也影响物种丰富度和限制性资源，使得物种之间的竞争作用减弱（Becerra，2007）。许多研究已经在不同生物群落中发现谱系聚集模式。比如，火驱动的地中海盆地中的林地植物群落（Verdu and Pausas，2007）、由盐分组成和含盐量影响下的海洋浮游生物群落（Barberan and Casamayor，2010）、气候变化导致的冰雪覆盖度变化影响下高寒冻原的细菌群落（Shahnavaz et al.，2012）、由低温和频繁的气温波动影响的生物细菌群落（Wang et al.，2012）、由于快速物种形成和环境过滤作用下的高原维管植物的谱系结构（Yan et al.，2013）等，上述群落均在较高的环境压力下呈现出群落谱系结构的聚集模式。

本研究表明，高寒草原群落易受到放牧压力的影响，在不同的放牧强度下，显示了不同的谱系结构模式，在当地放牧环境下，环境过滤和物种对限制性环境的竞争排斥作用共同影响着群落的谱系构建。在较轻的放牧压力下，群落的主要作用来自亲缘种的竞争排斥，群落构建呈谱系分散模式；而在较高的放牧压力下，放牧则作为一个主要的"环境过滤器"对群落构建起主导地位，使得群落构建呈谱系聚集模式。

8

放牧对高寒草原土壤种子库的影响

　　草地土壤种子库是草地地表枯落物及土壤中所有具有萌发活力种子的全称，它作为草地生态恢复过程中的天然种质资源，是草地生态系统的重要组成部分。土壤种子库在一定程度上影响着植被的动态特征，在维持草地生态系统物种多样性和遗传多样性等方面扮演着重要的角色。就目前情况而言，有关土壤种子库的研究大多集中在土壤种子库的物种组成特征、密度、空间分布格局、动态变化特征及其与地上植被多样性关系等方面。土壤种子库所处的生态环境特征，如地形、土壤类型、植被特征、气候水文及人为干扰等因素均会对其造成影响。

　　放牧作为高寒草原生态系统中最广泛的土地利用方式，被认为是驱动草原生态系统变化的主要影响因子。放牧可以通过家畜的选择性采食影响地上植被特征，进而直接改变土壤种子库特征；也可以通过践踏及粪便返还改变土壤理化性质，进而影响土壤种子库组成；还可以通过家畜活动促进种子的传播。目前有关放牧对土壤种子库影响的研究主要侧重于放牧与否以及放牧强度对草地土壤种子库特征的影响，有研究表明，土壤种子库数量大小会随着放牧强度的增加而增加；另一些研究则表明，土壤种子库数量大小会随着放牧强度的增加呈现出先增加后减小的变化趋势，或随着放牧强度的增加土壤种子库数量逐渐减小。这些研究表明，放牧对土壤种子库变化特征的影响与区域气候、草地类型及放牧强度等诸多因素有关。

　　根据种子在土壤中的存活时长，可以将种子库分为短暂土壤种子库（在土壤中存活不到1年就萌发）和持久土壤种子库（在土壤中存活超过1年方萌发）。一般将在生长季末期（所有植物的种子都成熟）时所采土壤中的种子库定义为短暂土壤种子库I（后文简称为短暂库I），将生长季初期（植物还未生产种子）时所采土壤中的种子库定义为短暂土壤种子库II（后文简称为短暂库II），而将生长季盛期时所采土壤中的种子库定义为持久种子库（后文简称为持久库）。本研究拟探讨不同放牧强度对上述3个类型种子库的影响，因而在2015年4月、7月和

11月分别进行土壤采样。

有较长寿命和休眠期的种子在萌发期较短的情况下可能保持休眠状态，因而萌发时长会影响土壤种子库中可检测到的物种和数量，本研究在通常萌发6个月的基础上，进行了18个月的萌发，以达到最大萌发数，用以研究放牧强度对高寒草原土壤种子库的影响，同时结合6个月萌发数据研究高寒草原各类型土壤种子库中种子的持久性。

8.1 放牧强度对土壤种子库规模的影响

8.1.1 放牧强度对土壤种子库规模的影响

土壤种子库规模，是指经过种子的输入（种子散布、动物携带）和输出（被家畜等采食、死亡）后，单位面积内具有活力的种子数量，通常以可萌发种子的密度表示。土壤种子库规模也是土壤种子库对放牧响应的主要响应特征。

高寒草原0~7 cm土层土壤种子库的平均密度为2204.8 粒/m²，变化范围为749.6~3962.9 粒/m²；7~15 cm土层种子库平均密度为814.6 粒/m²，变化范围为83.7~1604.8 粒/m²；0~15 cm土层种子库平均密度为3018.4 粒/m²，变化范围为680.5~5454.9 粒/m²。短暂库I在0~7 cm、7~15 cm和0~15 cm土层的平均种子库密度分别为3075.0 粒/m²、1273.3 粒/m²和4345.0 粒/m²；短暂库II在0~7 cm、7~15 cm和0~15 cm土层的平均种子库密度分别为2170.7 粒/m²、895.8 粒/m²和3066.5 粒/m²；持久库在0~7 cm、7~15 cm和0~15 cm土层的平均种子库密度分别为1368.9 粒/m²、274.8 粒/m²和1643.6 粒/m²。放牧显著提高了各类型土壤种子库的密度，其中持久库7~15 cm土壤层的种子仅在轻中度放牧处理下表现为显著增加（表8-1）。

表8-1 不同放牧强度下各类型土壤种子库可萌发种子库密度（粒/m²）

种子库类型	土壤深度(cm)	CK	LG	LMG	MG	MHG	HG
短暂库I	0~7	1040.8±91.4b	3144.1±439.5a	3962.9±729.9a	3402.5±758.2a	3679.0±503.8a	3220.5±731.2a
	7~15	473.1±102.1b	1577.5±169.9a	1492.0±376.1a	1113.5±124.2a	1393.7±210.4a	1590.2±522.8a
	0~15	1513.8±188.8b	4701.6±593.5a	5454.9±1101.9a	4516.0±816.4a	5072.8±536.7a	4810.8±1250.7a

续　表

种子库类型	土壤深度（cm）	CK	LG	LMG	MG	MHG	HG
短暂库 II	0~7	596.8±44.3[b]	2183.4±400.6[a]	2834.8±294.7[a]	2550.9±556.7[a]	2259.8±134.2[a]	2598.3±253.9[a]
	7~15	83.7±28.4[b]	818.8±218.7[a]	1604.8±16.7[a]	887.9±67.4[a]	1026.2±141.9[a]	953.4±139.9[a]
	0~15	680.5±34.7[c]	3002.2±606.6[b]	4439.6±380.4[a]	3438.9±589.6[ab]	3286.0±274.7[ab]	3551.7±253.8[ab]
持久库	0~7	749.6±73.1[c]	1859.5±303.6[a]	1564.8±428.3[b]	1608.4±274.9[ab]	971.6±38.3[ab]	1459.2±158.5[ab]
	7~15	145.6±42.0[b]	302.0±90.5[a]	378.5±109.6[a]	323.9±55.1[ab]	189.2±46.5[ab]	309.3±26.2[ab]
	0~15	895.2±112.0[b]	2161.6±387.7[a]	1943.2±537.6[a]	1932.3±260.5[a]	1160.8±70.8[ab]	1768.6±182.4[a]

注：CK，对照；LG：轻度放牧；LMG，轻中度放牧；MG，中度放牧；MHG，中重度放牧；HG，重度放牧；不同小写字母表示同一土层不同处理之间差异显著。下同。

　　放牧强度、土壤种子库类型和土壤深度均极显著地影响了土壤种子库密度（$P<0.001$，表8-2）。放牧强度与种子库类型对土壤种子库密度规模有显著的交互作用，放牧强度与土壤深度对土壤种子库密度有显著的交互作用，土壤深度和种子库类型对土壤种子库密度有极显著的交互作用，但是放牧强度、种子库类型和土壤深度对土壤种子库密度没有交互作用。放牧处理的种子库密度均高于不放牧处理，说明放牧增加了土壤种子库的密度。

表8-2　土壤种子库密度、土壤种子库物种丰富度及土壤种子库和地上植被之间的关系（C_s）的三因素方差分析表

项目	df	种子库密度		种子库物种丰富度		C_s	
		F 值	P 值	F 值	P 值	F 值	P 值
GI	5	23.77	< 0.001	33.51	< 0.001	34.63	< 0.001
SBT	2	84.32	< 0.001	49.20	< 0.001	56.95	< 0.001
SD	2	127.96	< 0.001	106.92	< 0.001	3.79	0.026
GI × SBT	10	3.13	0.002	2.91	0.003	6.30	< 0.001
GI × SD	10	2.25	0.019	0.21	0.995	1.79	0.070
SBT× SD	4	6.48	< 0.001	0.89	0.474	2.40	0.055
GI ×SBT× SD	20	0.38	0.990	0.82	0.682	1.67	0.050

注：GI，放牧强度；SBT，种子库类型；SD，土壤深度。下同。

8.1.2　放牧强度对土壤种子库中不同植物生活型种子库规模的影响

放牧强度极显著地影响了土壤种子库中多年生物种的种子库密度（$P<0.001$，表8-3），并且显著影响了土壤种子库中一年生物种的种子库密度，对二年生物种没有影响。种子库类型对土壤种子库中多年生、一年生和二年生物种的密度有显著的影响，放牧强度和种子库类型对土壤种子库中多年生、一年生和二年生物种的密度没有显著的交互作用。

表8-3　土壤种子库中不同植物生活型物种的种子库密度的双因素方差分析表

项目	df	PH		AH		BH	
		F	P	F	P	F	P
GI	5	9.59	<0.001	2.72	0.035	1.52	0.208
SBT	2	30.68	<0.001	30.26	<0.001	6.96	0.003
GI×SBT	10	1.24	0.298	1.13	0.368	1.42	0.213

注：PH，多年生物种；AH，一年生物种；BH，二年生物种。

由图8-1a可知，放牧对短暂库I和短暂库II中的多年生物种的种子库密度有极显著的影响，但对持久库的多年生物种的种子库密度没有显著影响。放牧对持久库的一年生物种土壤种子库密度有显著影响，但对短暂库I和短暂库II的一年生物种土壤种子库密度没有影响（图8-1b）。放牧对3种类型的土壤种子库中的二年生物种的种子库密度均没有显著影响（图8-3b），且二年生土壤种子库密度数量极少，仅是多年生物种密度的百分之一。

8.1.3　放牧强度对土壤种子库中不同功能群种子库规模的影响

放牧强度对土壤种子库中禾草、莎草、豆科植物和杂类草4个功能群的种子库密度都有极显著影响，而种子库类型对禾草、豆科植物和杂类草3个功能群的种子库密度有极显著影响，但对莎草种子库密度没有影响。放牧强度和种子库类型仅对禾草的种子库密度有显著的交互作用，对莎草、豆科和杂类草的种子库密度都没有交互作用（表8-4）。

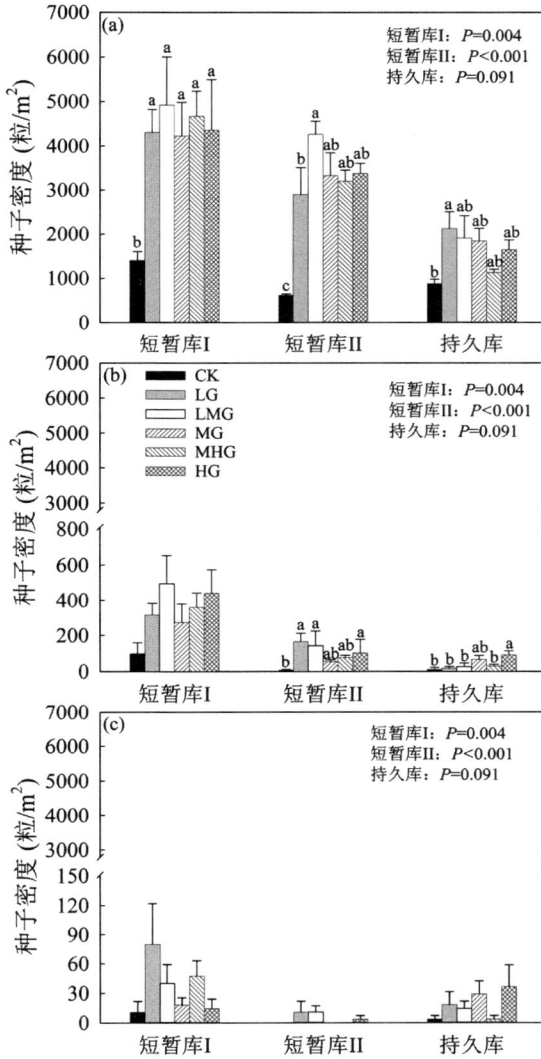

图8-1　不同放牧强度下3种类型土壤种子库中多年生物种(a)、一年生物种(b)

和二年生物种(c)的种子库密度

表8-4　土壤种子库中各植物功能群种子库密度的双因素方差分析表

项目	df	禾草		莎草		豆科植物		杂类草	
		F	P	F	P	F	P	F	P
GI	5	13.58	< 0.001	7.97	< 0.001	5.25	0.001	5.52	0.001
SBT	2	48.64	< 0.001	2.60	0.088	6.81	0.003	24.68	< 0.001
GI × SBT	10	2.32	0.031	0.25	0.988	1.361	0.237	0.60	0.800

由图8-2a可知，放牧对短暂库II和持久库中禾草的种子库密度有极显著影响，对短暂库I中禾草的种子库密度有显著影响。放牧对短暂库II中莎草的种子库密度有极显著影响，对短暂库I和持久库中莎草的种子库密度没有显著影响（图8-2b）。放牧对短暂库II和持久库中豆科植物的种子库密度没有显著影响，但对短暂库I中豆科植物的种子库密度有极显著影响（图8-2c）。放牧对短暂库II中杂类草的种子库密度有极显著影响，对短暂库II和持久库中杂类草的种子库密度有显著影响（图8-2d）。

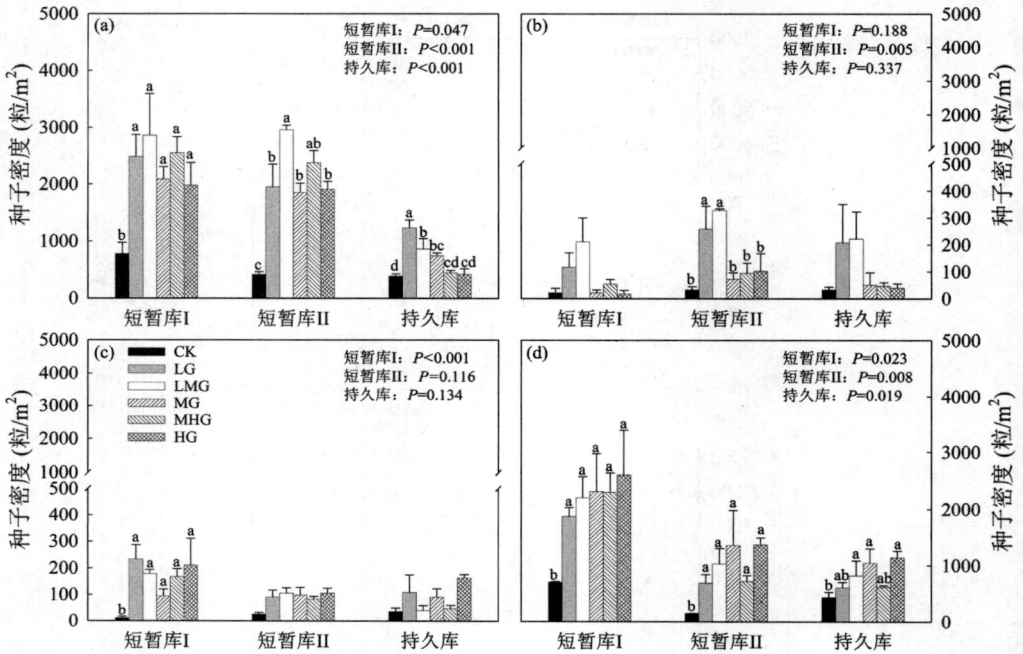

图8-2 不同放牧强度下3种类型土壤种子库中禾草(a)、莎草(b)、豆科植物(c)和杂类草 (d) 的种子库密度

8.1.4 土壤种子库规模与放牧强度的相关性

除7~15 cm土层的持久库以外，各土层3种类型种子库密度均随放牧强度的增加呈现出先升高后降低再升高的趋势：对照处理下的种子库密度是最低的，随着放牧强度的增加，种子库密度逐渐增加，但是短暂库I和短暂库II的种子库密度在中度放牧处理下开始下降，而持久库种子库密度是在轻中度放牧处理下开始下

降，直至重度处理时又再次升高（图8-3）。

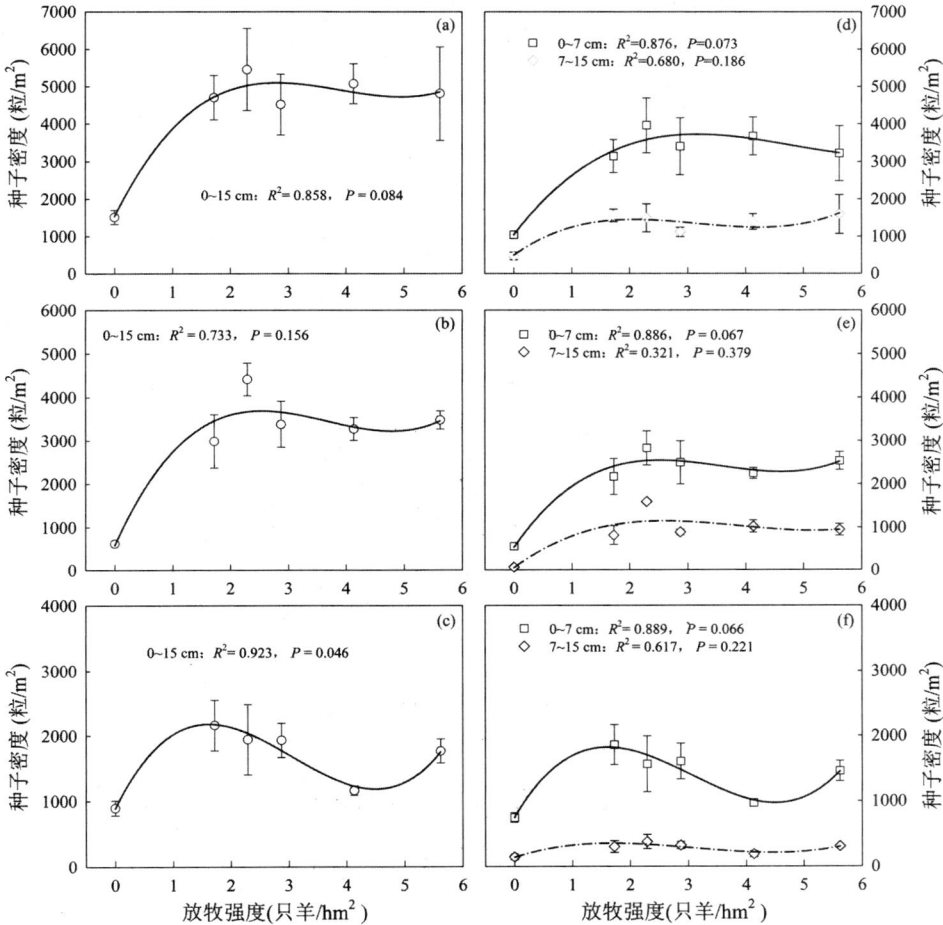

注：a和d为短暂库I，a是0~15 cm，d是0~7 cm和7~15 cm；b和e为短暂库II，b是0~15 cm，e是0~7 cm和7~15 cm；c和f为持久库，c是0~15 cm，f是0~7 cm和7~15 cm。

图8-3　土壤种子库密度与放牧强度的相关性

相较而言，放牧对浅层（0~7 cm）土壤种子库密度的影响要大于对深层（7~15 cm）土壤种子库密度的影响（图8-3）。

8.1.5　小结

（1）放牧显著增加了3种类型土壤种子库的种子库密度，而且随着放牧强度的增加，土壤种子库规模呈现出"N"字形趋势，放牧处理的种子库密度显著大于对照样地，种子库密度最大值出现在轻度放牧处理（持久库）和轻中度放牧处理（短暂库I和II），重度放牧处理次之。

（2）放牧显著增加了3种类型土壤种子库中多年生物种的种子密度，对一年生和二年生物种的种子密度影响较小。

（3）放牧显著增加了短暂库I和短暂库II中禾草和杂类草的种子密度，而对持久库中禾草和杂类草的种子密度影响较小。

8.2 放牧强度对土壤种子库物种组成的影响

8.2.1 不同放牧强度下土壤种子库科、属、种的组成

土壤种子库的物种丰富度（S）受到放牧强度的极显著影响，另外，种子库类型和土层深度均对土壤种子库的物种丰富度具有极显著影响。而且放牧强度和种子库类型对土壤种子库物种丰富度具有交互作用，放牧强度和土层深度对土壤种子库物种丰富度没有交互作用，种子库类型和土层深度对土壤种子库物种丰富度没有交互作用，放牧强度、种子库类型和土层深度对土壤种子库物种丰富度也没有交互作用（表8-2）。

表8-5　土壤种子库中物种组成的科、属、种统计

种子库类型		CK	LG	LMG	MG	MHG	HG
短暂库 I	科	11	13	13	14	15	14
	属	16	19	21	21	24	23
	种	19	24	26	26	29	29
短暂库 II	科	8	11	12	10	12	12
	属	11	17	21	15	20	18
	种	13	22	27	20	24	23
持久库	科	9	12	11	12	11	14
	属	11	17	15	17	14	20
	种	14	21	18	23	18	24

由表8-5和8-6可知，对照处理的短暂库I中有19个物种，隶属于16属、11

科；短暂库Ⅱ中有13个物种，隶属于11属、8科；持久土壤种子库中有14个物种，隶属于11属、9科。3种类型的土壤种子库物种数在各放牧处理下均有所增加，其中短暂库Ⅰ在中重度放牧和重度放牧处理下物种数增加最多（29种），短暂库Ⅱ在轻中度放牧处理下物种数增加最多（27种），持久土壤种子库则在重度放牧处理下增加最多（24种）。

表8-6　不同放牧强度下3种类型土壤种子库中各科的物种数

种子库类型		CK	LG	MLG	MG	LMG	HG
短暂库Ⅰ	豆科*	2	2	4	2	2	3
	禾本科*	2	2	3	2	4	3
	菊科*	3	3	4	3	4	3
	蔷薇科*	1	3	3	4	3	4
	莎草科*	1	1	1	1	1	0
	玄参科*	2	2	2	2	2	2
	罂粟科*	1	1	1	1	1	1
	紫草科*	1	2	2	2	2	2
	龙胆科	0	1	0	0	1	0
	毛茛科	0	3	0	0	0	1
	伞形科	0	1	1	1	1	1
	唇形科	0	0	1	0	0	0
	虎耳草科	0	0	1	0	0	0
	藜科	0	0	1	0	2	0
	车前科	0	0	0	1	0	1
	十字花科	0	0	0	0	0	0
	亚麻科	0	0	0	0	0	0
短暂库Ⅱ	豆科*	2	3	3	2	2	2
	禾本科*	3	3	3	3	3	4
	菊科*	3	3	4	4	4	4
	蔷薇科*	1	1	1	1	1	2
	莎草科*	1	1	1	1	1	1
	玄参科*	2	2	2	2	3	2
	罂粟科*	2	1	1	1	1	1
	紫草科	0	3	2	3	2	3
	龙胆科*	1	1	1	1	1	1
	毛茛科*	1	1	2	2	5	2
	伞形科*	1	1	1	1	1	1

注：*表示各处理下的共有科。

续　表

种子库类型		CK	LG	MLG	MG	LMG	HG
短暂库Ⅱ	唇形科	0	1	1	1	1	0
	虎耳草科	0	0	0	0	0	0
	藜科	0	0	0	1	1	1
	车前科*	1	1	1	1	1	1
	十字花科	0	0	0	0	1	0
	亚麻科	0	0	0	0	0	0
持久库	豆科*	1	1	1	1	1	2
	禾本科*	2	3	3	4	2	3
	菊科*	2	3	3	2	3	4
	蔷薇科*	1	2	1	1	1	1
	莎草科*	1	1	1	1	1	1
	玄参科*	2	2	2	2	2	3
	罂粟科*	1	1	1	1	1	1
	紫草科*	2	2	2	3	2	2
	龙胆科*	1	1	1	2	1	1
	毛茛科	0	1	1	2	0	1
	伞形科	0	1	0	0	0	1

　　放牧强度对短暂库Ⅰ的0~7 cm土层、7~15 cm土层和0~15 cm土层的物种丰富度都具有显著影响。0~7 cm土层和0~15 cm土层物种丰富度的变化趋势一致，所有放牧处理均显著高于对照处理；7~15 cm土层中，对照和中度放牧处理之间没有显著差异，土壤种子库的物种丰富度随放牧强度的增加呈现出先升高后降低再升高的趋势（图8-4a）。

　　放牧强度对短暂库Ⅱ的0~15 cm土层和7~15 cm土层的土壤种子库物种丰富度都具有极显著的影响，对0~7 cm土层的影响也达到显著水平。0~7 cm土层中，所有放牧样地的土壤种子库物种丰富度均显著高于对照样地，并且随着放牧强度的增加而呈现"M"字形趋势；7~15 cm土层中，所有放牧处理的土壤种子库丰富度均显著高于对照处理，其中轻度放牧、轻中度放牧和重度放牧显著高于其他两个放牧处理；0~15 cm土层的趋势和0~7 cm土层一致，各放牧处理的物种数均高于对照处理（图8-4b）。

　　放牧强度对持久库的0~7 cm土层和0~15 cm土层的物种丰富度均具有显著影响，对7~15 cm土层的物种丰富度具有极显著影响。在0~7 cm土层，除了轻度放牧和轻中度放牧以外，中度放牧、中重度放牧和重度放牧处理下的土壤种子库物种丰富度均显著高于对照样地，并随放牧强度的增加而增加；7~15 cm 土层中，轻中度放牧和重度放牧处理的丰富度显著高于对照处理，呈现先升高后降低的趋势，中度放牧中的持久物种数要多于其他处理；0~15 cm土层中，在轻度放牧、中度放牧和中重度放牧的土壤种子库丰富度显著高于对照（图8-4c）。

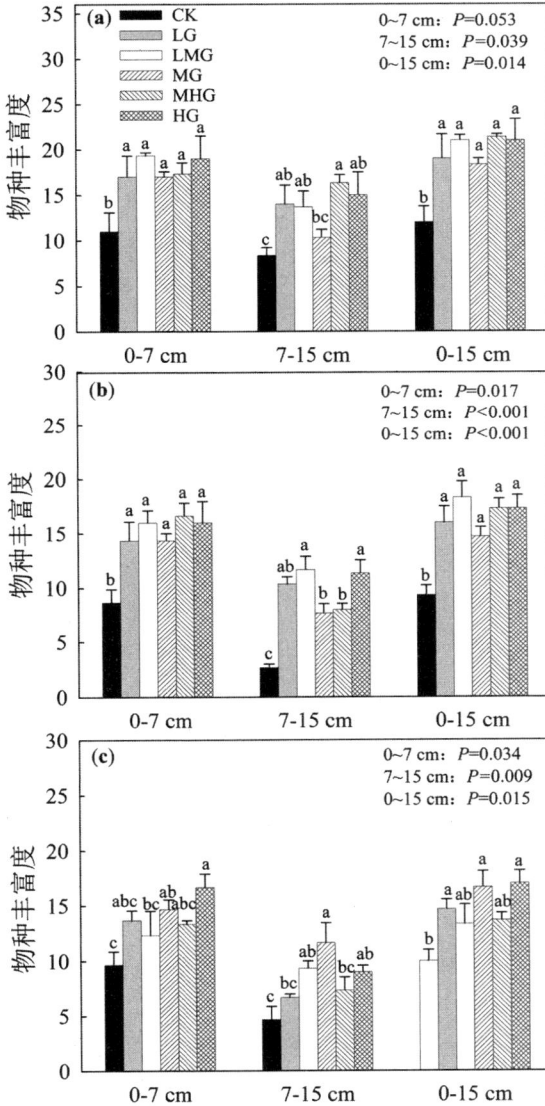

图8-4 放牧强度对短暂土壤种子库I(a)、短暂土壤种子库II(b)
和持久土壤种子库(c)物种组成的影响

8.2.2 放牧强度对土壤种子库植物生活型物种组成的影响

放牧强度对短暂库I和II的多年生物种数有显著影响，但对持久土壤种子库的多年生物种组成没有显著影响。在短暂土壤种子库I中，各放牧处理均显著增加了多年生物种数，但不同放牧处理之间没有显著差异；在短暂土壤种子库II中，各放牧处理均显著增加了多年生物种数，物种组成数随着放牧强度的增加呈现先增加后减少再增加的趋势，但是所有放牧处理之间均没有显著差异；在持久土壤种子库中，中度放牧和重度放牧处理增加了多年生物种数（图8-5a）。

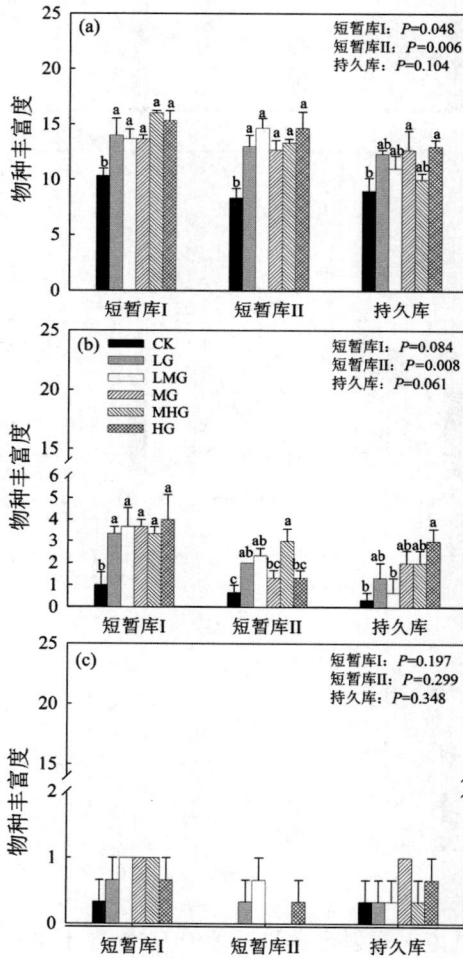

注：a，多年生物种；b，一年生物种；c，二年生物种。

图8-5　放牧强度对各植物生活型土壤种子库物种组成的影响

放牧强度对短暂库II的一年生物种的物种组成有极显著影响，对短暂库I和持久库的一年生物种的物种组成没有显著影响。在短暂库II中，对照处理的一年生物种的物种组成与轻度放牧、轻中度放牧和中重度放牧有显著差异，与中度放牧和重度放牧均没有显著差异；在持久库中，对照处理的一年生物种组成仅与重度放牧有显著差异；在短暂库I中，对照处理的一年生物种的组成与所有放牧处理均有显著差异，但是不同放牧强度之间均没有显著差异（图8-5b）。

由于青藏高原高寒草原群落中二年生物种较为罕见，通常只有1~2种，放牧强度对3种类型的土壤种子库中二年生物种数均没有影响（图8-5c）。

8.2.3 放牧强度对土壤种子库植物功能群物种组成的影响

放牧强度对短暂库I各功能群物种组成和种子库密度的影响如表8-7所示。其中，禾草的物种数，从对照处理到中重度放牧处理并无变化，除在重度放牧处理下为4个物种外，其他处理下均为3个物种；对照处理下，禾草的种子库密度为778 粒/m²，随着放牧强度的增加，禾草种子库密度呈现先增大后减小的变化趋势；轻中度放牧处理下禾草的种子库密度最大，达到2860 粒/m²；中重度放牧处理下的密度次之，达到2547 粒/m²；重度放牧处理下减小到1979 粒/m²。莎草的物种数在各个处理下均只有1种；对照处理、中度放牧和重度放牧处理下的莎草种子库密度低于其他处理，仅有20 粒/m²左右，随着放牧强度的增加，莎草种子库密度从轻度放牧处理下的116 粒/m²上升到轻中度放牧处理下的最大值211 粒/m²，但随着放牧强度的增加逐步降低。豆科植物的物种数，随放牧强度的增加呈现出先增加后减少的趋势，在轻度放牧处理和轻中度放牧处理时最多，达到3种；对照处理下，豆科植物的种子库密度最低，仅为10 粒/m²，除了中度放牧处理外，其他放牧处理之间变化幅度不大，均值在200 粒/m²左右。从对照处理到重度放牧处理，杂类草的物种数（13→22）和种子库密度（702→2601 粒/m²）急剧增加，对照处理下的物种数最低，中重度放牧处理下的物种数最高，达到23种，重度放牧处理下为22种，物种数总体上呈现出随着放牧强度的增加而增加的趋势；杂类草的种子库密度在对照处理下为702 粒/m²，各放牧处理均显著增加了其种子库密度，且随着放牧强度的增加而增加，在重度放牧处理下达到最大值2601 粒/m²。

表8-7　短暂库I中各功能群的物种数和种子库密度

功能群		CK	LG	LMG	MG	MHG	HG
禾草	物种数（个）	3	3	3	3	3	4
	种子库密度（粒/m²）	778.7±196.7	2481.8±389.9	2860.3±731.7	2085.2±219.2	2547.3±286.1	1979.6±397.4
莎草	物种数（个）	1	1	1	1	1	1
	种子库密度（粒/m²）	21.8±16.7	116.4±52.9	211.1±88.5	21.8±10.9	54.6±16.7	18.2±13.1
豆科植物	物种数（个）	2	3	3	2	2	2
	种子库密度（粒/m²）	10.9±6.3	232.9±53.6	178.3±15.9	94.6±25.5	167.4±29.8	211.1±98.9
杂类草	物种数（个）	13	17	19	20	23	22
	种子库密度（粒/m²）	702.3±14.6	1870.5±161.2	2205.2±369.7	2314.4±656.5	2303.5±334.8	2601.9±784.3

　　放牧强度对短暂库II各功能群物种组成和种子库密度的影响如表8-8所示，其中禾草的物种数，从对照处理到重度放牧处理的变化幅度不大，最少是2种，最多是4种（出现在中重度放牧处理）；对照处理下，禾草的种子库密度为418 粒/m²，各个放牧处理下禾草的种子库密度都显著增大，不同放牧处理的禾草种子库密度均值在2000 粒/m²左右，轻度放牧处理下和重度放牧处理下的禾草种子库密度持平，在轻中度放牧处理下禾草的种子库密度最大，达到2958 粒/m²，中重度放牧处理的密度次之，达到2376 粒/m²。莎草的物种数从对照处理到重度放牧处理都没有变化，都是1种；在对照处理下，莎草的种子库密度最小，仅有32 粒/m²，但在轻度放牧处理和轻中度放牧处理下则逐渐增大，达到最大值327 粒/m²，随后随着放牧强度的增加逐渐减小。豆科植物的物种数，从对照处理到重度放牧处理变化幅度不大，轻中度放牧处理下达到4种，重度放牧处理下次之，有3种；对照处理下，豆科植物的种子库密度很小，只有25 粒/m²，放牧增加了豆科植物的种子库密度，但不同放牧处理之间没有差异，均值在100 粒/m²左右。从对照处理到重度放牧处理，杂类草的物种数（8→16）和种子库密度（149→1364 粒/m²）均急剧增加，对照处理下的物种数最少，轻中度放牧处理下的物种数最多，达到19种，随后有所下降；对照处理下的种子库密度最小，为149 粒/m²，中度放牧和重度放牧处理下种子库密度最大。

表8-8 短暂库II中各功能群的物种数和种子库密度

功能群		CK	LG	LMG	MG	MHG	HG
禾草	物种数（个）	2	2	3	2	4	3
	种子库密度（粒/m²）	418.5±48.1	1950.5±397.7	2958.5±78.7	1855.9±160.8	2376.3±213.3	1910.5±138.2
莎草	物种数（个）	1	1	1	1	1	1
	种子库密度（粒/m²）	32.8±12.6	258.4±85.1	327.5±6.3	72.8±23.9	94.6±36.9	101.9±65.6
豆科植物	物种数（个）	2	2	4	2	2	3
	种子库密度（粒/m²）	25.5±7.3	91.0±26.2	105.5±20.3	98.3±28.9	83.7±9.6	105.5±19.3
杂类草	物种数（个）	8	17	19	15	17	16
	种子库密度（粒/m²）	149.2±3.6	687.8±153.4	1026.2±272.3	1353.7±631.2	720.5±103.8	1364.6±120.3

　　放牧强度对持久库各功能群物种组成和种子库密度的影响如表8-9所示。其中禾草的物种数随放牧强度的增大而增加，所有放牧处理下禾草的种子库密度均高于对照处理，但随着放牧强度的增加而逐渐减少，在轻度放牧处理下达到最大值1237 粒/m²，重度放牧处理下为422 粒/m²。莎草的物种数在各个处理下均为1种；各个放牧处理下，莎草的种子库密度均大于对照，在轻度放牧处理和轻中度放牧处理下种子库密度达到了最大（200 粒/m²有余），随着放牧强度的增大逐渐减小，与对照相比无显著差异。除在重度放牧处理下为2种豆科植物外，其他各处理下均为1种豆科植物；对照处理下，豆科植物的种子库密度很小，只有36 粒/m²，在重度放牧处理达到最大值163 粒/m²，随后是轻度放牧处理下的109 粒/m²和中度放牧处理下的91 粒/m²，其他处理下的豆科植物的种子库密度与对照相比均无显著差异。从对照处理到重度放牧处理杂类草的物种数（10→18）和种子库密度（436→1142 粒/m²）急剧增加，其中，对照处理下的物种数最少，重度放牧处理下的物种数最多，达到18种，中度放牧处理次之，总体来说，杂类草种子的密度随放牧强度的增大而增大。

表8-9　持久库中各功能群的物种数和种子库密度

功能群		CK	LG	LMG	MG	MHG	HG
禾草	物种数（个）	2	3	3	4	2	3
	种子数量（粒/m²）	389.4±42.0	1237.3±134.6	862.4±186.0	746.0±49.0	447.6±41.3	422.1±98.5
莎草	物种数（个）	1	1	1	1	1	1
	种子数量（粒/m²）	32.8±10.9	207.4±143.2	222.0±100.9	50.9±45.6	47.3±13.1	40.0±15.9
豆科植物	物种数（个）	1	1	1	1	1	2
	种子数量（粒/m²）	36.4±13.1	109.2±65.8	40.0±19.3	91.0±31.7	47.3±13.1	163.8±12.6
杂类草	物种数（个）	10	16	13	17	14	18
	种子数量（粒/m²）	436.7±91.6	607.7±97.7	818.8±262.3	1044.4±249.3	618.6±28.4	1142.6±113.2

8.2.4　小结

（1）放牧显著增加了3种类型土壤种子库的物种丰富度。

（2）从生活型看，放牧显著增加了土壤种子库的多年生物种，即使是重度放牧处理下，多年生物种占比远远大于一年生和二年生物种，对土壤种子库贡献很大。

（3）从功能群看，禾草的种子库密度在放牧情况下均显著高于对照，轻度放牧和中度放牧处理之间差异不显著；莎草在3种类型土壤种子库中均表现为轻中度放牧处理时种子库密度最大，并随着放牧强度的增加而逐渐减小；豆科植物的种子库密度在短暂库I和II中均表现为放牧处理下显著高于对照，在放牧处理间差异不显著，但是在持久种子库中，轻度放牧和重度放牧处理下的种子库密度最大；3种类型种子库中，杂类草的种子库密度均随着放牧强度的增加而增大。

8.3　土壤种子库与地上植被的关系及其对放牧的响应

8.3.1　短暂库I中种子库与地上植被的关系

本研究用Jaccard相似性系数和Sorensen相似性系数来表示土壤种子库与地上植被之间的相似性。如表8-10所示，短暂库I中种子库与地上植被的相似性系数

C_j和C_s在0~7 cm、7~15 cm和0~15 cm三个土层的趋势大体一致，均呈现出随着放牧强度的增加先升高再降低而后再升高的趋势。其中，轻度放牧和轻中度放牧处理下土壤种子库与地上植被间的相似性最高，中度放牧处理的相似性最低，对照、中重度放牧和重度放牧处理的相似性差异不显著。

表8-10　短暂土壤种子库I中种子与地上植被的相似性

土壤深度（cm）	相似性系数	CK	LG	LMG	MG	MHG	HG
0~7	C_j	0.1788	0.2509	0.2308	0.1614	0.2126	0.2139
	C_s	0.3003	0.3998	0.3751	0.2779	0.3494	0.3521
7~15	C_j	0.0260[b]	0.0275[ab]	0.0213[a]	0.0164[c]	0.0232[ab]	0.0190[b]
	C_s	0.2061[b]	0.2436[ab]	0.2657[a]	0.1434[c]	0.2348[ab]	0.2000[b]
0~15	C_j	0.1889[ab]	0.2328[a]	0.2446[a]	0.1548[b]	0.2116[ab]	0.2010[ab]
	C_s	0.3154[ab]	0.3765[a]	0.3929[a]	0.2680[b]	0.3488[ab]	0.3340[ab]

8.3.2　短暂子库II中种子与地上植被的关系

如表8-11所示，短暂库II的土壤种子库与地上植被的相似性系数C_j和C_s的趋势大体一致，除了中度放牧处理的相似性较低之外，各个土层的相似度均随着放牧强度的增加而升高，0~15 cm和0~7 cm土层的相似性系数变化幅度较7~15 cm土层的幅度小，另外，C_j相似性系数的数值整体上比C_s相似性系数的数值低0.1。相似性系数最高的是中重度放牧处理，重度放牧处理的相似性系数略有下降，其次是轻中度放牧处理，接下来是轻度放牧和中度放牧处理，相似性最小的是对照处理。可以看出，虽然C_j的数值比C_s小0.1，但是总体上C_j和C_s的变化趋势一致。

表8-11　短暂库II中种子与地上植被的相似性

土壤深度（cm）	相似性系数	CK	LG	LMG	MG	MHG	HG
0~7	C_j	0.1461[c]	0.2057[b]	0.2747[a]	0.1495[c]	0.2851[a]	0.2185[b]
	C_s	0.2548[d]	0.3401[c]	0.4300[ab]	0.2598[d]	0.4433[a]	0.3574[bc]
7~15	C_j	0.0833[d]	0.1879[bc]	0.2537[a]	0.1590[cd]	0.2329[ab]	0.2278[ab]
	C_s	0.1481[d]	0.3162[bc]	0.4036[a]	0.2740[c]	0.3768[ab]	0.3702[ab]
0~15	C_j	0.1411[d]	0.2075[c]	0.2529[ab]	0.1534[d]	0.2770[a]	0.2498[b]
	C_s	0.2472[c]	0.3437[b]	0.4036[a]	0.2655[c]	0.4336[a]	0.3997[a]

8.3.3 持久库中种子与地上植被的关系

如表8-12所示，持久库中种子库与地上植被的相似性系数C_j和C_s的趋势大体一致。C_j和C_s在0~7 cm和0~15 cm土层的变化趋势一致，均随着放牧强度的增加先降低后升高，中度放牧处理的相似性最低，重度放牧处理的相似性最高。但是在7~15 cm土层的相似性系数的变化趋势与其他土层完全相反，是随着放牧强度的增加先升高后降低，最小值出现在对照处理，其次是重度放牧处理，相似性系数的最大值出现在轻度放牧处理，其后随着放牧强度的增加相似性系数逐渐降低。

表8-12　持久土库中种子与地上植被的相似性

土壤深度（cm）	相似性指数	CK	LG	LMG	MG	MHG	HG
0~7	C_j	0.1556[a]	0.1626[a]	0.1677[a]	0.1001[b]	0.1622[a]	0.2059[a]
	C_s	0.2691	0.2796	0.2869	0.1803	0.2791	0.3391
7~15	C_j	0.0715[c]	0.2037[a]	0.1546[b]	0.1391[b]	0.1347[b]	0.1112[bc]
	C_s	0.1327[c]	0.3377[a]	0.2674[b]	0.2430[b]	0.2370[b]	0.2001[bc]
0~15	C_j	0.1532	0.1716	0.1606	0.1268	0.1602	0.2033
	C_s	0.2654	0.2924	0.2766	0.2241	0.2761	0.3358

0~7 cm和0~15 cm土层中，土壤种子库与地上植被相似性最大值出现在重度放牧处理，7~15 cm土层中，相似性最大值出现在轻度放牧处理。可以看出，对于表层持久种子库来说，处于重度放牧干扰下的群落具有较高的相似性，对于7~15 cm土层的持久种子库来说，轻度干扰下的群落具有较高的相似性。与短暂土壤种子库I相比，持久土壤种子库的相似性系数较低，说明地上植被的物种类型更受短暂库中种子的影响。

8.3.4 小结

（1）放牧强度和土壤深度对3种类型土壤种子库中种子与地上植被的相似性都有显著影响。

（2）3种类型的土壤种子库中，都是中度放牧强度处理下的土壤种子库与地上植被的相似性最低。

（3）短暂土壤种子库Ⅰ和Ⅱ中，轻中度放牧处理下土壤种子库和地上植被的相似性系数最高，持久土壤种子库中，则是重度放牧强度处理下的相似性系数最高。

8.4　高寒草原土壤种子库的适应机制

短暂库Ⅰ和短暂库Ⅱ的土壤种子经过一个冬季，次年再次萌发，历经18个月萌发时长的种子，其寿命大于1年。将短暂库Ⅰ和短暂库Ⅱ中经18个月萌发和6个月萌发种子之差记为具有持久性的种子，下文就3种类型库中种子的持久性进行描述讨论。

8.4.1　高寒草原持久种子库物种组成

3种类型种子库中具有持久性的种子共计16科，32属，42种（表8-13），各科、属、种名如下：

表8-13　3种类型种子库中持久性种子的科、属、种统计表

种子库类型		CK	LG	LMG	MG	MHG	HG
短暂库Ⅰ	科	7	11	10	12	14	15
	属	10	14	15	16	20	19
	种	11	18	19	18	23	22
短暂库Ⅱ	科	8	10	9	9	10	11
	属	10	15	13	12	16	14
	种	11	17	14	15	18	15
持久库	科	9	12	11	12	11	14
	属	11	17	15	17	14	20
	种	14	21	18	23	18	24

科：车前科、豆科、禾本科、菊科、藜科、蓼科、龙胆科、毛茛科、蔷薇科、伞形科、莎草科、十字花科、玄参科、亚麻科、罂粟科、紫草科，共计16科。

属：车前属、扁蓿豆属、黄芪属、棘豆属、苜蓿属、冰草属、披碱草属、

燕麦属、早熟禾属、针茅属、白酒草属、蒿属、蒲公英属、千里光属、藜属、蓼属、龙胆属、毛茛属、唐松草属、乌头属、山莓草属、委陵菜属、柴胡属、嵩草属、播娘蒿属、荠属、马先蒿属、婆婆纳属、兔耳草属、亚麻属、角茴香属、微孔草属，共计32属。

种：瓣蕊唐松草（*Thalictrum petaloideum*）、扁蓿豆、冰草、播娘蒿（*Descurainia sophia*）、柴胡、垂穗披碱草、刺藜（*Chenopodium aristatum*）、华西委陵菜（*P. potaninii*）、黄芪、灰绿藜（*C. glaucum*）、棘豆、昆仑蒿（*A. nanschanica*）、龙胆I、龙胆II、露蕊乌头（*Aconitum gymnandrum*）、马先蒿、青海苜蓿（*Medicago archiducis-nicolai*）、平车前、婆婆纳、蒲公英、荠（*Capsella bursa-pastoris*）、柔毛蓼（*Polygonum sparsipilosum*）、山莓草（*Sibbaldia procumbens*）、疏散微孔草（*Microula diffusa*）、嵩草（*K. myosuroides*）、天山千里光（*Senecio tianshanicus*）、兔耳草、细果角茴香（*Hypecoum leptocarpum*）、狭叶微孔草（*M. stenophylla*）、香丝草（*Conyza bonariensis*）、小球花蒿（*A. moorcroftiana*）、亚麻（*Linum usitatissimum*）、燕麦（*Avena sativa*）、云生毛茛（*Ranunculus longicaulis*）、早熟禾、长叶毛茛（*R. lingua*）、长叶微孔草（*M. trichocarpa*）、紫花针茅，以及未鉴定到科的4个物种，共计42种，此外龙胆属的2个物种龙胆I和龙胆II未能鉴定到种。

整体而言，各放牧处理下3种类型土壤种子库中物种的科、属、种的数量均高于对照。有42个物种出现在所有处理中，只有播娘蒿、天山千里光、刺藜、荠和亚麻5种是偶见种，说明这5个物种的种子具有较长的种子寿命。

8.4.2 3种类型土壤种子库中持久性种子的规模

3种类型种子库的持久性种子库密度均随着放牧强度的增加呈现先增大后减小的趋势，放牧使得持久性种子的密度显著增加（表8-14），说明高寒草原植物在有放牧干扰存在的情况下，大多数物种倾向于选择大量生产具有持久性种子的繁殖策略。

表8-14 不同放牧强度下可萌发持久性种子库密度

种子库类型	土壤深度（cm）	CK	LG	LMG	MG	MHG	HG
短暂库 I	0~7	105.5±7.3[b]	618.6±162.5[a]	793.3±267.6[a]	953.4±250.2[a]	942.5±152.1[a]	982.5±218.7[a]

续 表

种子库类型	土壤深度 （cm）	CK	LG	LMG	MG	MHG	HG
短暂库 I	7~15	14.6± 3.6[c]	240.2± 88.9[b]	829.7± 216.8[a]	185.6± 60.1[b]	287.5± 69.4[b]	298.4± 113.5[b]
	0~15	120.1± 6.3[b]	858.8± 249.3[b]	1623.0± 472.8[a]	1139.0± 310.3[a]	1230.0± 158.2[a]	1230.0± 331.1[a]
短暂库 II	0~7	120.1± 18.9[b]	556.8± 145.4[a]	575.0± 82.3[a]	469.4± 12.6[a]	433.0± 69.1[a]	684.1± 258.4[a]
	7~15	40.0± 13.1[b]	313.0± 152.5[a]	353.0± 80.1[a]	145.6± 25.5[a]	127.4± 31.1[a]	294.8± 97.8[a]
	0~15	160.1± 29.8[b]	869.7± 257.2[a]	927.9± 35.1[a]	615.0± 15.9[ab]	560.4± 38.5[ab]	978.9± 343.5[a]
持久库	0~7	749.6± 73.1[c]	1859.5± 303.6[a]	1564.8± 428.3[b]	1608.4± 274.9[ab]	971.6± 38.3[ab]	1459.2± 158.5[ab]
	7~15	145.6± 42.0[b]	302.0± 90.5[ab]	378.5± 109.6[a]	323.9± 55.1[ab]	189.2± 46.5[ab]	309.3± 26.2[ab]
	0~15	895.2± 112.0[b]	2161.6± 387.7[a]	1943.2± 537.6[a]	1932.3± 260.5[a]	1160.8± 70.8[ab]	1768.6± 182.4[a]

3种类型的土壤种子库中，在轻度放牧和轻中度放牧处理下，持久性种子的密度最大，随着放牧强度的继续增加，持久性种子的密度略有减少，但还是远远大于对照处理。短暂库I、短暂库II和持久库中0~7 cm土层的持久性种子数占总种子数的75%、69%和82%，随着土层的逐渐加深，持久性种子库密度呈现下降趋势，0~7 cm土层包含了70%的种子。持久库的种子库密度就是当年的持久性种子库密度，而短暂库I和短暂库II都是在短暂种子萌发完毕后（6个月萌发时长）留存于土壤中依然保持活性的种子，由表8-14可知，短暂库中持久性种子的密度与持久库中的种子数量相当，由此可见，土壤种子库中经过18个月萌发的持久种子库数量和当时未能萌发的持久种子库数量相当，即经过18个月萌发的持久种子库密度是土壤种子库中所有具有持久性种子总量的一半。本研究表明，青藏高原高寒草原具有大量的持久性种子，而且种子数量可观，种类丰富，遗憾的是，在本研究中萌发试验总共持续了18个月，未能进行更长时间的萌发试验，在未来的研究中需要考虑延长萌发时间，以研究青藏高原高寒草原土壤中种子的持久性。

8.4.3　放牧强度对各植物功能群持久性种子的影响

禾草的持久性种子对轻度放牧处理具有积极响应，约50%的禾草物种的种子具有持久性，并随着放牧强度的增加响应程度略有降低；莎草的持久性种子库密度在轻度、轻中度放牧处理下最高，而且短暂库II和持久库中可萌发的种子数量远远高于短暂库I（生长季末期采样），可见莎草的种子具有较高的持久性，而且需要经历一段时间的低温以打破休眠方可萌发；短暂库I和II中豆科植物的持久性种子库密度在轻度放牧处理下最高，而且随着放牧强度的增加而递减，持久库中则在重度放牧处理下最高；短暂库II中的杂类草持久性种子在各个处理间无显著差异，而在短暂库I和持久库中，放牧增加了杂类草持久性种子的密度，且随着放牧强度的增加而增加（图8-6）。由此可知，轻度放牧有助于禾草和莎草植物增加持久性种子的储备，而重度放牧处理下杂类草持久性种子的增加则更为明显。

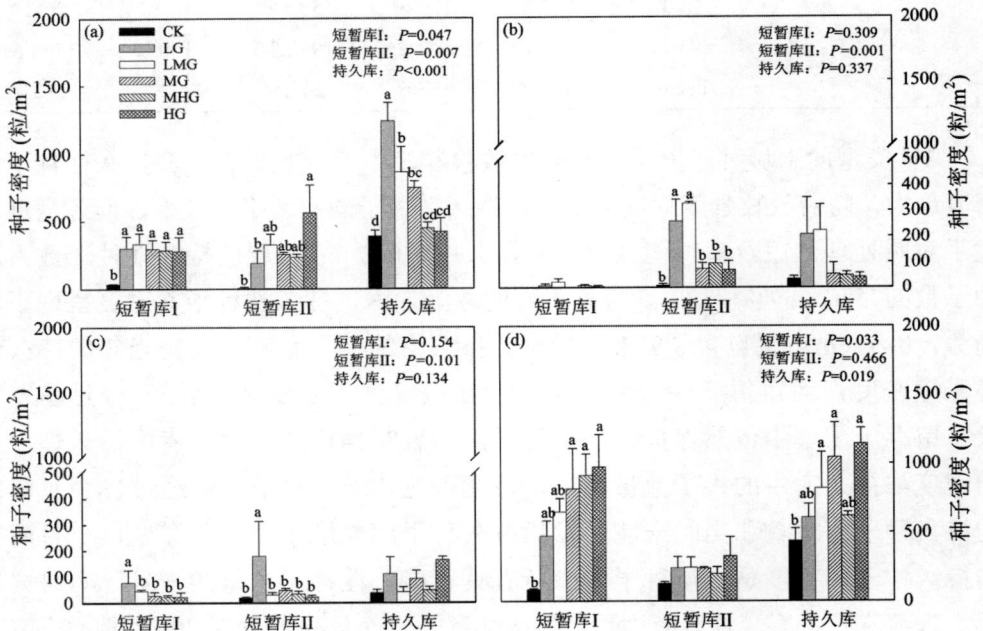

图8-6　不同放牧强度下禾草(a)、莎草(b)、豆科(c)
和杂类草(d)的持久性种子库密度

8.4.4　高寒草原土壤种子萌发策略

在放牧干扰系统中，持久土壤种子库是自然恢复潜力的体现，通过研究持久种子库规模及其组成，以及高寒草原持久土壤种子库对放牧强度的响应及适应机制，能够为深入了解高寒草原植被更新提供更多信息。由于我国对土壤种子库的研究起步较晚，尤其是对持久种子库的研究鲜有报道，如高寒草甸、典型草原和森林中持久种子库在植被恢复当中的作用等，均采用短期采样的调查形式，缺乏各种生态条件下不同干扰程度对持久种子库影响的研究。

在青海湖流域高寒草原生态系统中，两种萌发策略共存：①在放牧干扰下，大多数禾草植物的休眠时间短，萌发量大，具备快速补充地上植被物种损失的能力，因而可在短期内进行大量的有性繁殖来应对放牧压力；②以较高的休眠和部分萌发为补充策略，其中就有相当数量的禾草和杂类草植物，禾草植物种子的持久性不高，从整体看，大约有四分之一的禾草植物种子（以数量计）具有持久性，短暂库I的萌发量占37%左右，短暂库II的萌发量占36%左右，持久库的萌发量占12%左右。这些禾草植物种子的低休眠率可能是为了避免种子被捕食，相关研究发现，相比于小型种子，大型种子和中型种子更易被蚂蚁捕食。而杂类草的持久性种子不仅物种组成多样，而且数量也比较多，约占三分之一，且随着放牧强度的增加而增加。莎草科和豆科中持久性种子的数量则较少。

禾草植物的土壤种子库规模在轻度放牧和轻中度放牧处理下最大，说明轻度放牧有助于禾草植物的繁殖，随着放牧强度的增加，具有小种子的物种比具有大种子的物种在整个群落中更具有优势，即放牧强度影响了地上植被、土壤种子库的种子大小和丰富度的关系，随着放牧强度的增加，种子大小和物种关系发生了变化。本研究表明，在高寒草原群落中，轻度放牧有利于土壤种子库中大种子物种增加物种丰富度和规模，重度放牧则有利于具有小种子的物种生存和繁殖。因此，随着放牧强度的增加，小种子物种比起大种子物种更具备竞争优势。在紫花针茅高寒草原生态系统中，两种策略并存，可以用胁迫耐受性和繁殖力之间的权衡机制来解释。

8.4.5　萌发周期对高寒草原土壤种子库研究的重要性

本研究通过对萌发周期6个月和18个月的土壤种子库各项指标进行统计分析

后发现，土壤种子库萌发18个月的数据与萌发6个月的数据差异显著，尤其是对不同放牧强度响应上的差异明显，进一步证实了采用萌发周期为6个月的直接萌发法来代表可萌发的土壤种子，在一定程度上低估了真实土壤种子库规模等各项指标。

土壤种子库规模方面：放牧强度、种子库类型和土壤深度极显著地影响了萌发周期6个月和18个月的土壤种子库密度，但是放牧强度和种子库类型的交互作用从显著变为极显著，放牧强度和土壤深度从没有显著交互作用变为显著，种子库类型和土壤深度没有显著交互作用变为极显著。

土壤种子库不同生活型方面：不同萌发周期下，植物生活型土壤种子库密度的差异变化明显。数据表明，种子库类型对二年生物种种子库密度的影响，从差异不显著变为极显著。放牧强度对短暂库I的多年生物种的种子库密度的影响，从没有显著差异变为极显著差异；放牧强度对短暂库II的一年生物种的种子库密度的影响虽然没有达到显著差异，但是P值从萌发周期6个月的0.716变成了萌发周期18个月的0.078；对持久库的一年生物种的种子库密度的影响，从没有差异变为显著差异。

土壤种子库不同功能群方面：不同萌发周期下，植物功能群土壤种子库密度的差异变化明显。放牧强度对萌发周期6个月的莎草植物的种子库密度有显著影响，但是在萌发18个月后，变成了极显著。采样时间对萌发周期6个月的豆科植物的种子库密度有显著影响，但是萌发18个月后，变成了极显著影响。放牧强度对短暂库I多年生物种的种子库密度影响的方差分析表明，P值从萌发周期6个月的0.008变成了萌发周期18个月的0.047，从极显著差异变为显著差异，说明延长萌发时间后，多年生物种的种子萌发量十分可观，多年生种子具有一定的持久性。在持久库中，放牧强度对萌发周期6个月的杂类草物种的种子库密度的影响没有达到显著水平，但萌发18个月后，影响显著。在短暂库I中，放牧强度对萌发周期6个月的杂类草物种种子库密度没有显著影响，但萌发18个月后，影响显著。

以上结果都表明：萌发周期对可萌发土壤种子库各项指标影响很大。另外，在萌发18个月后，将3种类型种子库的发芽盆随机留存一部分，冬季漫灌后等到来年春天时，又观测到土壤中有零星幼苗破土，说明，高寒草原土壤种子库中持久种子库中种子的持久性超过2年。因此，我们建议，在研究高寒地区的土壤种子库时一定要将种子的萌发时间延长到18个月以后，甚至更长，以期获得最大的萌发量。

8.4.6　小结

（1）持久性是高寒草原大多数物种的种子策略。

（2）高寒草原土壤种子库对放牧干扰采用了两种策略共存的适应机制。

（3）轻度放牧有助于高寒草原上具有大种子的物种储藏持久性种子，重度放牧则有助于提高具有小种子的物种的竞争力。

（4）萌发时长对可萌发土壤种子库的影响很大，建议研究高寒地区的土壤种子时一定要延长萌发时间到18个月，甚至更长，萌发6个月的数据不足以代表高寒地区真实的可萌发土壤种子库。

8.5　讨论与结论

经过对持久种子库和短暂种子库数量进行统计分析后发现，与对照样地相比，除了持久种子库的7~15 cm土层的种子库密度以外，所有放牧样地的土壤种子库密度均显著高于对照样地。这表明，放牧显著增加了持久种子库和短暂种子库规模，造成这一结果的原因可能是放牧家畜对不同植物的喜好程度不一，因此不同放牧强度下，草地群落的地上生物量也有很大差异，合适的放牧强度可以促进牧草的生长。在青藏高原，植物的有性繁殖比重会随着放牧强度的增加而显著增加，因此，受干扰地区的植物比起不受干扰地区的植物，更有可能倾向于在有性繁殖上加大投资，生产出更多的种子。另外，在本研究样地以往的研究中也已证实，连续放牧3年以后，在优势种不变的情况下，伴生种的生态位已经发生了明显的变化（郑伟等，2013），杂类草的竞争力增强了，所繁育出来的种子也更多。

在本研究中，持久种子库的密度最大值出现在轻度放牧样地，短暂种子库的密度最大值出现在轻中度放牧样地，而没有出现在重度放牧样地。有研究认为，在干扰条件小的情况下，与持久性相关的性状会得到青睐，而在干扰条件大的情况下，繁殖性能比较强的更容易留存下来。Wu等（2015）指出，种子大小与幼苗数量和成年植物有正相关关系，他们认为轻度放牧有利于群落中大种子物种的生存，增加了大种子物种的丰富度，这些物种生产了更多种子对土壤种子库做出贡献。

本研究中，随着放牧强度的增加，中度放牧样地的密度又略有下降，但仍然远高于对照样地。然而，在重度放牧样地，土壤种子库密度又呈现上升状态，种子库密度的数值仅次于轻度放牧样地排在第二位。这与O'Connor和Pickett（1992）在南非、Solomon等（2006）在埃塞俄比亚草原上观察到的现象一致，即轻度放牧下的种子库密度比重度放牧下的密度大。这可能是因为重度放牧样地中，有很多毒杂草，而那些多年生的毒杂草种子小且多。相关研究普遍认为，地上植被以多年生物种占据主导地位的群落中，多年生物种主要以无性繁殖为主，对土壤种子库的贡献很小。但在本研究中，土壤种子库多年生物种不论是物种数还是各物种的密度，禾本科物种占很大比例，另外短暂土壤种子库中杂类草种类也很多，因此，多年生物种对土壤种子库的贡献很大，一年生、二年生的杂类草贡献的种子则很少。

放牧家畜对杂类草的繁殖还有辅助作用。比如，在对藏羊粪便的研究中发现，粪便中的物种多是杂类草，甚至还有有毒植物（景媛媛等，2014），而藏羊的踩踏行为会造成羊粪粪球的开裂，从而对粪便内种子的幼苗萌发产生积极影响（Davis，2007），放牧强度的增大会造成更多的粪球开裂，使得更多的杂类草种子获得萌发的可能性。研究表明，与不放牧相比，轻度放牧条件下的毒杂草比例下降了42%，Schuster等（2016）发现在重度放牧情况下，毒杂草的比例增加了301%。种子是有性繁殖的产物，来自不同亲代的基因重组，会产生遗传多样性更高的后代，土壤种子库可以通过保持突变的种子，从而萌发出的种子具有更多的抗性，比如耐牧性，所以土壤种子库是新基因型的来源。有研究指出（Groen et al.，2016），蜜蜂更倾向于光顾那些受感染的植物，而且要比健康植物多出3倍，致使受感染的病株比健康的植物生产更多的种子。本研究认为，放牧家畜对植物的啃食和践踏也会导致植物散发某种特殊气味，但是否可以吸引某种昆虫更频繁的光顾，繁殖更多的种子，以产生具有对放牧具有遗传抗性的种子及植株，这需要进一步的研究。

短暂库I的物种丰富度整体上高于短暂库II。有研究表明，类型I的土壤种子库中短暂种子的数量和种类都比类型II多（Klaus et al.，2018），类型I的种子能够在适当的条件下立刻萌发，而在类型II，休眠种子较多，春季时未发芽，成为持久土壤种子库的一部分。这与Shang等（2016）的研究结果不同。在他们的研究中，短暂库II的种子萌发物种数要高于短暂库I可萌发物种数，可能是因为在高寒草甸的短暂库I中，持久性种子的占比更大，而在高寒草原的短暂库I中，短寿命种子占比更大。持久土壤种子库丰富度最低，是因为种子库里面的种子都是具有持久性的长寿命种子，不同的物种有不同的休眠期，哪怕是同一物种，也会因小环境的不同，而发生休眠时间长短不一的情况。所以，本研究中所有放牧样地的物种丰富度都高于对照，这说明有很多的物种需要干扰来打破休眠，干扰可能是导致土壤种子库损耗的必要条件。

放牧强度增加了短暂种子库的物种丰富度，这与前人研究一致。一般来说，草原种子的扩散能力较低，因此放牧增加物种丰富度的原因可能是：①放牧家畜可以通过体表（皮毛、蹄瓣）和粪便帮助种子扩散，这就使得栖息在破碎生境的小种群有了扩张的机会，提高了物种丰富度；②放牧家畜的践踏使得更多的种子进入土壤当中，因践踏而裸露出来的地表也为其他物种的入侵和建植提供了机会；③放牧通过增加地上植被的物种多样性来增加土壤种子库的物种多样性。有研究证实，在土壤种子库中，轻度放牧草地比重度放牧草地具有更高的物种多样性，说明重度放牧既不利于地上植被的丰富度，也不利于土壤种子库丰富度。然而，这种情况并没有发生在本研究中，本研究的结果显示轻度放牧处理下的物种丰富度高于中度放牧处理，而且随着放牧强度的继续增加，重度放牧处理下出现再次升高的现象。另外，本研究中连续放牧增加物种丰富度和前人报道的持续放牧增加了小种子物种的丰富度相一致；④有研究报道，部分物种每年都生产种子，也有一些物种每隔几年才生产一次种子，这也许是土壤种子库物种丰富度变化的部分原因。

因为多年生草本植物几乎完全依赖营养繁殖，所以诸多研究都认为多年生物种对土壤种子库的贡献很小。在本研究中，重度放牧处理中多年生草本植物的比例很大，其中包括一些寿命较长的杂类草，结果显示多年生物种对土壤种子库的贡献很大。Bertiller等（1992）认为多年生草本植物，对种子产量和种子雨的依赖程度很高，每年都要补充大量的可萌发种子，而且种子在受到干扰后会立即萌发，禾本科种子的持久性较低，会很快补充到地上植被当中。在本研究中，放牧显著增加了多年生物种数量，而非单纯增加一年生和两年生物种数量，另外，在短暂库I中禾草植物的种子萌发量要远大于短暂库II和持久库中的萌发量，说明了禾草植物种子的持久性很低，但是也有很少一部分禾草植物种子具有较长的持久性，这些禾草植物种子通过有性繁殖产生具有可塑性的种子来应对放牧压力和环境胁迫；研究结果显示在3种类型的种子库中多年生物种占比都很大，说明了以多年生物种主导的高寒草原并不是只依赖营养繁殖一种方式，有性繁殖也有一定的贡献。

土壤种子库的物种组成由当前植物群落和植被历史决定，在本研究中，放牧强度对地上植被物种丰富度没有显著影响，却对土壤种子库的组成有显著影响。这看似矛盾的结果可能是由降雨造成的。Hu等（2018）报道，干旱影响土壤种子库的组成而不影响地上植物群落组成。在巴西东北部的干旱森林中，降水年际变化对土壤种子库物种丰富度的影响有48%，而对土壤种子库密度的影响只有5%（Santos et al.，2013）。由此可见，放牧和降水对土壤种子库物种丰富度均有影响，可能放牧对土壤种子库的影响依赖于当年降水情况。

在本研究中，土壤种子库中共有36种植物，其中有22种在同期地上群落调查中不存在，这意味着有60%以上的物种种子具有持久性，是持久土壤种子库的一部分。有些物种只存在于土壤种子库中，而在当地植被中没有记录，有几个因素可能导致这种情况的发生。首先，寒冷气候（年平均气温为0.6 ℃）有利于土壤库中持久性种子的存活，比如在高寒草甸海拔4000 m以上，60%以上的物种具有持久性，物种丰富度随海拔高度的增加而下降。其次，杂类草是藏羊粪便中的优势种，因为杂类草的种子通常比较小，而小种子往往不容易被咀嚼，小种子通过消化道的速度很快，在粪便中仍有萌发能力，藏羊的践踏又可以使得粪球破裂，这些种子就可以成功萌发，继而再次生产出种子，增加下一年度的杂类草数量。最后，高放牧强度增加了返回到高寒草甸的羊粪量，这其中就包括相当数量的具有持久性的种子，因此就会出现这种某些物种仅存在于土壤种子库中的情况。

土壤种子库与地上植被的相似性已经在不同的植物群落中被广泛地研究，普遍认为，在多年生植物占主导地位的草原上，土壤种子库与植被的相似性较低，而在一年生植物主导的草原上，土壤种子库与植被的相似性比较高，这是因为多年生植物主要靠营养繁殖，而通过有性繁殖产生的种子产量很低，所以地上植被和土壤种子库的相似性较低；而一年生物种则依赖于有性繁殖，因而地上植被和土壤种子库有较高的相似性。

本研究中，土壤种子库与地上植被的相似性指数（C_s值）变化在0.20~0.45之间，3种类型的种子库相似性趋势大体一致，都是先降低后升高的趋势，而且相似性指数随着土层深度的增加而逐渐降低。短暂库I的相似性稍高于短暂库II和持久种子库，是因为短暂库I中包含了很多短寿命的种子，有研究发现相似性与种子的萌发特性高度相关，种子萌发快，相似性就高，种子持久性长，相似性就低。所以，这整体上提升了短暂库I中种子与地上植被的相似性。短暂库I和短暂库II中种子与地上植被的相似性系数变化比较平缓一些，重度放牧情况下的持久库的相似性比其他处理都高，其他放牧处理和对照样地的相似性水平一样，甚至有些还低于对照。这可能是因为对照样地没有干扰，而且主要优势种是禾草，杂类草少，禾本科种子的休眠率低，萌发快，所以种子库与地上植被相似性高。

3种类型种子库的种子与地上植被之间的相似性系数随放牧强度的增加而增加。这可能是因为：①与放牧条件下种子萌发特性和土壤种子库中物种的变化有关。比如，多年生的禾本科牧草萌发快，而一年生的物种萌发与休眠的种子并存；②放牧家畜活动增加了地上植被的异质性，对具有持久种子库的散发性物种的种子散布起重要作用，因为，一般来说，草原种子的扩散能力差，种子成熟后都扩散在母株的周边，这可能导致相似性的增加，但是在放牧强度大的地区，放牧家畜通过皮毛、蹄瓣和粪便携带种子，协助种子传播，增加相似性；③放牧家畜可以通过选择性采食和践踏来增加下层光照，促进更多的物种萌发成长来增加土壤种子库与地上植被之间的相似性。

相似性低的另一种解释是由于有些物种只存在于地上植被中，而不存在于土壤种子库中，另外Santos等（2013）发现有些物种则只存在于土壤种子库中，而在当地植被调查中没有被记录。在本研究中，土壤种子库的36种植物中，有22种没有在地上植被中发现，这就意味着有许多长寿的种子储藏在土壤中。而像披针叶黄华等物种，频繁地出现在地上植被中，却从未出现在土壤种子库中。可能的原因是披针叶黄华的种子都在一个豆荚里，虽然有放牧家畜践踏，但是由于豆荚在植株上的位置或者豆荚壳的特性，豆荚不能掉落到土壤当中，因此，未能出现在可萌发土壤种子库中。

另外，我们还发现在中度放牧强度下相似性是最低的，这与Shang等（2016）在退化的高寒草甸得出的结论一致。这可能是因为中度放牧强度下，地上植被的物种丰富度是最高的，地上地下共有物种数比较低，这就造成了中度放牧强度下相似性指数最低的现象。我们的研究表明，重度放牧条件下，土壤种子库倾向于聚集更具持久性的种子的这种策略。

Bossuyt等（2006）指出，地上和地下物种之间的相似性系数在评价植被变化和帮助决策者选择管理选项方面是有用的。在本研究中，地上和地下物种的相似性指数随着放牧强度的增加而增加。这些结果有助于更好地了解青藏高原放牧条件下植物群落的演替和动态。此外，强调了确定放牧强度对研究放牧对土壤种子库影响的重要性，并从土壤种子库的角度确定最佳放牧强度，为青海湖流域的紫花针茅高寒草原放牧生态系统优化放牧管理方式提供了理论依据和数据支撑。

9

放牧对高寒草原第二性生产力的影响

　　青藏高原是中国重要的畜牧业产业发展基地，藏系绵羊作为青藏高原高寒草原主要的放牧畜种，在草原生态保护、畜产品供应、草原文化传承等方面发挥着重要作用，但由于受寒冷气候的影响，植物生长期短（仅90~120天）而枯萎期很长，牧草营养的季节不均衡现象明显，草畜矛盾十分突出，导致高寒草原家畜"夏饱、秋肥、冬瘦、春乏"的情况长期存在，而粗放的放牧管理方式及超载过牧，更是加剧了这一现象。夏秋牧草生长旺盛，营养过剩，造成营养物质的浪费；冬春牧草枯萎，营养供应不足，导致营养不良，这种供需矛盾严重影响了生态效益。同时，长期的季节性营养不均衡，使藏系绵羊育肥慢，育肥效率低，出栏周期长，加之时有发生的自然灾害，导致藏系绵羊在天然放牧情况下生态效益和经济效益都比较低下。

　　草原的第二性生产力，应包括一切以植物为食料的动物生物量的积累（姜恕，1988）。但在畜牧业中考虑的是可提供畜产品的经济动物，因此青藏高原高寒草原放牧生态系统的第二性生产力，指家畜将牧草为主的第一性生产力转化为自身动物产品后，表现出来的高寒草原的生产能力。

9.1 放牧强度对藏羊个体增重的影响

　　从图9-1可以看出，在全年连续放牧的情况下，5个放牧处理中的藏羊个体体重均呈上升趋势，其中轻度放牧处理藏羊平均个体增重最高，轻中度及中度放牧处理下次之，中重度和重度放牧处理下藏羊平均个体体重增长最慢。

　　2010年6月至2011年1月，不同放牧强度之间，藏羊体重个体平均增长未体

147

现出明显差异，均表现出6~10月初期间快速生长，11月至次年1月生长速度趋于平缓的趋势。6~9月正是牧草生长期，在轻度放牧和中度放牧下，放牧藏羊的采食行为刺激莎草和禾草快速生长，以补偿莎草和禾草的损失，但当盖度和生物量达到一定水平时，这种功能补偿又往往产生牧草的生长冗余，因此轻度和中度放牧下优良牧草（莎草和禾草）的盖度和生物量降低比较缓慢，优良牧草（莎草和禾草）的有些物种的种子就能够成熟。但莎草的茎、叶，特别是种子中，单宁的含量比较高，它会影响牧草营养的消化吸收，这是单宁基本的抗营养机理（冯定远等，2000）。因此在放牧第一年，不同放牧强度对藏羊的个体增重差异不明显。

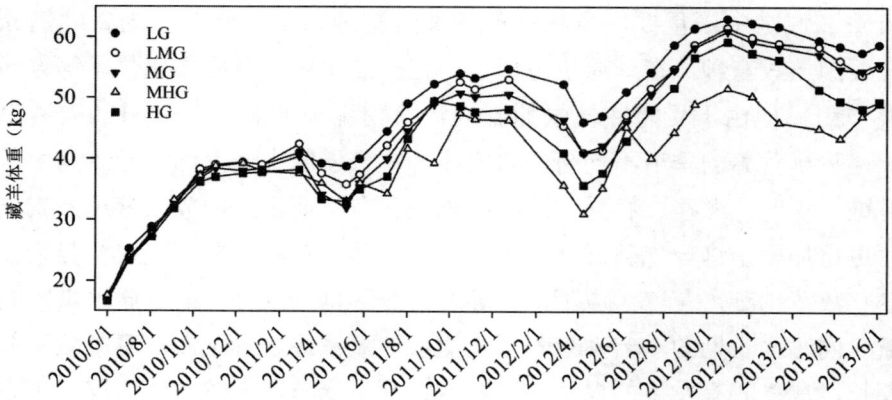

图9-1　全年连续放牧下放牧强度对藏羊体重的影响

2011年3~5月，不同放牧强度下藏羊个体平均体重均出现下降趋势，之后至10月，呈现不同程度的体重上升。在2011年11月至2012年4月，不同放牧强度藏羊个体平均体重再次出现集体下跌，之后呈现不同程度上升。2012—2013年度藏羊体重数据呈现同样趋势。

从图9-1可以看出，不同放牧强度下的藏羊个体平均体重，虽表现出体重增长幅度的不同，但基本符合暖季体重增长、冷季体重下降的趋势。此种趋势，在第二个放牧周期，即2011年6月至2012年6月尤其明显。可能的原因是，在连续放牧的情况下，随着放牧强度的增大，特别是重度放牧情况下，禾本科牧草和莎草科牧草的生长由于连续放牧的藏羊采食，其生长受到了严重的胁迫，进而影响了藏羊的体重增长。另一方面随着放牧强度的增加，草地植被变得低矮和稀疏，增加了家畜的采食频率和采食时间，相应增加了家畜的能量消耗，从而影响家畜体重。

表9-1 不同放牧强度下藏羊个体平均增重

单位：kg

放牧周期	LG	LMG	MG	MHG	HG
2010—2011 年	23.20	20.60	18.80	18.40	18.40
2011—2012 年	11.00	9.80	10.00	9.25	8.00
2012—2013 年	7.75	8.00	9.75	3.75	6.43
2010—2013 年	41.95	38.40	38.55	31.40	32.83

注：LG，轻度放牧；LMG，轻中度放牧；MG，中度放牧；MHG，中重度放牧；HG，重度放牧。

在连续放牧的整个试验期内，5个放牧处理下藏羊的平均总增重依次为41.95 kg、38.40 kg、38.55 kg、31.40 kg、32.83 kg（表9-1）。5个放牧处理下藏羊平均总增重有显著差异（$P<0.05$）。其中中度放牧仅比轻中度放牧藏羊平均总增重高0.15 kg。中度放牧比中重度放牧高7.15 kg（22.77%），比重度放牧高5.72 kg（17.42%），轻度放牧比中度放牧高3.4 kg（8.82%）。

9.2 藏羊增重与放牧强度之间的关系

9.2.1 藏羊个体增重与放牧强度间的关系

Jones和Sandland（1974）考察了从热带到温带33个不同植被类型牧场的大量放牧强度试验数据，发现家畜的个体增重y与放牧强度x（只/hm²）之间存在一种线性关系：

$$y=a-bx（b>0）\qquad（公式9-1）$$

尽管对极轻和极重的放牧强度下直线或曲线的形状存在一些争议，但对其间很大的放牧强度范围内存在着线性关系，则是人们普遍接受的（李永宏等，1999；董全民等，2003，2006）。

根据表9-1及公式9-1，可得表9-2。无论是单个放牧年度或整个放牧期，藏羊个体增重均与放牧强度存在着线性关系。这表明，高寒草原上藏羊个体增重与放牧强度之间确实存在着线性关系，放牧强度是引起藏羊个体增重变化的主要原因。

表9-2　全年连续放牧下藏羊个体增重与放牧强度之间的回归方程

	回归方程	R^2	P
2010—2011 年	$y=25.81-2.07x$	0.819	0.034
2011—2012 年	$y=12.88-1.14x$	0.881	0.018
2012—2013 年	$y=10.61-1.21x$	0.242	0.400
2010—2013 年	$y=49.3-4.42x$	0.832	0.031

回归方程中的 y 轴截距（ a ）和斜率（ b ）均不相同，一般认为 a 表示草场的营养水平。 a 值越大表示草场营养水平越高，低放牧强度下家畜个体增重越大。斜率（ b ）则表示草场在不同放牧强度下的空间稳定性（家畜在不同强度的啃食下，草场维持潜在生产力和植被组成不变的能力）及恢复能力（植被组成改变后恢复到原来状态的能力）， b 值越小个体增重减少越慢，直线 y 就趋向水平，草场的空间稳定性越好，恢复能力越强。

从表9-2可以看出，第一个放牧周期的草场营养水平（ $a=25.81$ ）高于之后两个放牧周期，且草场营养水平呈逐渐下降趋势，这是因为在连续放牧情况下，草场植被的生长会随着藏羊的采食受到逐渐增大的影响，牧草生长速度逐渐放缓，导致草场营养水平逐渐下降。

回归直线 y 与 x 轴的交点（ $x=a/b$ ）表示家畜个体增重为0的放牧强度，即在该放牧强度之下，草场只能支撑家畜的维持代谢。若高于该强度，家畜体重则呈负增长，称其为草场的最大负载能力，这也是草场理论上容纳家畜数量的能力。

9.2.2　单位面积藏羊增重与放牧强度之间的关系

当放牧强度为 x ，也即每公顷草地有 x 只藏羊时，由公式9-1，每公顷草地的藏羊总增重 y_T （ kg/hm^2 ）为：

$$y_T=ax-bx^2 \qquad （公式9-2）$$

对于每公顷的草地，若以藏羊的活重来度量其藏羊生产力，则公式9-2表示每公顷草地藏羊生产力与放牧强度之间的定量关系。因为 $b>0$ ， y_T 达到最大值的放牧强度为：

$$X^*=a/2b \qquad （公式9-3）$$

X^* 恰好是草场最大负载能力 X_C 的一半。相应的 y_T 最大值为：

$$y_{Tmax}=a^2/4b=(a/b)\times a/4=X_C\times a/4 \qquad （公式9-4）$$

表明每公顷草地的最大藏羊生产力仅由草场的最大负载能力和营养水平决定。显然，这二者一旦已知，草场的空间稳定性和恢复力也就比较清楚了。可见营养水平和最大负载能力是评价草场的重要指标。

利用公式9-3和9-4，由表9-2所列各回归方程即可得到各年度的最大藏羊生产力。

2010—2011年度、2011—2012年度、2012—2013年度、2010—2013年度，草场单位面积最大藏羊生产力分别为80.45 kg、36.38 kg、23.26 kg，而3个年度的总最大增重为137.47 kg。可以看出，在全年连续放牧的情况下，草地最大藏羊生产力在逐年下降，原因在于连续的牲畜采食，藏羊对草地的采食程度增加，严重影响禾本科及莎草科牧草的生长，导致草地牧草的数量和质量下降。

需要指出的是，在轻度放牧强度下，由于优良牧草的数量远大于藏羊的采食需求，其选择性、采食量及个体增重基本上不变；对于接近最大负载能力的重度放牧强度，可能已超出了草场的弹性调节范围，草场出现退化现象，导致负载能力下降。如果一味地提高放牧强度，追求公顷最大放牧强度，势必造成草场的进一步退化，不能保证持续地获得公顷最大增重。因此，该指标主要适用于草场状况良好、投入少、家畜支出少、经济意识不强的情况。但最大量产出、极少投入的牧业生产，从持续利用的角度，再好的草场也要退化。

9.3 最大经济效益下的放牧强度

放牧行为存在多种目的，包括维持草地生态平衡、保持放牧传统文化以及提供畜产品。畜产品交易是放牧行为最大的经济来源。而草地是土—草—畜—人相结合的复杂系统，若简单追求单位面积经济效益最大化，即畜产品产量最大，则需要提高放牧强度，这不可避免地会对草地生态造成严重甚至不可逆转的影响。畜牧业经济效益的评价与核算，要树立市场经济观念，重视放牧周期、产品价格对放牧经济效益的影响。从前文可以得知，藏羊个体增重与放牧强度存在线性关系，则可通过放牧强度、价格、支出来对单位公顷藏羊经济效益进行核算，并且求得最大经济效益下的放牧强度（汪诗平等，1999）。本文参考并改进汪诗平等最大经济效益下放牧强度的测算方法，求得最大经济效益下的藏羊放牧强度。

9.3.1 最大经济效益下的放牧强度及效益值模型

设每公顷出售藏羊利润为P，每公顷出售藏羊收入为I，每公顷放牧藏羊成本为C，则有：

$$P = I - C \qquad \text{（公式9-5）}$$

根据试验所在地实际情况，按照出售藏羊活体进行核算。出售价格为每公斤S元，初始体重为W_b，放牧期增重为W_g，放牧强度为x。则有：

$$I = Sx\left(W_b + W_g\right) \qquad \text{（公式9-6）}$$

根据公式9-1，则可转化为：

$$I = Sx\left(W_b + a - bx\right) \qquad \text{（公式9-7）}$$

式中a，b为式9-1中回归方程的系数。

C为每公顷放牧藏羊的成本支出，通常包括购买每只藏羊支出、每只藏羊补饲支出C_f、每只藏羊牲畜防疫支出C_e，每公顷草场租赁支出C_g、每只藏羊牧工劳务支出C_l、每公顷网围栏支出C_n等。设藏羊购入价格为每公斤K元，放牧时长为n年，则有：

$$C = xKW_b + nx(C_f + C_e + C_l) + n(C_g + C_n) \qquad \text{（公式9-8）}$$

要注意的是，购入价格K，应当为初始购买时间t下的实际购入价格K_t在出售日期的价格，即K_t在出售日期的终值。设利率为i，时间为t，根据复利计算，则有：

$$K = K_t(1+i)^t \qquad \text{（公式9-9）}$$

根据公式9-5，则每公顷利润P为：

$$P = SxW_b + Sxa - Sbx^2 - KxW_b - nx(C_f + C_e + C_l) - n(C_g + C_n) \qquad \text{（公式9-10）}$$

若要获得最大利润，即P值最大，则有最大经济效益下的放牧强度x_m为

$$x_m = \frac{W_b + a}{2b} - \frac{W_b K + n(C_f + C_e + C_l)}{2bS} \qquad \text{（公式9-11）}$$

将x_m代入公式9-11，即可得出每公顷最大经济效益。

9.3.2 全年连续放牧下藏羊个体增重与放牧强度回归方程

根据试验设计，短期放牧分别以放牧第一年与放牧第二年为研究对象，长期放牧以整个放牧期为研究对象。根据试验设计可得试验期全年放牧强度如表9-4，并由此获得藏羊个体增重与放牧强度之间的回归方程（表9-2）。

表9-4   全年放牧强度表

试验处理	试验用羊（只）	草地面积（hm²）	放牧强度（头/hm²）
轻度放牧	5	2.91	1.72
轻中度放牧	5	2.18	2.29
中度放牧	5	1.74	2.87
中重度放牧	5	1.45	3.45
重度放牧	5	1.25	4.00

9.3.3   短期放牧下最大经济效益的放牧强度及效益值核算

取2010—2011年，即第一个放牧周期为研究对象。取藏羊购入价K及藏羊售出价S在26~28元/kg波动，以0.2元/kg为价格区间。初始体重为W_b=17 kg，不存在补饲行为，$C_f+C_e+C_l\approx 25$元，$C_g+C_n\approx 65$元，短期放牧的放牧时长为n=1。根据公式9-11，最大经济效益下的放牧强度x_m为：

$$x_m=\frac{17+a}{2b}-\frac{17K+25}{2bS} \qquad （公式9-12）$$

此时的最大经济效益P则为：

$$P=17Sx_m+Sx_ma-Sbx_m^2-17Kx_m-25x_m-65 \qquad （公式9-13）$$

从公式9-10及9-11可以看出，在其他成本既定的情况下，最大经济效益下的放牧强度和效益值，由草地营养水平a、草地空间稳定性及恢复能力b、售出价格S及购入价格K共同决定。

根据表9-2可知，2010—2011年度，a=25.81，b=2.07，则公式9-12化为：

$$x_m=10.34-\frac{17K+25}{4.14S} \qquad （公式9-14）$$

同时，最大经济效益公式9-13则化为：

$$P=17Sx_m+25.81Sx_m-2.07Sx_m^2-17Kx_m-25x_m-65 \qquad （公式9-15）$$

则有最大经济效益下的放牧强度x_m和最大经济效益值如下表9-5及9-6。

由表9-5可以看出，2010—2011年度，在购入价K不变的情况下，随着售出价S的升高，x_m逐渐增大，呈现出正相关；在售出价S不变的情况下，随着购入价K的升高，x_m逐渐降低，呈现出负相关。若$K=S$，x_m随着K与S的逐渐增大而缓

表9-5　2010—2011 年最大经济效益下的放牧强度表

单位：只/hm²

购入价 （元/kg）	售出价（元/kg）										
	26.0	26.2	26.4	26.6	26.8	27.0	27.2	27.4	27.6	27.8	28.0
26.0	6.00	6.03	6.07	6.10	6.13	6.16	6.19	6.22	6.25	6.28	6.31
26.2	5.97	6.00	6.04	6.07	6.10	6.13	6.16	6.19	6.22	6.25	6.28
26.4	5.94	5.97	6.00	6.04	6.07	6.10	6.13	6.16	6.19	6.22	6.25
26.6	5.91	5.94	5.97	6.01	6.04	6.07	6.10	6.13	6.16	6.19	6.22
26.8	5.88	5.91	5.94	5.98	6.01	6.04	6.07	6.10	6.13	6.16	6.19
27.0	5.84	5.88	5.91	5.94	5.98	6.01	6.04	6.07	6.10	6.13	6.16
27.2	5.81	5.85	5.88	5.91	5.95	5.98	6.01	6.04	6.07	6.11	6.14
27.4	5.78	5.82	5.85	5.88	5.92	5.95	5.98	6.01	6.04	6.08	6.11
27.6	5.75	5.78	5.82	5.85	5.89	5.92	5.95	5.98	6.01	6.05	6.08
27.8	5.72	5.75	5.79	5.82	5.86	5.89	5.92	5.95	5.99	6.02	6.05
28.0	5.69	5.72	5.76	5.79	5.82	5.86	5.89	5.92	5.96	5.99	6.02

表9-6　2010—2011 年最大经济效益值

单位：元/hm²

购入价 （元/kg）	售出价（元/kg）										
	26.0	26.2	26.4	26.6	26.8	27.0	27.2	27.4	27.6	27.8	28.0
26.0	1873.8	1910.4	1947	1983.8	2020.7	2057.7	2094.8	2132	2169.3	2206.7	2244.2
26.2	1853.5	1889.9	1926.4	1963.1	1999.9	2036.8	2073.7	2110.8	2148	2185.3	2222.7
26.4	1833.2	1869.5	1906	1942.5	1979.2	2016	2052.8	2089.8	2126.9	2164.1	2201.4
26.6	1813.1	1849.3	1885.6	1922	1958.6	1995.3	2032	2068.9	2105.9	2143	2180.2
26.8	1793.1	1829.1	1865.4	1901.7	1938.1	1974.7	2011.3	2048.1	2085	2122	2159.1
27.0	1773.1	1809.1	1845.2	1881.4	1917.7	1954.2	1990.7	2027.4	2064.2	2101.1	2138.1
27.2	1753.3	1789.2	1825.1	1861.2	1897.5	1933.8	1970.3	2006.8	2043.5	2080.3	2117.2
27.4	1733.6	1769.3	1805.2	1841.2	1877.3	1913.5	1949.9	1986.3	2022.9	2059.6	2096.4
27.6	1714	1749.6	1785.4	1821.2	1857.2	1893.3	1929.6	1965.9	2002.4	2039	2075.7
27.8	1694.5	1730	1765.6	1801.4	1837.3	1873.3	1909.4	1945.6	1982	2018.5	2055.1
28.0	1675.1	1710.5	1746	1781.6	1817.4	1853.3	1889.3	1925.4	1961.7	1998.1	2034.5

慢增长。x_m数值越大，表示放牧行为在经济学意义上越有效，当$K>S$时，放牧强度x_m均小于$K<S$时的x_m，且K与S差额越大，x_m变化越明显。可以认为藏羊每公斤的售出价与购入价差额越大，放牧行为越能取得经济效益。

但由表9-5可以看出，单纯追求最大经济效益，x_m均超过试验设计的重度放牧强度，且随着S值的增大，x_m数值增大。表示如果单纯追求经济效益的放牧行为，势必会对高寒草原造成破坏。

表9-6更能清晰地看出，当S为28元/kg，K为26元/kg时，每公顷取得的经济效益P最大，为2244.2元。同时可以看到，在放牧强度x_m相同的情况下，S与K越大，经济效益P越大。即使放牧强度x_m较小，若S与K数值较大，或者$S-K$数值较大，仍能取得更高的经济效益。同理可得，若S远小于K，则x_m与P将会出现负值，即放牧已经不能产生经济效益，此时应当尽可能降低放牧人工、草地租赁、网围栏等费用，或者采用其他方式进行畜产品生产，例如舍饲。

放牧第一年最大经济效益下的放牧强度印证了放牧最大经济效益，不仅与草地营养水平、草地稳定性及恢复力、放牧人工成本等相关，更受购入和售出价格的影响。

9.3.4 长期放牧下最大经济效益的放牧强度及效益值核算

长期放牧，以整个试验放牧期为研究对象。据市场情况，藏羊购入价格K仍在26~28元/kg上下浮动，藏羊出售价格S在34~37元/kg的价格区间，以0.2元/kg为梯度。初始体重为$W_b=17$ kg，不存在补饲行为，$C_f+C_e+C_l≈25$ 元，$C_g+C_n≈65$元，放牧时长为$n=3$。根据表9-2、公式9-10及9-11，可得最大经济效益下的放牧强度x_m为：

$$x_m=7.5-\frac{17K+75}{8.84S} \qquad （公式9-16）$$

$$P=17Sx_m+Sx_ma-Sbx_m^2-17Kx_m-25x_m-65 \qquad （公式9-17）$$

与短期放牧的x_m及P相比，长期放牧情况下的C_e，C_l，C_g，C_n都在随着放牧年限的增长而不断增加。通过计算长期放牧情况下的最大经济效益下放牧强度x_m和最大经济效益值如表9-7和9-8。

由表9-7、9-8可以看出，短期放牧下最大经济效益的放牧强度和效益值核算中所表现出的规律，在长期放牧中更加明显地体现出来。由于放牧周期增长，K与S之间的差额更为明显，不同价差带来的效益差别也更大。从表9-7可以

表 9-7 2010—2013 年最大经济效益下的放牧强度表

单位：只/hm²

购入价 (元/kg)	售出价 (元/kg) 34.0	34.2	34.4	34.6	34.8	35.0	35.2	35.4	35.6	35.8	36.0	36.2
26.0	5.78	5.79	5.80	5.81	5.82	5.83	5.84	5.85	5.86	5.87	5.88	5.88
26.2	5.77	5.78	5.79	5.80	5.81	5.82	5.83	5.84	5.85	5.86	5.87	5.88
26.4	5.76	5.77	5.78	5.79	5.80	5.81	5.82	5.83	5.84	5.84	5.85	5.86
26.6	5.75	5.76	5.77	5.78	5.79	5.80	5.81	5.82	5.82	5.83	5.84	5.85
26.8	5.73	5.74	5.76	5.77	5.78	5.79	5.80	5.81	5.82	5.83	5.83	5.84
27.0	5.72	5.73	5.74	5.75	5.76	5.77	5.79	5.79	5.80	5.81	5.82	5.83
27.2	5.71	5.72	5.73	5.74	5.75	5.76	5.77	5.78	5.79	5.80	5.81	5.82
27.4	5.70	5.71	5.72	5.73	5.74	5.75	5.76	5.77	5.78	5.79	5.80	5.81
27.6	5.69	5.70	5.71	5.72	5.73	5.74	5.75	5.76	5.77	5.78	5.79	5.80
27.8	5.68	5.69	5.70	5.71	5.72	5.73	5.74	5.75	5.76	5.77	5.78	5.79
28.0	5.67	5.68	5.69	5.70	5.71	5.72	5.73	5.74	5.75	5.76	5.77	5.78

表 9-8 2010—2013 年最大经济效益值

单位：元/hm²

购入价 (元/kg)	售出价 (元/kg) 34.0	34.2	34.4	34.6	34.8	35.0	35.2	35.4	35.6	35.8	36.0	36.2
26.0	4825.4	4872.5	4919.7	4966.9	5014.1	5061.3	5108.6	5155.9	5203.2	5250.6	5297.9	5345.4
26.2	4805.8	4852.9	4900.0	4947.1	4994.3	5041.5	5088.8	5136.0	5183.3	5230.6	5278.0	5325.4
26.4	4786.2	4833.2	4880.3	4927.4	4974.6	5021.8	5069.0	5116.2	5163.5	5210.8	5258.1	5305.4
26.6	4766.6	4813.6	4860.7	4907.8	4954.9	5002.0	5049.2	5096.4	5143.6	5190.9	5238.2	5285.5
26.8	4747.1	4794.1	4841.1	4888.2	4935.2	4982.3	5029.5	5076.7	5123.9	5171.1	5218.3	5265.6
27.0	4727.6	4774.6	4821.6	4868.6	4915.6	4962.7	5009.8	5056.9	5104.1	5151.3	5198.5	5245.8
27.2	4708.2	4755.1	4802.0	4849.0	4896.0	4943.1	4990.2	5037.3	5084.4	5131.6	5178.7	5226.0
27.4	4688.8	4735.7	4782.6	4829.5	4876.5	4923.5	4970.5	5017.6	5064.7	5111.8	5159.0	5206.2
27.6	4669.4	4716.3	4763.1	4810.1	4857.0	4904.0	4951.0	4998.0	5045.1	5092.2	5139.3	5186.5
27.8	4650.1	4696.9	4743.7	4790.6	4837.5	4884.5	4931.4	4978.4	5025.5	5072.5	5119.6	5166.8
28.0	4630.8	4677.6	4724.4	4771.2	4818.1	4865.0	4911.9	4958.9	5005.9	5052.9	5100.0	5147.1

看出，长期放牧最大经济效益下的所有放牧强度均大于重度放牧强度。这体现出单一追求最大经济效益的放牧行为，必然会导致放牧强度过大，引起草场退化等一系列生态问题。因此，单一追求经济效益最大化的放牧行为，不是能够"生产—生态—生活"协同可持续发展的理性行为。

9.4 讨论与结论

通过本章放牧强度对藏羊增重的影响研究、藏羊增重与放牧强度之间的关系研究、最大经济效益下放牧强度研究，可以得知，不同放牧方式对高寒草原第二性生产力影响明显。

不同放牧强度下，藏羊个体体重随时间推移呈上升趋势。在放牧初期，不同放牧处理下藏羊体重的差异不大，随着放牧时间的推移，不同放牧强度下藏羊体重差异越来越明显，表现出随放牧强度的增加藏羊体重增重减小。不同放牧强度下藏羊体重在6~10月增重速度较快，到10月体重基本达到最大，10~12月体重变化不大，12月后，藏羊体重呈线性下降，到翌年的4月底、5月初体重达到最低。基本符合暖季体重增长、冷季体重下降的趋势。主要原因在于连续放牧的情况下，随着放牧强度的提高，特别是重度放牧情况下，禾本科牧草和莎草科牧草的生长由于连续放牧下藏羊的采食，其生长受到了严重的胁迫，进而影响了藏羊的体重增长。

藏羊个体增重与放牧强度间，存在着线性负相关关系，放牧强度是引起藏羊个体增重变化的主要原因，藏羊个体增重随放牧强度增大而减小。每公顷草地的藏羊最大生产力由草场的最大负载能力和营养水平决定。在全年连续放牧的情况下，草地最大藏羊生产力在逐年下降，原因在于连续的牲畜采食，藏羊对草地的采食程度增加，严重影响禾本科及莎草科牧草的生长，导致牧草的数量和质量下降。而在轻度放牧强度下，由于优良牧草的数量远大于藏羊的采食需求，其选择性、采食量及个体增重基本上不变；对于接近最大负载能力的重度放牧强度，可能已超出了草场的弹性调节范围，草场出现退化现象，导致负载能力下降。如果一味地提高放牧强度，追求公顷最大放牧强度，势必造成草场的进一步退化，不能保证持续地获得公顷最大增重。

获得经济效益是放牧的重要目的之一，通过模型可以得知，其他成本既定的情况下，最大经济效益下的放牧强度和效益值，由草地营养水平、草地空间稳定性及恢复能力、出售价格及购入价格共同决定。短期放牧时，在购入价不变的情况下，随着售出价的升高，取得最大经济效益时的放牧强度逐渐增大，呈现出正相关；在售出价不变的情况下，随着购入价的升高，取得最大经济效益时的放牧强度逐渐降低，呈现出负相关。最大经济效益下的放牧强度越大，表示放牧行为在经济学意义上越有效，当购入价高于售出价时，最大经济效益下的放牧强度均小于购入价低于出售价时的放牧强度，且购入价与出售价差额越大，最大经济效益下的放牧强度变化越明显。可以认为藏羊每公斤的售出价与购入价差额越大，放牧行为越能取得经济效益。但取得最大经济效益的放牧强度，均高于试验设置的重度放牧强度，表示如果单纯追求经济效益，放牧行为势必对草原造成破坏。推理可知，当售价远小于购入价时，会出现效益负值情况，即放牧已经不能产生经济效益，此时可以尽可能降低放牧人工、草地租赁、网围栏等费用，或者采用其他方式进行畜产品生产，例如舍饲。此类规律，在长期放牧中表现得更加明显。

10

高寒草地适应性管理展望

　　高寒草地是青藏高原上最主要的植被类型，既是该地区的重要生态屏障和主要生态产品输出供给地，也是发展区域生态畜牧业的重要生产资料，是实现青藏高原生态保护和高质量发展的重要基地，在青海省乃至全国生态文明建设中都具有特殊而重要的地位。然而在全球气候变化和人为因素的影响下，高寒草地退化现象十分严重。据报道，20世纪90年代时青藏高原退化草地面积约为42.51×10⁴ km²，占全区可利用草地面积的1/3，其中黑土滩（极度退化草地）面积为7.03×10⁴ km²，占退化草地面积的16.54%（马玉寿等，1999），进入21世纪以来，这一退化趋势继续增加。最近10年来，随着青藏高原生态安全屏障保护与建设工程的实施，草地的退化趋势得到了一定的遏制，但是部分草地仍然存在不同程度的退化，尤其是在干旱以及极端气候频繁发生的年份叠加不适宜的放牧活动，草地退化进一步加剧，在这些与日俱增的问题面前，突出"生产性目的"的传统草地管理方式存在天然的缺陷，明显制约着草地生态生产功能的发挥，而且面对全球气候变化和高强度的人类干扰，缺乏灵活性。如何通过有效管理以减轻全球变化和人类活动对高寒草地的不利影响、扩大有利影响，实现高寒草地结构与功能持续稳定、草地资源的有效利用、发挥其作为生态屏障和畜牧业基地的重要作用，是当前高寒草地管理亟待解决的难题。

　　适应性管理（Adaptive management），这一概念最初由加拿大生态学家Crawford S. Holling和Carl J. Walters在20世纪70年代提出，最初应用于渔业管理，后逐渐被其他学科采纳，诸如"城市绿色基础设施适应性管理""人居型世界遗产的适应性管理"和"生态系统适应性管理"等。进入21世纪以来，草地管理也开始借鉴适应性管理的模式，如美国南加州草地和澳大利亚东南部袋鼠草原的管理方式正是适应性管理的例子（Chadden et al, 2004; Wong and Morgan, 2007）。而在国内，适应性管理在草地管理中一直主要集中在理论层面，在实践中尚属鲜见（侯向阳等，2011）。"草地适应性管理"的提法最早可以追溯到2004年（杨理和杨持，2004），随后，国内发表的文章中，用到"草地适应性管理"或者相近的提法逐渐在增加（王德利和王岭，2019），这些文章中都用到了"草地适应性管理"这个术语，但并未对其给出一个较为清晰而明确的定义，这就造成了大家都在使用这个术语，但概念模糊、内涵不清晰。正如中国原子弹之父钱三强在全国自然科学名词审定委员会成立大会开幕词中所说"自然科学名词术语是进行科学技术交流的工具"，自然科学名词术语不清晰不统一，"给科学技术信息交流、科研、生产、教学工作等带来了有害的影响"，因此在科学研究中，清晰明确的定义是构建一个学科范式的基础。本书的前九章以青藏高原高寒地区的紫花针茅高寒草原为研究对象，探讨了高寒草地"土—草—畜"界面对放牧制度和放牧强度的响应，在此基础上，结合40余年以来在青藏高原高寒草地的基础理论研究和应用示范研究的成果，我们将尝试定义"高寒草地适应性管理"，并从现实需求、理论基础和实现途径三个方面对青藏高原高寒草地的适应性管理展开论述，对高寒草地适应性管理的理论建立和技术研究做初步探讨，希望对新时代草地管理的发展起到一些积极的推动作用。

10.1 高寒草地适应性管理的现实需求

高寒草地是青藏高原上最主要的植被类型，其面积约占青藏高原总面积的60%，长江、黄河、澜沧江发源于此，"中华水塔"滋养了中华大地，塑造了华夏文明；作为国家生态安全战略布局"两屏三带"的重要组成部分，高寒草地承担着保障我国乃至东亚地区生态安全屏障的重要功能；依托于高寒草地的畜牧业，自新石器时代，就为生活在这里的先民们提供生产生活资料，进入现代社会以来，高寒草地作为我国乃至东亚地区的重要生态屏障、现代畜牧业发展基地和民族团结社会稳定基石的作用愈加凸显。然而由于高寒草地固有的脆弱性和敏感性，加之青藏高原是全球变化的敏感区，以及在人类活动日益频繁的影响下，高寒草地的管理面临着极大的挑战。如何在全球变化和人类活动影响剧烈的情况下，实施合理而有效的草地管理，使草地结构与功能持续稳定，草地资源效力获得充分发挥，维持高寒草地生态系统功能，提升草地畜牧业发展，实现"一江春水向东流"、践行"绿水青山就是金山银山"的生态文明理念，是当地牧民和各级政府的现实需求。

10.1.1　高寒草地生态系统的固有属性：脆弱性和敏感性

青藏高原的地质历史发育极其年轻，受多种因素共同影响，形成了地球上最高、最年轻、水平地带性和垂直地带性紧密结合的自然地理单元。青藏高原总面积为$250×10^4$ km^2，平均海拔4000 m以上，因此有"世界屋脊""第三极"之称。

从2.4亿年前的印度板块运动开始，到距今1万年之前，数次的地质构造运动，使得青藏高原不断抬升，造就了巨大海拔的同时，也形成了高山大川密布、地势险峻多变的复杂地貌。其平均海拔远超同纬度周边地区，同时海拔落差极大（海拔8848.86 m的珠穆朗玛峰与海拔1503 m的金沙江之间），因而青藏高原呈现出了独特的气候特征。总体来说，青藏高原上太阳辐射强烈，日照多，气温低，积温低，气温随高度和纬度的升高而降低，昼夜温差大，冬季漫长寒冷且经常伴有大风，夏季短暂凉爽；大部分地区降水量较少，且多集中于夏季，春夏之际（4~5月间）易发生雪灾。

极宽的经纬度范围和巨大的海拔差引起了青藏高原上水分热量差异、在复杂地貌地表形态的共同作用下，青藏高原逐渐形成一个水平地带性和垂直地带性紧密结合的、特殊的广袤区域，使得整个高原生态系统具有丰富的多样性，也因此，脆弱性成为青藏高原生态系统的固有属性。

作为青藏高原上最大的植被类型，高寒草地生态系统的脆弱是其本质特征之一（杨白洁，2011），组成该生态系统的物质和能量具有动态不稳定性质，对外力作用的响应具有快速易变的特点，其脆弱性还体现在对全球变化和人类活动的响应的高度敏感上。通常，生态系统有自身的临界性，其中的生物对其所处的环境有独特的适应机理，生物与环境之间的平衡极其精巧和微妙，因而也很容易被打破，很有可能由于一个触发点而引致其他一系列反馈过程。国际生物地球圈计划（International Geosphere-Biosphere Program，IGBP）将其列为全球14个生态脆弱区之一。脆弱的生态系统、成土时间短、土壤层薄、严酷的自然条件，使得高寒草地植被对外界干扰十分敏感，一旦破坏，难以恢复。黑土滩正是青海省三江源地区高寒草地植被遭到外界干扰而被破坏之后，草地呈现出极度退化的状态，自20世纪90年代起，一代代的高原科研工作者为破解黑土滩的形成机理、研发有效的恢复措施付出了巨大的努力，国家和地方政府为治理黑土滩投入了巨额的资金，历经30余年，黑土滩极度退化草地的恢复治理依然是高寒草地生态保护和利用中的重点和难点。

10.1.2 全球变化的敏感区和中国气候变化的启动区

由于独特的自然地理环境，青藏高原是全球变化的敏感区和预警区，也是中国气候变化的启动区。作为世界第三极，青藏高原是维持各类生态系统相对稳定和良性循环，以及地球生命系统持续发展的关键地理单元。青藏高原边界的动力和热力强迫作用改变了周遭的大气环流，形成了高原季风，对我国乃至欧亚大陆的气候产生着深刻影响，因此青藏高原生态系统的变化深刻影响着区域、甚至全球的气候，同时青藏高原生态系统也被认为对全球气候变化更为敏感，系统的行为往往比周围地区更早、更明显地预兆全球变化，是全球变化信号的放大器。

青藏高原在全球气候变化和社会经济剧变的双重作用下，已发生并且持续发生着显著的改变。随着青藏高原与外界之间交通体系的建立和发展，大量外来人员涌入，给当地原本就有限的环境承载带来了更大的压力，区域的生态系统和野生生物被诸多人类经济活动威胁，生物多样性遭到极大破坏，生态系统稳定性降低、结构失调、功能减弱，为区域社会经济发展、牧民生产和生活、生态安全等造成了极大的负面影响。

2017年，我国第二次青藏高原综合科学考察研究正式启动，在2018年9月5日发布的首期成果[1]显示：在过去50年来，青藏高原及其相邻地区冰川面积退缩了15%，高原多年冻土面积减少了16%；青藏高原大于1 km^2的湖泊数量从1081个增加到1236个，湖泊面积从$4×10^4$ km^2增加到$4.74×10^4$ km^2；雅鲁藏布江、印度河上游年径流量呈增加趋势，中亚阿姆河、锡尔河和塔里木河数十条支流径流量增长更为显著。亚洲水塔失衡伴随灾害频发，2016年西藏阿里地区阿汝冰川发生冰崩，造成了严重的人员伤亡和财产损失，威胁着亚洲水塔的命运。

过去35年间，青藏高原生长季平均植被指数显著增加，但2000年以来其增加趋势减缓；青藏高原碳汇功能显著增加，但未来气候变暖导致的冻土融化可能降低生态系统碳汇功能；高山树线上升增加了森林生物量，但压缩了高寒灌丛—草甸的生存空间，可能会增加高海拔特有物种消失的风险；气候变暖对农业生态系统也造成潜在风险。

注：[1]2018年9月5日，第二次青藏高原综合科学考察研究于西藏拉萨发布了首期成果。

10.1.3 高质量发展和高品质生活的需求

根据考古及文献资料，畜牧业一直是生活在高寒牧区人民的支柱产业，在过去，牧民生活资料90%以上依赖于畜牧业，包括衣、食、住、行等方面。尽管随着经济社会的发展，畜牧业在当地国民经济中的占比降低，根据《青海统计年鉴2020》，随着社会经济的发展，青海省已经从当初依赖农牧业的产业情况到如今"三二一"的产业结构。1952年第一产业在全省生产总值中占比为73.6%，到2000年时第一产业占比为15.2%，2019年这一比值已降低至10.3%（图10-1）。尽管如此，畜牧业依然是青藏高原地区的支柱产业和特色产业，是当地牧民的重要生计来源，牦牛和藏羊养殖是社会经济发展不可或缺也不可割舍的部分。

在传统畜牧业管理方式下，牧民们对草场的利用率非常低，而且由于缺乏现代化技术手段，很难全面、便捷地掌握牧草生长、气象灾害和动物疫情等信息，只能被动地适应环境与接受灾情，通过放牧获得经济收益充满了不确定性。正是由于这种不确定性，草原牧区通常是贫困人口的集中分布区，而且深度贫困人口的比重较大。因此，在传统的放牧方式下，牧民维持生计困难，草原生态形势严峻，畜牧业的发展效率低、消耗大、效益低，形成了恶性循环，这与新时代下人民追求美好生活的愿望是不符合的，与青藏高原重要生态屏障功能的发挥是不符合的，与青藏高原高质量发展的需求是不符合的。

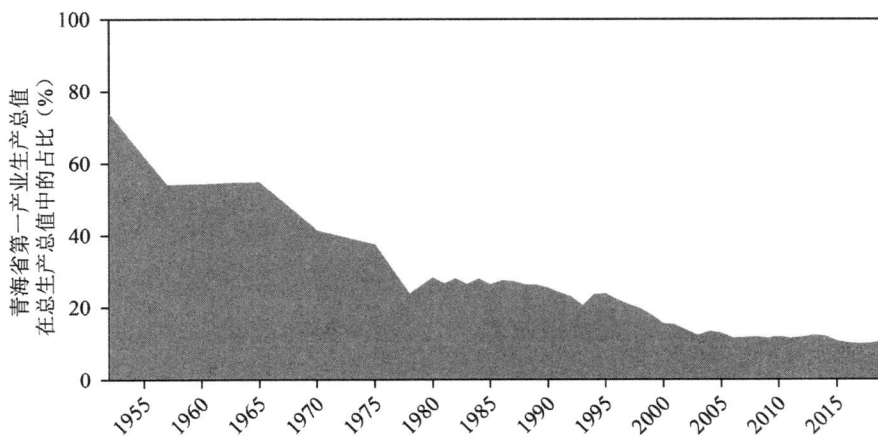

图10-1 第一产业在青海省生产总值中的占比（数据源自《青海统计年鉴2020》）

综上所述，一方面，青藏高原高寒草地所固有的脆弱性和敏感性决定了在全球变化和人类活动影响下，该生态系统愈加复杂，不确定性增加，这将使草地生态系统可持续性维持的难度增加；另一方面，人类对草地的需求已经从单纯的可以产出畜产品的"生产资料"，上升到可以同时直接使用的"生活资料"，以及对其"生态服务功能"（生物多样性维持、水源涵养等）和"生态产品"（旅游、文化传承等）进行消费，即草地的生态、生产、生活功能的全方面需求已日益突出。因此，要充分发挥高寒草地作为我国乃至东亚地区的重要生态屏障、现代畜牧业发展基地和民族团结社会稳定基石的作用，实现高寒牧区社会经济的高质量发展，保障牧民过上高品质生活，转变草地管理理念和管理方式，实行适应性管理势在必行！

10.2 高寒草地适应性管理的概念和内涵

10.2.1 高寒草地适应性管理的概念

高寒草地适应性管理，是基于高寒草地的当前状态，遵循"土壤—植物—家畜—人"系统内各界面结构以及过程和规律，充分考虑环境要素（气候变化和人类活动）的复杂性和多变性，最终实现高寒草地结构稳定、生态系统服务功能持续输出的动态管理过程。

10.2.2 高寒草地适应性管理的内涵

根据概念，高寒草地适应性管理的内涵包括以下内容：

（一）高寒草地生态系统的结构、功能与生态学过程

高寒草地生态系统作为一个特定的地理空间单元，具有特定的结构和功能，是一个结构和功能的统一体。草地生态系统的结构表现为内部各个组成部分（生产者、消费者、分解者以及非生物环境）之间在连续时空上的排列组合方式、相互作用形式以及相互联系规则，其功能则是系统在相互作用中所呈现出来的属性。高寒草地生态系统的功能决定于它的结构，多样性和整体性取决于不同层次的结构和生态学过程，因此对具有特定结构和功能的生态系统进行管理，必须是要在遵循系统结构、功能和生态学过程的规律的基础上进行调控而实现。

（二）高寒草地的当前状态

高寒草地管理目标的实现是以其可提供的生态系统功能为前提的，草地管理措施要顺应草地当前的状态。人类和家畜是草地生态系统中的重要组成部分，参与了物质循环和能量流动，合理的放牧利用有利于保持草地生态系统的健康稳定，因此对未发生退化的健康草地，应当以科学合理利用为原则，优化放牧管理方式，提升利用水平，维持草地结构和功能持续稳定，充分发挥高寒草地的资源效力。对已发生退化的高寒草地，应当明晰退化状态、形式和成因，在此基础上采用差异化的恢复方式，提升草地的恢复效率，达到健康状态。

（三）气候变化和人类活动的影响

气候既是高寒草地的主要环境条件，也是草地生产中不可缺少的资源，气候变化会对高寒草地的结构、功能和生态过程（多样性、生产力、碳及养分循环）等产生影响，而日益剧烈的人类活动带来的大气CO_2浓度升高、氮沉降增加、生物多样性丧失等，都影响了草地生态系统的稳定性，增加了生态系统变化的不确定性。因此在草地管理利用过程中，管理要素不能仅限于传统的"土壤—草地—家畜"，应当将气候变化和人类活动的影响纳入管理策略中。

（四）动态管理过程

高寒草地生态系统是一个开放的、动态的生态系统，与外界环境间无时无刻不发生着物质、能量和信息的交换，因此外部环境的变化会影响到系统的行为。由于草地生态系统本身具有对环境干扰的自适性（self-adaption）或抵抗性（resistance），在一定的范围之内，系统可自我调整保持相对稳定性，表现为生态系统特征的状态变量是动态的，是随着时间发生变化的，以及生态系统内部存在多种机制的反馈回路。因此适应性管理必须是根据草地生态系统的状态不断积累经验和反馈知识、不断优化调整的动态管理过程。

10.3 高寒草地适应性管理的理论基础

10.3.1 适应性管理概念的提出及其应用

进入20世纪以来，由于第一次工业革命（18世纪60年代以来，以蒸汽动力技术为标志）和第二次工业革命（19世纪70年代至20世纪初，以电力技术为标志）的迅猛发展，人类对地球资源和环境的影响日益深远，人类需求和自然资源供应之间的矛盾日益加剧，自然资源管理成为世界范围的难题和挑战；同时，在此阶段，科学技术也取得了突破性的发展，人们对事物的认识越来越深刻，传统的还原论（reductionism）"将高层的、复杂的对象分解为较低层的、简单的对象来处理"的方法论在解决复杂的、动态的、充满不确定性的自然资源管理问题时存在诸多困难。在可持续发展时代，科学家、管理者和经营者亟待打破"还原论"的桎梏，建立新的科学范式（paradigm），用更科学的方法管理自然资源，实现资源的可持续利用，在这种背景下，"适应性管理（adaptive management）"应运而生！

加拿大生态学家Crawford S. Holling和Carl J. Walters在1978年出版的《环境自适应评估与管理》（*Adaptive Environmental Assessment Management*）一书，首次明确提出了"适应性管理"的概念，旨在克服以往静态评价和管理环境资源中的局限性。不同于传统的管理理念，适应性管理强调：①管理对象的不确定性；②管理过程的"学习性"，即通过实施可操作性的计划，获取新的知识和经验，进而不断优化管理策略的系统化过程。

在Holling和Walters提出"适应性管理"概念后，其整体性思维、系统性思考、学习型核心和追求持续性改进的管理设计，受到了科学界和管理实际工作者的广泛关注。在1993年出版的"*Compass and gyroscope*：*integrating science and politics*"一书中，Kai N Lee 指出适应性管理是生态系统管理方法之一，承认并强调系统的不确定性，把生态系统的管理过程视为试验过程，从试验中不断学习和总结经验。其后，在森林生态学、流域综合管理等领域，学者们对适应性管理的概念作出了进一步阐释。

适应性管理概念提出以后，最初被应用到了渔业管理中（从濒危物种的保护到大海洋生态系统的管理等），到20世纪90年代时，在北美和澳大利亚已有了广泛的应用。2003年开始，澳大利亚地方管理部门对大堡礁海洋公园生态系统启动了适应性管理，充分考虑干扰和变化在大堡礁社会—生态系统中的作用，并以法律的形式确保适应性管理策略的实施。此后在水资源管理、森林资源管理领域适应性管理策略也被采用，尤其是在解决美国西北森林资源管理问题以后，适应性管理更是作为自然资源管理的专用方法，广泛应用于自然资源管理、生态系统管理和国家公园管理。进入21世纪以来，多国政府纷纷出台各种适应性管理指导、标准、指南和研究报告。

在人类发展的漫长历程中，草地始终被视为一种"生产资料"，其核心功能是为家畜和野生动物提供饲草和栖息地，即草地的功能主要是为畜牧业生产而服务，因而人类对于草地的管理，通常是以生产草畜产品为目的的，通过在草地上放牧家畜或者通过刈割收获饲草进行动物饲养，以获得肉、奶、毛、皮等畜产品，因此传统的草地管理突出的是"生产性"目标。在这漫长的历史时期中，尽管草地的生态功能并未被重视，但生产功能和生态功能基本没有出现大的、长期的匮乏情况，人类需求和草地资源之间存在着动态平衡。新中国成立后，受"以粮为纲"思想、工业化、城镇化发展的影响，草原面积不断被侵占，持续减少。与此同时，牧区人口数量和牲畜数量持续增加，使得以"生产性"目标为导向的草地管理方式，造成了草地负荷过度。加之工业革命以来全球气候变化的影响，草地退化问题日益突出，草地的生态功能和生产功能持续下降。进入21世纪以来，我国政府管理部门对草地利用的原则历经了从"生产为主""生产生态并重""生态优先""生产生态有机结合、生态优先"到"生态保护优先"的逐步转变，在当今全球变化和人为活动的剧烈影响下，草地管理面临着新的机遇和挑战。

在青藏高原，高海拔造就了高寒草地的固有属性：生态脆弱、生产力低、稳定性差、抗干扰能力弱，加之20世纪70年代以来，气候变化和人类活动的强烈影响，高寒草地被过度利用，草地大面积退化，生态系统结构紊乱，生产功能和生态服务功能急剧下降，这一切使得高寒草地的管理面对前所未有的挑战。当前，在青藏高原高寒草地利用过程中，管理不可再局限于草地系统本身，必须要考虑气候变化和人类活动影响，针对性地对草地进行管理，即高寒草地的适应性管理（alpine grassland adaptive management）。

10.3.2 高寒草地生态系统基础理论和应用研究的长期积累

高寒草地是青藏高原植被类型的主体，是实现青藏高原生态、生产、生活"三生"服务功能的重要载体。由于海拔高、气候恶劣、自然条件严酷，相对于世界上其他地方的草地，人类对青藏高原高寒草地的研究起步较晚，但是在新中国成立之初，青藏高原的研究就是我国国家战略层面的科技任务，在《1956—1967年科学技术发展远景规划纲要》中就将青藏高原研究列为重要内容，1973—1976年间，我国开展了首次大规模的青藏高原综合科学考察研究。这一次考察获得了大量第一手资料，填补了青藏高原部分地区和学科研究的空白，也拉开了我国对青藏高原研究的序幕。在随后的40余年中，我国科学家对青藏高原高寒草地生态系统展开了大量的基础研究，包括高寒草地结构、功能及其系统内的物质交换和能量流动、草地生产力的维持和提升、高寒草地对气候变化和放牧的响应与适应、高寒草地演变的环境—生物—土壤—功能联动机制、基于生态过程的高寒草地适应分区管理技术和典型受损生态系统功能提升关键技术的研发与示范等方面的研究工作，这些研究工作将为进行高寒草地适应性管理奠定良好的理论和实践基础。

（一）高寒草地生态系统基础理论研究的深厚积累

（1）高寒草地生态系统的基本特征

由于地处高海拔，青藏高原地区空气稀薄，太阳辐射强烈，气温很低，且地形复杂多变，气候地域差异十分明显，使得这里分布着的高寒草地生态系统（主要包括高寒草原和高寒草甸）差异很大。

高寒草地植物群落结构通常比较简单，分层不明显，一般而言，高寒草甸物种数可达30种及以上，盖度可达70%~95%，高寒草原物种数则较少，一般为20种左右，盖度也较高寒草甸低。不同草地类型之间，生产力差异较大，高寒草甸生产力可达300~400 $g/m^2/a$，高寒草原则较低，约在200 $g/m^2/a$，总体上呈现东南高西北低的空间分布格局。

青藏高原高寒草地生态系统碳循环过程具有碳储量大、净初级生产力较高、土壤有机质分解慢、较高强度和低循环的特点（与国内其他草地类型比较）。高寒草地生态系统的碳主要存在于植物和土壤中，以植物生物量和土壤有机碳及无机碳的形式存在。植物地上部分碳的现存量有明显的季节动态，随着生长季的进程经过缓慢积累、快速增加、相对稳定三个阶段，在生长季末达到最大，此量即为植物地上部分年净增量，随着生长季的结束植物地上部分枯黄、死亡，形成立枯，在冬季因动物采食，风吹等过程被消耗或者损失，植物地下根系活体接受了部分地上光合产物，由于温度低分解慢，在地下固定积累了大量的碳。杨元合（2008）于2001—2004年间对青藏高原高寒草甸土壤碳含量的调查结果显示，高寒草甸1m深度土壤有机碳密度为9.05 kg/m^2，有机碳含量为4.68 Pg，其中表层土壤（0~20 cm）有机碳量占其1 m深度总量的55%，远高于植物有机碳库（约1 kg/m^2），是青藏高原高寒草甸生态系统巨大而重要的碳库。青藏高原高寒草甸土壤腐殖质（土壤有机质的一部分，是进入土壤中的有机残体经过一系列复杂的生物化学变化后所形成的一类高分子化合物，占土壤有机碳含量的60%~70%）

以胡敏素态碳（72.13%~83.19%）为主，而胡敏素是腐殖质中无法用酸、碱及有机溶剂提取，与土壤矿物质结合最紧密的组分，极难分解。

青藏高原高寒草甸生态系统净CO_2交换量存在明显的季节变化和年际差异：高寒草地一般于4月中下旬进入生长季，此时CO_2通量形成年内的第一个高释放期，从5月开始，生态系统转而开始吸收CO_2，在7月或者8月达到吸收峰值，之后逐渐降低，而于9月末吸收转为释放，在10月达到年内第二个高释放期，11月至次年3月，CO_2释放量降到极低。生长季期内日间植被对CO_2的吸收依赖于光合有效辐射，而夜间CO_2释放则主要受土壤温度的影响，青藏高原高寒草地生态系统在不受放牧等其他人类活动干扰时是一个弱碳汇。

（2）高寒草地生态系统对气候变化的响应

青藏高原高寒草地生态系统对气候变化十分敏感，而气象实测数据和模型预测都表明青藏高原增温比其他地区更为剧烈，如张法伟等（2009）分析了青藏高原2000 m以上的97个站点气温数据，发现自19世纪50年代以来，青藏高原增温显著，每10年增温达到0.32 ℃，这个增温幅度高于北半球和全球的增温幅度。王常顺等（2013）综合分析了高寒草地生态系统在物候、生产力、碳循环等方面对气候变化的响应过程及其适应性，40余年的长期定位和遥感研究表明，气候变化下，青藏高原高寒草地的植物物候、群落生产力、物种组成和群落结构发生了较大的变化。总体上，自20世纪80年代至今，地面观测数据表明青藏高原的物候呈现出返青期提前、枯黄期延长、整个生长季延长的趋势，而遥感数据则发现，自20世纪90年代中后期到21世纪初，物候变化呈现出相反的趋势，但在2005年以后返青期又较以前提前了。

在青藏高原，低温是限制高寒草地生产力最主要的气候因子，因此温度升高和生长季延长可能有利于生产力的积累，然地面模拟增温试验和遥感数据研究的结果不尽一致。研究表明，增温对草地生产力的影响受到季节和降水量的影响：Piao等（2011）发现，春秋两季增温对生产力的促进作用高于夏季增温，因而生长季开始前后的气候条件对草地生产力有关键性的影响；在湿润区，温度是生产力的限制因子，增温通常会增加生产力，但在干旱区降水量是限制因子，增温会对生产力产生抑制作用（Xu et al., 2008；陈卓奇等，2012）。

早期的OTC（open top chamber）增温试验发现增温会导致高寒草地物种数减少，多样性降低。随后在同一研究地点，Wang等（2012）以红外模拟增温试验发现，增温对物种丰富度影响较小，但显著改变了群落中功能群的比例。Liu等（2017）结合增温降水模拟试验和青藏高原9地的长期监测数据，认为增温和降水的改变会影响群落结构和生产力在地上地下的分配模式，而群落结构的改变则维持了草地生产力的稳定。

由于高寒草地土壤中蕴含着大量的有机碳，有机碳的分解受温度影响明显，青藏高原又是全球变化的敏感区，青藏高原高寒草地生态系统碳循环过程一度是高寒草地全球变化研究的热点和难点。气候变化（增温和降水格局改变）下，作为净碳输入过程的净初级生产力与净碳输出过程的土壤呼吸异养组分之间的平衡是决定生态系统碳源、碳汇功能的关键过程（王常顺等，2013）。有研究表明，尽管增温会增加高寒草地生产力，但同时也会加快枯落物和家畜粪便的分解，从而促进土壤呼吸，而且土壤微生物活动存在对增温的驯化，因而对于限制因子不同的生态系统，其碳循环过程对增温和降水的响应不一，受温度限制的高寒草甸碳循环过程对温度变化的响应比较敏感，而受水分限制的高寒草原碳循环过程对降水变化的响应更为敏感。

（3）高寒草地生态系统对放牧的响应

在青藏高原，放牧生态学的研究正方兴未艾，放牧强度、放牧制度和放牧方式（家畜类型及其比例）等对草地生态系统的影响，均是高寒草地放牧生态系统研究的关键问题。20世纪以来，因过度放牧造成了高寒草地大面积的不同程度退化，很多研究者开展了关于放牧强度对草地生态系统影响的研究，包括对草地群落结构、生物量的影响等，大量的研究证明，不同程度的放牧均会减少地上生物量，而且使得优良牧草（禾类草和豆科植物）个体生物量降低，在群落中的比例亦降低，地下生物量通常与放牧强度负相关，对于多年放牧的草地，随着退化演替的进行，地下生物量变化趋势可能发生改变，如地下生物量会在放牧后增加，但优质牧草的根量均呈减少趋势，且放牧有促使植物的根系向土壤上层集中的趋势。然而在放牧情况下，群落净生产力不等于地上现存生物量，而是被家畜采食的生物量与地上现存量之和。McNaughton（1983）和Holechek（1981）认为放牧会通过：①减少地面覆盖物积累，提高土地水分保存率和疏枝冠叶层的光透射以及植物的光合再循环；②清除消耗资源的低效组织；③降低叶片衰老速度和引入生长刺激物（唾液）等机制使植物产生补偿生长，董全民等（2020）在青海省果洛州高寒草甸、张艳芬等（2019）在青海省海晏县高寒草原化草甸的研究均发现在中等放牧强度下，放牧可促进植物生长，草地净生产力增加。

高寒草地物种多样性对放牧的响应随研究地点、群落类型、放牧管理等呈现出不同的响应，如Li等（2017）发现不放牧条件下，草地群落多样性指数和均匀度指数高于连续放牧，但是低于返青期休牧下的各项指标，而Ganjurjav等（2019）的试验发现轻度放牧和中度放牧增加了群落的物种多样性，zhang等（2017）在青海湖流域高寒草原的研究发现，连续放牧和季节性放牧下，随着放牧强度的增加，物种丰富度和多样性均降低，相较于连续放牧，季节性放牧对群落结构的影响较小。

（二）高寒退化草地修复管理技术的突破创新

自20世纪70年代以来，高寒草地在气候变化和人类活动的双重压力下发生退化，到90年代，约有90%的草地处于不同程度的退化状态。高原科研工作者们在草地退化面积及程度确定、草地退化的影响、草地退化的成因机理和退化草地修复治理等方面开展了大量的工作（Dong et al., 2020）。

尽管不同学者之间对于退化草地成因见解不同，大多数学者都认可高寒草地退化是内因和外因共同作用的结果。

由于低温，高寒草地生态系统的物质循环和能量流动速率较其他生态系统要低，其有机质分解速率低，造成了植被和土壤之间的营养不平衡，导致其自我更新速率低，一旦遭到破坏，自我恢复需要很长的时间，这被称为高寒草地生态系统的"惰性"，这是引起高寒草地退化的"内因"。高寒草地退化的"外因"则可归为"气候变化""超载过牧"和"鼠害"三个主要因素。董全民等（2018）提出了高寒草地退化因素多因子假说，并运用层次分析法研究了高寒草地退化原因以及因素贡献率，结果表明：长期超载过牧和暖干化气候是导致高寒草地退化的主导因子，其中引起高寒草地退化的自然因素（气候暖干化和冻融侵蚀）占31.96%，而人类经济活动因素（长期超载过牧、有害生物的危害、人类不合理干扰、畜群结构不合理）则占到68.04%，因此气候变化和人类活动是导致高寒草地退化的两大外因，鼠虫害则是草地超载过牧后带来的附带产物，又对这两种因素所产生的作用推波助澜。

高寒草地退化演替的生态过程及其特征表现为：①在高寒草甸，随着退化程度的加大，植被盖度、草地质量指数和优良牧草生物量比例逐渐下降，草地间的相似性指数减小，分布在各层的植物根系量越来越少，地下根系具有浅层化特点；伴随着高寒草甸植被的退化演替和鼠害破坏加剧，土壤逐渐退化并日益贫瘠化。②在高寒草原，随着退化程度的加大，植被盖度、草地质量指数和优良牧草地上生物量比例逐渐下降，草地间的相似性指数减小，植物群落多样性指数和均匀度指数呈单峰式曲线变化规律；随着退化加剧，禾草地上生物量显著减少，杂类草类植物地上生物量先增后减,莎草科植物地上生物量的变化不大;随着植被的退化演替,土壤退化越来越严重,贫瘠化不断加剧,到重度退化阶段,旱生沙生植物出现,呈现沙化初始景观。

以地上生物量和光合速率有机质作为"活力"指数、以生物多样性和优势种比例为恢复力指数、以盖度和草地承载力为恢复力指数,构建高寒草地"活力—组织力—恢复力"三维健康评价模型,并计算草地健康指数(Health index),可定量评价草地健康程度,实现了草地健康程度的可视化诊断(董全民等,2018)。

当前,高寒退化草地的恢复治理方式主要有围栏封育、天然草地补播和人工草地建植等(Dong et al.,2020;董全民等,2017)。其中围栏封育和天然草地补播主要用于轻度和中度退化草地,而重度和极度退化草地则多用人工草地种植的方式进行修复治理。人工草地建植时主要以禾本科植物为主,如垂穗披碱草、青海草地早熟禾(P. pratensis cv. Qinghai)、中华羊茅(F. sinensis)等乡土物种,种植方式有单播和混播,并要辅以灭杂类草、灭鼠害和施肥等管理措施。然而人工草地在种植4~5年后极易发生退化,群落中杂类草增加、优良牧草比例降低、群落生物量大幅度降低,土壤养分含量减少,引发黑土滩的二次发生。黑土滩的二次发生现象使得建植的人工草地的生态效应和经济效应迅速降低,这也让人们意识到黑土滩的形成机理和恢复技术依然有诸多科学问题和技术难题需要攻克,黑土滩的修复治理任重道远!

董全民等(2018)以草地群落调查数据为源数据、选择物种丰富度、物种优势度、可食牧草生物量比例、禾本科植物盖度,群落高度、土壤0~20 cm有机质含量为参数,将退化草地进行定量分级,结合"活力—组织力—恢复力"三维健康评价模型,提出了退化草地分类分级综合治理技术。该技术将高寒退化草地分为高寒草甸和高寒草原两类进行定量评价和分级恢复:①退化高寒草甸:以原生植被盖度、可食牧草比例、退化指示种增加比例、草土比和0~20 cm土壤有机质含量为评价指标,将退化高寒草甸分为轻度退化、中度退化、重度退化和极度退化4个等级。轻度退化高寒草甸以鼠害和毒杂草防控为主的仿自然恢复模式;中度退化高寒草甸以封育禁牧、施肥、鼠害和毒杂草防治为主的近自然恢复模式;重度退化高寒草甸以补播为主的半自然半人工恢复模式;极度退化高寒草甸(黑土滩)以乡土草种建植人工草地为主的人工恢复模式。②退化高寒草原:以物种优势度、可食牧草生物量比例、禾本科植物盖度、有机质含量为评价指标,将退化高寒草原分为轻度退化、中度退化、重度退化和极度退化4个等级。轻度退化高寒草原以鼠害和毒杂草防治、封育禁牧和施肥为主的仿自然恢复模式；中度退化高寒草原以封育禁牧、补播、施肥、毒杂草和鼠害防治的近自然恢复模式；重度退化高寒草原进行以封育禁牧和鼠害防治，降低人类和动物干扰的长期半自然恢复模式；极度退化高寒草原（沙化草地）采用以乡土草种建植人工草地为主的人工恢复模式。

（三）现代生态畜牧业的如日初升

青藏高原畜牧业生产历史悠久，一直是当地的支柱产业和特色产业，近万年来，高原上的牧民在天然草原上放牧，获取生活资料和生产资料，一直延续到现在。在早期人口和牲畜比较少的情况下，游牧民族逐水草而居，对于当时的生产力有促进作用，但是随着人口和牲畜数量增多，天然草原放牧成为一种生产力水平很低的生产方式。自20世纪70年代以来，处于全球气候变化以及人口和牲畜头数增加的双重压力下，青藏高原高寒草地大面积发生退化，草地生态系统结构紊乱、功能消退、承载力大幅降低，高寒牧区陷入了"贫穷—生态环境破坏—更加贫穷"的恶性循环（董全民等，2021）。

以青海省为例，2009年时青海省的牧业人口约75万人，比1949年增长2.6倍，牲畜存栏量提高2.79倍，草地超载达到1500万羊单位，而牧民群众文化素质偏低，加之受传统观念束缚，惜售观念普遍，依然以牲畜存栏数量的多少作为家庭财富的象征，藏羊一般到5岁左右、牦牛一般到8岁以上才出栏，造成商品率和出栏率偏低。此外，高寒牧区普遍存在生产基础设施薄弱、基层技术人员严重不足的问题，导致了畜牧业生产方式落后，加之科技支撑不足、生态环境保护和建设缺乏总体规划，制约了项目和工程实施效果。最后，由于受历史、地理、环境条件限制，高寒牧区主体经济以天然畜牧业为主，产业结构单一，经济发展缓慢，畜牧业生产方式基本上仍处于传统的天然放牧状态，畜牧业基础设施仍十分薄弱，靠天养畜的传统畜牧业生产方式没有从根本上得到转变。

综上所述，青海省的草地畜牧业仍然处于传统畜牧业阶段，生产效率低下，市场发育水平不高，如何以新发展理念为指导，积极探索形成利于生态保护、民生改善、经济发展以及社会进步相协调的现代生态畜牧业发展模式，是青藏高原畜牧业转型升级发展面临的重要任务和挑战。

2014年，依据中华人民共和国农业部[1]发布的《农业部关于加快青海省藏区农牧业发展的指导意见》和《农业部关于同意设立全国草地生态畜牧业试验区的

注：[1]现为中华人民共和国农业农村部。

函》，青海省制定了《青海省全国草地生态畜牧业试验区总体规划》，自此青海省逐步探索构建了多种草原集约化利用方式，以牦牛、藏羊为特色的高原生态畜牧业不断发展壮大。本书作者及其团队，在多年研究工作的基础上，秉持"生态保护和畜牧业发展有机结合"的理念，继2015年在三江源地区开展智慧生态畜牧业的技术研发和应用研究（董全民等，2021）之后，在2018年率先提出了"现代牧场"的概念，积极探索青海省现代生态畜牧业发展的新模式：针对青海省现代畜牧业转型升级中存在的重大问题（草畜矛盾突出、天然草场退化、冷季饲草供应不足、饲草料搭配营养不均衡以及草地畜牧业经济效益差等），以生态系统的整体性、复合性、系统性以及产业链延伸性等为指导，在草业系统四个"生产层"上，对现有成熟技术进行集成配套，对关键技术进行突破创新，实现畜牧业资源优化配置，实现在"人—草—畜"三界面的精准化管理，构建具有青藏高原特色的多元化高效良性循环的现代牧场经营模式，达到现代生态畜牧业发展要求的"产出高效、绿色发展、资源节约、环境友好"目的，从而有效保护生态环境、改善民生和畜牧业转型升级，统筹推进高寒牧区生产、生态、生活协同发展，最终实现生态保护、农牧民生产条件改善、生活水平提高的总体目标，并为藏区传统畜牧业向生态畜牧业升级转型提供引领和创新范式。

10.4 高寒草地适应性管理的实现途径

10.4.1 坚持长期定位观测和野外控制试验，夯实理论基础

长期定位观测和野外控制试验一直是揭示生态学的现象、规律及机制不可或缺的重要手段。由于陆地生态系统的演替过程十分缓慢，而且生态系统过程在短暂平衡和长期动态上的表现是很不相同的，只有通过长期定位观测研究，才能对生态系统的动态、结构和各组分在生态系统中的功能进行定量的精确描述，对于揭示生态学过程及其机制、发展生态学理论具有不可替代的作用。野外控制试验通常是控制其他变量在正常水平，在较小的空间尺度和较短的时间尺度内对一个或几个因子进行升高或降低的处理来模拟环境变化，是观测陆地生态系统对环境变化（如气候变化和人类干扰）响应过程及机制的重要手段。

因此，唯有通过长期试验，才能准确描述高寒草地生态系统的过程及其规

律，唯有通过控制试验，才能阐明高寒草地生态系统的发生机制，因此在不同的草地类型上建立定位试验平台，进行长期观测研究，才能获得基础样品和有效数据，揭示高寒草地生态系统过程及其在气候变化和人类活动影响下的演变机制，建立精确的动态预测模型，为高寒草地适应性管理奠定理论基础。当前，我国科研工作者克服青藏高原恶劣的自然条件，已在高寒草地群落结构、功能及其系统内的物质交换和能量流动、草地生产力的维持和提升、高寒草地对气候变化和放牧的响应与适应等方面，取得了丰富的研究成果，这为进行高寒草地适应性管理提供了宝贵的数据和重要的理论支撑，然而青藏高原幅员辽阔，草地面积大、类型丰富，气候复杂多变，又是全球变化的敏感区，要实现高寒草地适应性管理，仍需进行更深入的高寒草地生态系统基础理论研究，包括草地退化程度和机理、草地系统"土—草—畜—人"关系、草地系统发展的定性趋势辨别与定量阈值判断依据和方法等，为高寒草地适应性管理夯实理论基础。

10.4.2 融合多学科、多维度的理论、知识和技术，建立系统思维

高寒草地适应性管理是一个复杂工程，它是基于对高寒草地生态系统不同层次、不同时空尺度规律准确把握的基础上，综合生态、经济、社会、文化等诸多方面的影响和需求、以实现系统利益最大化且以可持续为目标的管理，无疑需要系统、全面、深刻的理论和技术作为支撑，这就要求实现多学科、多维度的理论知识的深度有机融合，需要整合各个单项技术、建立技术体系，推进基础研究走向应用。

在突出"生产性"目标的传统草地管理过程中，支撑草地管理的基础理论主要是产生于草学与畜牧学的理论，如牧草的再生生长机理、家畜的营养平衡理论、单位面积最适载畜量和最大载畜量理论等。然而与其他生态系统一样，草地生态系统充满不确定性，对环境变化的响应极其复杂，而我们对草地生态系统在气候变化和人类活动影响下的关键过程及其内在作用机制等的认识十分有限，同时人类社会对草地的多样化"功能与服务"的需求日益增长，要进行草地的适应性管理必须是基于对生态系统发生、发展、运行、维持与演变机理的正确认识和准确把握的基础之上，因此，面对复杂的草地适应性管理，必须做好多学科理论、多维度知识与方法的融合，认识和了解草地生态系统及其对环境变化响应的过程和机理，建立系统思维，并将其应用到草地管理之中，以应对结构复杂、过程复杂和功能复杂的草地生态系统。

10.4.3 应用"天空地一体化"技术，构建大数据平台

高寒草地适应性管理的对象是开放、复杂、充满不确定性的高寒草地生态系统，适应性管理是一个综合的、动态的管理过程，无疑需要庞大的基础数据作为制定管理措施的支撑，然而高寒草地面积大，类型多，时空尺度变化大且存在不同程度的不确定性，尽管长期定位观测和野外控制试验在积累长时间尺度数据和机制研究具有十分重要且不可替代的作用，但对于提供大空间尺度上的基础数据存在较大的局限性，因此必须要结合多途径多手段监测和数据融合的技术，构建大数据平台，加强大数据分析，结合多学科交叉融合的研究内容，量化辨识气候变化和人类活动干扰下高寒草地生态系统的过程及其应对机制，甄别高寒草地管理的问题和需求，监测和评估草地管理的解决方案，不断修正优化，实现对草地的适应性管理，充分发挥高寒草地的资源效力。

"天空地一体化"技术是指结合航天遥感（遥感平台为人造卫星）、低空遥感（遥感平台为飞行器、气球、无人机等）和地面观测系统获取数据，并对所获得的信息进行分析，对该数据资源进一步整合，从而转化为数据信息、资源表示信息、分发共享信息以及所需要的服务管理信息等，实现对人类生产生活中的重要项目进行监测的目的。应用"天空地一体化"技术，对高寒草地生态系统进行大空间尺度和长时间尺度的监测和获取数据，构建数字高寒草地信息网络，并通过数据挖掘与开发，实现高寒草地实时动态监测与趋势预测，为高寒草地适应性管理提供信息支持。

参 考 文 献

[1] 柴永福，岳明. 植物群落构建机制研究进展[J]. 生态学报，2016，36（15）：4557-4572.

[2] 陈奥，白于，程积民. 牛瘤胃液对2种菊科植物种子萌发的影响[J]. 草地学报，2013，21（2）：327-331.

[3] 陈卓奇，邵全琴，刘纪远，等. 基于MODIS的青藏高原植被净初级生产力研究[J]. 中国科学：地球科学，2012，42（3）：402-410.

[4] 董全民，丁路明，杨晓霞，等. 高山嵩草草甸-牦牛放牧生态系统研究[M]. 北京：科学出版社，2020.

[5] 董全民，李青云，马玉寿，等. 放牧率对牦牛生产力的影响初析[J]. 草原与草坪，2003，23（3）：49-52.

[6] 董全民，马玉寿，李青云，等. 牦牛放牧强度对高寒草甸暖季草场植被的影响[J]. 草业科学，2004，21（02）：48-53.

[7] 董全民，毛学荣，陶品，等. 三江源智慧生态畜牧业平台建设——以河南泽库典型区为例[M]. 西宁：青海人民出版社，2021.

[8] 董全民，尚占环，杨晓霞，等. 三江源区退化高寒草地生产生态功能提升与可持续管理[M]. 西宁：青海人民出版社，2017.

[9] 董全民，周华坤，施建军，等. 高寒草地健康定量评价及生产——生态功能提升技术集成与示范[J]. 青海科技，2018，025（001）：15-24.

[10] 董全民，赵新全，马玉寿，等. 不同牦牛放牧率下江河源区垂穗披碱草/星星草混播草地第一性生产力及其动态变化[J]. 中国草地学报，2006，28（03）：5-15.

[11] 董全民，赵新全，马玉寿，等. 放牧强度对高寒混播人工草地群落特征及地上现存量的影响[J]. 草地学报，2012，20（01）：10-16.

[12] 董全民，赵新全，马玉寿，等. 放牧强度对高寒人工草地土壤有机质和有机碳的影响[J]. 青海畜牧兽医杂志，2007b，37（01）：6-8.

[13] 董全民，赵新全，马玉寿. 放牧强度和放牧时间对高寒混播草地牧草营养含量的影响[J]. 中国草地学报，2007a，29（04）：67-73.

[14] 董亭. 放牧强度对大针茅根系生物量及其形态特征影响的研究[D]. 呼和浩特：内蒙古农业大学，2011.

[15] 段敏杰，高清竹，万运帆，等. 放牧对藏北紫花针茅高寒草原植物群落特征的影响[J]. 生态学报，2010，3（14）：3892-3900.

[16] 冯定远，汪儆. 抗营养因子及其处理研究进展[C]. 全国畜禽饲养标准学术讨论会暨营养研究成立大会，2000.

[17] 付娟娟，益西措姆，陈浩，等.青藏高原高山嵩草草甸优势植物营养成分对放牧的响应[J].草业科学，2013，30（04）：560-565.

[18] 尕藏才丹，格桑本.青藏高原游牧文化[M].兰州：甘肃民族出版社，2000.

[19] 高英志，韩兴国，汪诗平.放牧对草原土壤的影响[J].生态学报，2004，24（4）：797-797.

[20] 耿燕，吴漪，贺金生.内蒙古草地叶片磷含量与土壤有效磷的关系[J].植物生态学报，2011，35（001）：1-8.

[21] 国家畜禽遗传资源委员会.中国畜禽遗传资源志·羊志[M].北京：中国农业出版社，2011.

[22] 韩友吉，陈桂琛，周国英，等.青海湖地区高寒草原植物个体特征对放牧的响应[J].中国科学院研究生院学报，2006，023（001）：118-124.

[23] 侯扶江，宁娇，冯琦胜.草原放牧系统的类型与生产力[J].草业科学，2016，33（03）：353-367.

[24] 侯向阳，尹燕亭，丁勇.中国草原适应性管理研究现状与展望[J].草业学报，2011，20（02）：262-269.

[25] 黄昌勇.土壤学[M].北京：中国农业出版社，2000.

[26] 霍光伟，乌云娜，吕建洲，等.不同放牧梯度上植物群落特征及优势种的生理生态学响应[J].内蒙古大学学报（自然科学版），2010，41（06）：695-702.

[27] 金晓明，韩国栋. 放牧对草甸草原植物群落结构及多样性的影响[J].草业科学，2010，27（04）：7-10.

[28] 景媛媛，徐长林，陈陆军，等.高寒草甸冷季牧场牦牛和藏羊粪中植物种子库密度和多样性[J]. 生态学杂志，2014，33（10）：2603-2609.

[29] 姜恕. 草原的退化及其防治策略初探[J].自然资源，1988，02：1-7.

[30] 李德新. 放牧对克氏针茅草原影响的初步研究[J].中国草原，1980（02）：1-8，12.

[31] 李永宏，陈佐忠，汪诗平，等.草原放牧系统持续管理试验研究：试验设计及放牧率对草-畜系统影响分析[J].草地学报，1999，7（03）：173-182.

[32] 李志强，王明玖，陈海军，等.短花针茅荒漠草原土壤种子库对不同放牧强度的响应[J].干旱区资源与环境，2010，24（06）：184-188.

[33] 刘冬伟，史印涛，王明君，等.放牧对三江平原小叶章草甸初级生产力及营养动态的影响[J].草地学报，2013，21（3）：446-451.

[34] 刘丽丽，李希来.捡拾牦牛粪对高寒草甸植物功能群特征与生产力的影响[J].中国生态农业学报，2016，24（05）：668-673.

[35] 刘钟龄.中国草地资源现状与区域分析[M].北京：科学出版社，2017.

[36] 卢华，晏玉梅.刚察县草地退化主要原因及其治理对策[J].青海草业，2007，16（02）：50-51.

[37] 雒文涛，乌云娜，张凤杰，等.不同放牧强度下克氏针茅（Stipa krylovii）草原的根系特征[J].生态学杂志，2011，30（12）：2692-2699.

[38] 马玉寿，郎百宁，王启基. "黑土型"退化草地研究工作的回顾与展望[J].草业科学，1999，16（02）：5-9.

[39] 马玉寿，徐海峰. 三江源区饲用植物志[M]. 北京：科学出版社，2013.

[40] 牛克昌，刘怿宁，沈泽昊，等. 群落构建的中性理论和生态位理论[J]. 生物多样性，2009，17（6）：579-593.

[41] 任继周. 草业科学论纲[M]. 南京：江苏科学技术出版社，2012.

[42] 孙德鑫，刘向，周淑荣. 停止人为去除植物功能群后的高寒草甸多样性恢复过程与群落构建[J]. 生物多样性，2018，26（7）：655-666.

[43] 孙建华，王彦荣，曾彦军. 封育和放牧条件下退化荒漠草地土壤种子库特征[J]. 西北植物学报，2005（10）：2035-2042.

[44] 申波，马青青，程云湘，等. 不同放牧制度对土壤种子库的影响——以青藏高原东缘高寒草甸为例[J]. 草业科学，2018，35（004）：791-799.

[45] 沈海花，朱言坤，赵霞，等. 中国草地资源的现状分析[J]. 科学通报，2016，61（02）：139-154.

[46] 孙大帅. 不同放牧强度对青藏高原东部高寒草甸植被和土壤影响的研究[D]. 兰州：兰州大学，2012.

[47] 索南拉毛. 刚察县天然草地主要类型及退化状况[J]. 青海草业，2015，24（03）：53-56.

[48] 塔娜，王海，赵山志. 放牧绵羊对恢复阶段退化草场营养物质含量的影响[J]. 中国草地学报，2011，33（02）：44-50.

[49] 温璐，董世魁，朱磊，等. 环境因子和干扰强度对高寒草甸植物多样性空间分异的影响[J]. 生态学报，2011，31（07）：1844-1854.

[50] 王常顺，孟凡栋，李新娥，等. 青藏高原草地生态系统对气候变化的响应[J]. 生态学杂志，2013，32（06）：1587-1595.

[51] 王德利，王岭. 草地管理概念的新释义[J]. 科学通报，2019，64（11）：10-17.

[52] 王艳芬，汪诗平. 不同放牧率对内蒙古典型草原地下生物量的影响[J]. 草地学报，1999a，7（03）：198-203.

[53] 王艳芬，汪诗平. 不同放牧率对内蒙古典型草原牧草地上现存量和净初级生产力及品质的影响[J]. 草业学报，1999b，8（01）：15-20.

[54] 王健林，钟志明，王忠红，等. 青藏高原高寒草原生态系统土壤氮磷比的分布特征[J]. 应用生态学报，2013，24（12）：3399-3406.

[55] 王健林，钟志明，王忠红，等. 青藏高原高寒草原生态系统土壤碳氮比的分布特征[J]. 生态学报，2014a，34（22）：6678-6691.

[56] 王健林，钟志明，王忠红，等. 青藏高原高寒草原生态系统土壤碳磷比的分布特征[J]. 草报，2014b，23（2）：9-19.

[57] 王仁忠. 放牧对松嫩草原碱化羊草草地植物多样性的影响[J]. 草业学报，1997a，8（04）：18-24.

[58] 王仁忠. 放牧影响下羊草种群生物量形成动态的研究[J]. 应用生态学报，1997b，8（05）：505-509.

[59] 王绍强，于贵瑞. 生态系统碳氮磷元素的生态化学计量学特征[J]. 生态学报，2008，28（8）：3937-3947.

[60] 王旭丽. 家畜粪种子库特征及牦牛粪存留时间对高寒草地植被变化的作用[D]. 兰州: 兰州大学, 2017.

[61] 卫智军, 杨静, 苏吉安, 等. 荒漠草原不同放牧制度群落现存量与营养物质动态研究[J]. 干旱地区农业研究, 2003, 21 (04): 53-57.

[62] 徐广平, 张德罡, 徐长林, 等. 放牧干扰对东祁连山高寒草地植物群落物种多样性的影响[J]. 甘肃农业大学学报, 2005, 40 (06): 789-796.

[63] 闫邦国, 文维权, 张健, 等. 放牧干扰梯度下川西亚高山植物群落的组合机理[J]. 植物生态学报, 2010, 13 (11): 1294-1302.

[64] 闫凯, 张仁平, 李德祥, 等. 新源县山地草原植被特征及植物营养对放牧强度的响应[J]. 草业科学, 2011, 28 (08): 1507-1511.

[65] 杨白洁. 青藏高原高寒草地生态系统脆弱性评价[D]. 北京: 中国科学院研究生院, 2011.

[66] 杨洁晶, 娜丽克斯·外里, 吕艳萍, 等. 草食动物对豆科植物种子萌发的消化道作用效应的Meta分析[J]. 生态学杂志, 2015, 34 (10): 2833-2842.

[67] 杨静, 李勤奋, 杨尚明, 等. 两种放牧制度下的牧草营养价值及绵羊对营养的摄食[J]. 内蒙古畜牧科, 2001, 22 (06): 8-10.

[68] 杨红善, 那巴特尔, 周学辉, 等. 不同放牧强度对肃北高寒草原土壤肥力的影响[J]. 水土保持学报, 2009, 2 (01): 150-153.

[69] 杨理, 杨持. 草地资源退化与生态系统管理[J]. 内蒙古大学学报（自然科学版）, 2004, 35 (02): 205-208.

[70] 杨元合. 青藏高原高寒草地生态系统碳氮储量[D]. 北京: 北京大学, 2008.

[71] 杨元武, 李希来, 李积兰, 等. 高寒草甸矮嵩草对放牧扰动的生长反应[J]. 西北农业学报, 2011, 20 (09): 18-24.

[72] 伊晨刚, 马玉寿, 李世雄, 等. 封育对青海草地早熟禾人工草地土壤种子库特征的影响[J]. 青海畜牧兽医杂志, 2012, 42 (2): 17-19.

[73] 张法伟, 李英年, 汪诗平, 等. 青藏高原高寒草甸土壤有机质、全氮和全磷含量对不同土地利用格局的响应[J]. 中国农业气象, 2009, 30 (03): 323-326, 334.

[74] 张静妮, 赖欣, 李刚, 等. 贝加尔针茅草原植物多样性及土壤养分对放牧干扰的响应[J]. 草地学报, 2010, 18 (02): 177-182.

[75] 张荣华, 安沙舟, 杨海宽, 等. 模拟放牧强度对针茅再生性能的影响[J]. 草业科学, 2008, 25 (04): 141-144.

[76] 张宪洲, 石培礼, 刘允芬, 等. 青藏高原高寒草原生态系统土壤CO_2排放及其碳平衡[J]. 中国科学 (D辑: 地球科学), 2004, 34 (S2): 193-199.

[77] 张艳芬, 杨晓霞, 董全民, 等. 牦牛和藏羊混合放牧对放牧家畜采食量和植物补偿性生长的影响[J]. 草地学报, 2019, 27 (06): 1607-1614.

[78] 赵雪艳, 汪诗平. 不同放牧率对内蒙古典型草原植物叶片解剖结构的影响[J]. 生态学报, 2009, 29 (06): 2906-2918.

[79] 赵新全, 张耀生, 周兴民. 高寒草甸畜牧业可持续发展: 理论与实践[J]. 资源科学, 2000, 22 (04): 50-61.

［80］赵新全，周华坤．三江源区生态环境退化、恢复治理及其可持续发展［J］．中国科学院院刊，2005，20（06）：37-42．

［81］郑伟，董全民，李世雄，等.放牧对环青海湖高寒草原主要植物种群生态位的影响［J］．草业科学，2013，30（12）：2040-2046．

［82］周兴民，吴珍兰.中国科学院高寒草甸生态系统定位站植被与植物检索表［M］.西宁：青海人民出版社，2006．

［83］周淑荣，张大勇．群落生态学的中性理论［J］．植物生态学报，2006，30（5）：868-877．

［84］朱志红，王刚，赵松岭．不同放牧强度下高寒草甸矮嵩草（*Kobresia humilis*）无性系分株种群的地上生物量动态［J］.中国草地，1994，（03）：10-14．

［85］Adler P B, Milchunas D G, Sala O E, et al. Plant traits and ecosystem grazing effects: comparison of US sagebrush steppe and Patagonian steppe[J]. Ecological Applications, 2005, 15 (2): 774-792.

［86］Anneke D R, Olivier R, Mathilde D, et al. Weed seed dispersal via runoff water and eroded soil[J]. Agriculture, Ecosystems & Environment, 2018, 265 (1): 488-502.

［87］Ayuba H K. Livestock grazing intensities and soil deterioration in the semi-arid rangeland of Nigeria: effects on soil chemical status[J]. Discovery and Innovation, 2001, 13 (3-4): 150-155.

［88］Barberan A, Casamayor E O. Global phylogenetic community structure and beta-diversity patterns in surface bacterioplankton metacommunities[J]. Aquatic Microbial Ecology, 2010, 59 (1): 1-10.

［89］Bardgett R D, Jones A C, Jones D L, et al. Soil microbial community patterns related to the history and intensity of grazing in sub-montane ecosystems[J]. Soil Biology & Biochemistry, 2001, 33 (12-13): 1653-1664.

［90］Becerra J X. The impact of herbivore-plant coevolution on plant community structure[J]. Proceedings of the National Academy of Sciences of the United States of America, 2007, 104 (18): 7483-7488.

［91］Bernareggi G, Carbognani M, Petraglia A, et al. Climate warming could increase seed longevity of alpine snowbed plants[J]. Alpine Botany, 2015, 125 (2): 69-78.

［92］Bertiller M B. Seasonal variation in the seed bank of a Patagonian grassland in relation to grazing and topography[J]. Journal of Vegetation Science, 1992, 3 (1): 47-54.

［93］Bossuyt B, Butaye J, Honnay O. Seed bank composition of open and overgrown calcareous grassland soils - a case study from Southern Belgium[J]. Journal of Environmental Management, 2006, 79 (4): 364-371.

［94］Cavender-Bares J, Ackerly D D, Baum D A, et al. Phylogenetic overdispersion in Floridian oak communities[J]. American Naturalist, 2004, 163 (6): 823-843.

［95］Cencetti E. Tibetan plateau grassland protection: Tibetan herders' ecological conception versus state policies[J]. Himalaya the Journal of the Association for Nepal & Himalayan Studies, 2010, 30 (1):39-50.

［96］Chadden A, Dowksza E, Turner L. "Adaptive management for southern California grasslands"

[R]. University of California, Santa Barbara: Donald Bren School of Environment Science and Management, 2004.

［97］ Cingolani A M, Cabido M, Gurvich D E, et al. Filtering processes in the assembly of plant communities: are species presence and abundance driven by the same traits?[J]. Journal of Vegetation Science, 2007, 18 (6): 911-920.

［98］ Cingolani A M, Posse G, Collantes M B. Plant functional traits, herbivore selectivity and response to sheep grazing in Patagonian steppe grasslands[J]. Journal of Applied Ecology, 2005, 42 (1): 50-59.

［99］ Davis A S. Nitrogen fertilizer and crop residue effects on seed mortality and germination of eight annual weed species[J]. Weed Science, 2007, 55 (2): 123-128.

［100］ Diamond J. M. Assembly of species communities. 1975, 342-444. In: Cody M. & Diamond J. Ecology and evolution of communities. Cambridge: Harvard University Press, 1975.

［101］ Diaz S, Lavorel S, McIntyre S, et al. Plant trait responses to grazing-a global synthesis[J]. Global Change Biology, 2007, 13 (2): 313-341.

［102］ Diaz S, Noy-Meir I, Cabido M. Can grazing response of herbaceous plants be predicted from simple vegetative traits?[J]. Journal of Applied Ecology, 2001, 38 (3): 497-508.

［103］ Dong S, Shang Z, Gao J, et al. Enhancing sustainability of grassland ecosystems through ecological restoration and grazing management in an era of climate change on Qinghai-Tibetan Plateau[J]. Agriculture, Ecosystem and Environment, 2020, 287: 106684.

［104］ Dyer M I, T urner C L, Seastedt T R. Herbivory and its consequences[J]. Ecological Applications, 1993, 3 (1): 10-16.

［105］ Eddy V D M, Argenta T. Aboveground and belowground biomass relations in steppes under different grazing conditions[J]. Oikos, 1989, 56 (3): 364-370.

［106］ Eriksson O. The species-pool hypothesis and plant community diversity[J]. Oikos, 1993, 68 (2): 371-374.

［107］ Faust C, Eichberg C, Storm C, et al. Post-dispersal impact on seed fate by livestock trampling-a gap of knowledge[J]. Basic and Applied Ecology, 2011, 12 (3): 215-226.

［108］ Franzluebbers A J, Stuedemann J A, Schomberg H H, et al. Soil organic C and N pools under long-term pasture management in the Southern Piedmont USA [J]. Soil Biology Biochemistry, 2000, 32: 469-478.

［109］ Fraser L H, Madson E B. The interacting effects of herbivore exclosures and seed addition in a wet meadow[J]. Oikos, 2008, 117 (7): 1057-1063.

［110］ Fraser M D, Theobald V J, Dhanoa M S, et al. Impact on sward composition and stock performance of grazing Molinia-dominant grassland[J]. Agriculture Ecosystems & Environment, 2011, 144 (1): 102-106.

［111］ Ganjurjav H, Zhang Y, Elise S, et al. Differential resistance and resilience of functional groups to livestock grazing maintain ecosystem stability in an alpine steppe on the Qinghai-Tibetan Plateau[J]. Journal of Environmental Management, 2019, 251: 109579.

［112］ Gastal F, Dawson L A, Thornton B. Responses of plant traits of four grasses from contrasting habitats to defoliation and N supply[J]. Nutrient Cycling in Agroecosystems, 2010, 88 (2): 245-258.

［113］ Gilbert G S, Webb C O. Phylogenetic signal in plant pathogen-host range[J]. Proceedings of the National Academy of Sciences of the United States of America, 2007, 104 (12): 4979-4983.

［114］ Godfree R, Lepschi B, Mallinson D. Ecological filtering of exotic plants in an Australian sub-alpine environment[J]. Journal of Vegetation Science, 2004, 15 (2): 227-236.

［115］ Greenwood K L, MacLeod D A, Hutchinson KJ. Long-term stocking rate effects on soil physical properties [J]. Australian Journal of Experimental Agriculture, 1997, (37): 413-419.

［116］ Grime J.P. Benefits of plant diverity to ecosystems: imdmediate, filter and founder effects. Journal of Ecology, 1998, 86: 902-910.

［117］ Groen S C, Jiang S, Murphy A M, et al. Virus infection of plants alters pollinator preference: a payback for susceptible hosts?[J]. Plos Pathogens, 2016, 12 (8): e1005790.

［118］ Hanley M E, Sykes R J. Impacts of seedling herbivory on plant competition and implications for species coexistence[J]. Annals of Botany, 2009, 103 (8): 1347-1353.

［119］ Havrdová A, Douda J, Doudová J. Local topography affects seed bank successional patterns in alluvial meadows[J]. Flora, 2015, 217: 155-163.

［120］ Holechek J L. Livestock grazing impacts on public lands: a viewpoint[J]. Journal of Range Management, 1981, 34: 251-254.

［121］ Hu A, Zhang J, Chen X, et al. Winter grazing and rainfall synergistically affect soil seed bank in semiarid area[J]. Rangeland Ecology & Management, 2018, 72 (1): 160-167

［122］ Huang W, Bruemmer B, Huntsinger L. Technical efficiency and the impact of grassland use right leasing on livestock grazing on the Qinghai-Tibetan Plateau[J]. Land Use Policy, 2017, 64: 342-352.

［123］ Jones R J, Sandland R L. The relation between animal and stocking rate: Derivation of the relation from the result of grazing of trials. Agricultural Science, 1974, 83 (2): 335-342.

［124］ Kiviniemi K. A study of adhesive seed dispersal of three species under natural conditions[J]. Plant Biology, 2013, 45 (1): 73-83.

［125］ Klaus V H, Schäfer D, Prati D, et al. Effects of mowing, grazing and fertilization on soil seed banks in temperate grasslands in Central Europe[J]. Agriculture Ecosystems & Environment, 2018, 256: 211-217.

［126］ Kraft N J B, Cornwell W K, Webb C O, et al. Trait evolution, community assembly, and the phylogenetic structure of ecological communities[J]. American Naturalist, 2007, 170 (2): 271-283.

［127］ Lavorel S and Garnier E. Predicting changes in community composition and ecosystem functioning from plant traits: revisiting the holy grail[J]. Functional Ecology, 2010, 16 (5): 545-556.

［128］ Leibold M A. Similarity, local co-existence of species in regional biotas[J]. Evolutionary Ecology, 1998, 12 (1): 95-110.

［129］ Lester P J, Abbott K L, Sarty M, et al. Competitive assembly of South Pacific invasive ant communities[J]. BMC Ecology, 2009, 9 (1): 3.

［130］ Li J. Land tenure change and sustainable management of alpine grasslands on the Tibetan Plateau: a sase from Hongyuan county, Sichuan province, China[J]. Nomadic Peoples, 2012, 16 (1): 36-49.

［131］ Li W, Cao W X, Wang J L, et al. Effects of grazing regime on vegetation structure, productivity, soil quality, carbon and nitrogen storage of alpine meadow on the Qinghai-Tibetan Plateau[J]. Ecological Engineering, 2017, 98: 123-133.

［132］ Li W, Huntsinger L. China's grassland contract policy and its impacts on herder ability to benefit in Inner Mongolia: tragic feedbacks[J]. Ecology and Society, 2011, 16 (2): 1.

［133］ Lian Z, Xu W X, Yang W K, et al. Effects of livestock grazing on soil seed bank: a review[J]. Pratacultural Science, 2014, 31 (12): 2301-2307.

［134］ Liu H, Mi Z R, Lin L, et al. Shifting plant species composition in response to climate change stabilizes grassland primary production[J]. Proceedings of the National Academy of Sciences of the United States of America, 2018, 115 (16): 4051-4056.

［135］ Luo Y, Zhou X. Soil respiration and the environment[M]. London: Academic press, 2006.

［136］ Magnani F, Mencuccini M, Borghetti M, et al. The human footprint in the carbon cycle of temperate and boreal forests[J]. Nature, 2007, 447: 849-851.

［137］ Malo J E, Suárez F. Herbivorous mammals as seed dispersers in a Mediterranean Dehesa[J]. Oecologia, 1995, 104: 246-255.

［138］ Ma M, Dalling J W, Ma Z, et al. Soil environmental factors drive seed density across vegetation types on the Tibetan Plateau[J]. Plant & Soil, 2017, 419 (1): 349-361.

［139］ Ma M, Walck J l, Ma Z, et al. Grazing disturbance increases transient but decreases persistent soil seed bank[J]. Ecological Applications, 2018, 28 (4): 1020-1031.

［140］ Mcnaughton S J. Compensatory plant growth as a response to herbivory[J]. Oikos, 1983, 40: 329-336.

［141］ Milla R, Reich P B. The scaling of leaf area and mass: the cost of light interception increases with leaf size[J]. Proceedings of the Royal Society B-Biological Sciences, 2007, 274 (1622): 2109-2114.

［142］ Mouissie A M, Vos P, Verhagen H M C, et al. Endozoochory by free-ranging, large herbivores: ecological cor relates and perspectives for restoration[J]. Basic & Applied Ecology, 2005, 6 (6): 547-558.

［143］ Ndiribe C, Pellissier L, Antonelli S, et al. Phylogenetic plant community structure along elevation is lineage specific[J]. Ecology and Evolution, 2013, 3 (15): 4925-4939.

［144］ O'Connor T G, Pickett G A. The influence of grazing on seed production and seed banks of some African Savanna grasslands[J]. Journal of Applied Ecology, 1992, 29 (1): 247-260.

［145］ Ocumpauqh W R, Archer S, Stuth J W. Switchgrass recruitment from broadcast seed vs. seed fed to cattle[J]. Journal of Range Management, 1996, 49 (4): 368-371.

［146］ Pake C E, Venable D L. Is coexistence of sonoran desert annuals mediated by temporal variability reproductive success[J]. Ecology, 1995, 76 (1): 246-261.

［147］ Piao S, Wang X, Ciais P, et al. Changes in satellite-derived vegetation growth trend in temperate and boreal eurasia from 1982 to 2006[J]. Global Change Biology, 2011, 17 (10): 3228-3239.

［148］ Prinzing A, Durka W, Klotz S, et al. The niche of higher plants: evidence for phylogenetic conservatism[J]. Proceedings of the Royal Society B-Biological Sciences, 2001, 268 (1483): 2383-2389.

［149］ Pugnaire F I, Lázaro R. Seed bank and understorey species composition in a semi-arid environment: the effect of shrub age and rainfall[J]. Annals of Botany, 2000, 86 (4): 807-813.

[150] Qian H, Ricklefs R E. Geographical distribution and ecological conservatism of disjunct genera of vascular plants in eastern Asia and eastern North America[J]. Journal of Ecology, 2004, 92 (2): 253-265.

[151] Reich P B, Wright I J, Cavender-Bares J, et al. The evolution of plant functional variation: traits, spectra, and strategies[J]. International Journal of Plant Sciences, 2003, 164 (3): S143-S164.

[152] Ritchie M E, Tilman D, Knops J M H. Herbivore effects on plant and nitrogen dynamics in oak savanna[J]. Ecology, 1998, 79 (1): 165-177.

[153] Santos D M D, Silva K A D, Albuquerque U P D, et al.Can spatial variation and inter-annual variation in precipitation explain the seed density and species richness of the germinable soil seed bank in a tropical dry forest in north-eastern Brazil?[J]. Flora, 2013, 208 (7): 445-452.

[154] Schulze K A, Buchwald R, Heinken T. Epizoochory via the hooves-the European bison (*Bison bonasus L.*) as a dispersal agent of seeds in an open-forest-mosaic[J]. Tuexenia, 2014, 13 (34): 131-144.

[155] Schuster M Z, Pelissari A, Moraes A D, et al. Grazing intensities affect weed seedling emergence and the seed bank in an integrated crop-livestock system[J]. Agriculture Ecosystems & Environment, 2016, 232: 232-239.

[156] Seibert R, Grünhage L, Müller C, et al. Raised atmospheric CO_2 levels affect soil seed bank composition of temperate grasslands[J]. Journal of Vegetation Science, 2019, 30:86-97.

[157] Shahnavaz B, Zinger L, Lavergne S, et al. Phylogenetic clustering reveals selective events driving the turnover of bacterial community in alpine tundra soils[J]. Arctic Antarctic and Alpine Research, 2012, 44 (2): 232-238.

[158] Shang Z, Yang S, Wang Y, et al. Soil seed bank and its relation with above-ground vegetation along the degraded gradients of alpine meadow[J]. Ecological Engineering, 2016, 90: 268-277.

[159] Singer F J, Schoenecker K A. Do ungulates accelerate or decelerate nitrogen cycling? [J]. Forest Ecology and Management, 2003, 181 (1-2): 189-204.

[160] Smeins F E, Kinucan R J. Soil seed bank of a semiarid Texas grassland under three long-term (36-years) grazing regimes[J]. The American Midland Naturalist, 1992, 128 (1): 11-12.

[161] Sofuni T, Tanabe K, Ohtaki K, et al. The role of fire and a long-lived soil seed bank in maintaining persistence, genetic diversity and connectivity in a fire-prone landscape[J]. Journal of Biogeography, 2016, 43 (1): 70-84.

[162] Solomon T B, Snyman H A, Smit G N. Soil seed bank characteristics in relation to land use systems and distance from water in a semi-arid rangeland of southern Ethiopia[J]. South African Journal of Botany, 2006, 72 (2): 263-271.

[163] Sternberg M, Gutman M, Perevolotsky A, et al. Effects of grazing on soil seed bank dynamics: an approach with functional groups[J]. Journal of Vegetation Science, 2003, 14 (3): 375-386.

[164] Sun J, Ma B, Lu X. Grazing enhances soil nutrient effects: trade-offs between aboveground and belowground biomass in alpine grasslands of the Tibetan Plateau Land[J]. Degradation & Development, 2018, 29 (2): 337-348.

[165] Swenson N G, Enquist B J, Pither J, et al. The problem and promise of scale dependency in community phylogenetics[J]. Ecology, 2006, 87 (10): 2418-2424.

[166] Thompson K, Grime J P. Seasonal variation in the seed banks of herbaceous species in ten con-

trasting habitats[J]. Journal of Ecology, 1979, 67 (3): 893-921.

[167] Toland P C. Influence of some digestive processes on the digestion by cattle of cereal grain fed whole[J]. Australian Journal of Experimental Agriculture, 1978, 18 (90): 29-33.

[168] Uhl C, Clark K, Clark H, et al. Early plant succession after cutting and burning in the upper Rio Negro Region of the Amazon Basin[J]. Journal of Ecology, 1981, 69 (2): 631-649.

[169] Valiente-Banuet A, Verdu M. Facilitation can increase the phylogenetic diversity of plant communities[J]. Ecology Letters, 2007, 10 (11): 1029-1036.

[170] Venable D L, Brown J S. The selective interactions of dispersal, dormancy, and seed size as adaptations for reducing risk in variable environments[J]. American Naturalist, 1988, 131 (3): 360-384.

[171] Verdu M, Pausas J G. Fire drives phylogenetic clustering in Mediterranean Basin woody plant communities[J]. Journal of Ecology, 2007, 95 (6): 1316-1323.

[172] Vesk P A, Leishman M R, Westoby M. Simple traits do not predict grazing response in Australian dry shrublands and woodlands[J]. Journal of Applied Ecology, 2004, 41 (1): 22-31.

[173] Violle C, Navas M L, Vile D, et al. Let the concept of trait be functional![J]. Oikos, 2007, 116 (5): 882-892.

[174] Wang J, Soininen J, He J, et al. Phylogenetic clustering increases with elevation for microbes[J]. Environmental Microbiology Reports, 2012, 4 (2): 217-226.

[175] Wang S, Duan J C, Xu G P, et al. Effects of warming and grazing on soil N availability, species composition and ANPP in alpine meadow[J]. Ecology，2012, 93 (11): 2365-2376.

[176] Wang W, Liang C Z, Liu Z L, et al. Analysis of the plant individual behaviour during the degradation and restoring succession in steppe community[J]. Acta Phytoecologica Sinica, 2000, 24 (3): 268-274.

[177] Webb C O, Ackerly D D, Kembel S W. Phylocom: software for the analysis of phylogenetic community structure and trait evolution[J]. Bioinformatics, 2008, 24 (18): 2098-2100.

[178] Webb C O, Ackerly D D, McPeek M A, et al. Phylogenies and community ecology[J]. Annual Review of Ecology and Systematics, 2002, 33: 475-505.

[179] Webb C O, Donoghue M J. Phylomatic: tree assembly for applied phylogenetics[J]. Molecular Ecology Notes, 2005, 5 (1): 181-183.

[180] Webb C O. Exploring the phylogenetic structure of ecological communities: an example for rain forest trees[J]. American Naturalist, 2000, 156 (2): 145-155.

[181] Webb C O, Gilbert G S, Donoghue M J. Phylodiversity-dependent seedling mortality, size structure, and disease in a Bornean rain forest[J]. Ecology, 2006, 87 (Sp7): 123-131.

[182] Weiher E, Werf A, Thompson K, et al. Challenging theophrastus: a common core list of plant traits for functional ecology[J]. Journal of Vegetation Science, 2010, 10 (5): 609-620.

[183] Westoby M. A leaf-height-seed (LHS) plant ecology strategy scheme[J]. Plant and Soil, 1998, 199 (2): 213-227.

[184] Westoby M. The LHS strategy scheme in relation to grazing and fire [C]. Proceeding of the VIth International Range-land Congress, Queenland, Austrilia, 1999.

[185] Wikstrom N, Savolainen V, Chase M W. Evolution of the angiosperms: calibrating the family tree[J]. Proceedings of the Royal Society B-Biological Sciences, 2001, 68 (1482): 2211-2220.

［186］ Wong N, Morgan J. Review of grassland management in south-eastern Australia [M]. Melbourne: Parks Victoria, 2007:1-7.

［187］ Wu G, Shang Z H, Zhu Y J, et al. Species-abundance-seed-size patterns within a plant community affected by grazing disturbance[J]. Ecological Applications: A Publication of the Ecological Society of America, 2015, 25 (3): 848-855.

［188］ Wu J, Li M, Fiedler S, et al. Impacts of grazing exclusion on productivity partitioning along regional plant diversity and climatic gradients in Tibetan alpine grasslands[J]. Journal of Environmental Management, 2019, 231: 635-645.

［189］ Xin G, Long R J, Guo X S, et al. Blood mineral status of grazing Tibetan Sheep in the northeast of the Qinghai-Tibetan Plateau[J]. Livestock Science, 2011, 136 (2-3): 102-107.

［190］ Xu C, Yu X J, Jing Y Y, et al. Effect of dung extracts of yak and Tibetan sheep on seed germination of six plant species in alpine meadow[J]. Chinese Journal of Ecology, 2014, 33 (11): 2988-2994.

［191］ Xu X, Chen H, Levy J K. Spatiotemporal vegetation cover variations in the Qinghai-Tibet Plateau under global climate change[J]. Chinese Science Bulletin, 2008, 53: 915-922.

［192］ Xu X, Ouyang H, Cao G, et al. Dominant plant species shift their nitrogen uptake patterns in response to nutrient enrichment caused by a fungal fairy in an alpine meadow[J]. Plant and Soil, 2011, 341 (1-2): 495-504.

［193］ Yan B, Wen W, Zhang J, et al. Plant community assembly rules across a subalpine grazing gradient in western Sichuan, China[J]. Chinese Journal of Plant Ecology, 2010, 34 (11): 1294-1302.

［194］ Yan X, Gong J R, Zhang Z Y, et al. Responses of photosynthetic characteristics of *Stipa baicalensis* to grazing disturbance[J]. Chinese Journal of Plant Ecology, 2013, 37 (6): 530-541.

［195］ Yao X, Wu J, Gong X, et al. Effects of long term fencing on biomass, coverage, density, biodiversity and nutritional values of vegetation community in an alpine meadow of the Qinghai-Tibet Plateau[J]. Ecological Engineering, 2019, 130: 80-93.

［196］ Yu X, Duan C, Xu C, et al. Effect of yak rumen content treatments on seed germination of 11 alpine meadow species on the Qinghai-Tibetan Plateau[J]. Acta Ecologica Sinica, 2014, 34 (4): 184-190.

［197］ Yu X, Xu C L, Wang F, et al. Levels of germinable seed in topsoil and yak dung on an alpine meadow on the northeast Qinghai-Tibetan Plateau[J]. Journal of Integrative Agriculture, 2013, 12 (12): 2243-2249.

［198］ Zhang C, Dong Q M, Chu H, et al. Grassland community composition response to grazing intensity under different grazing regimes[J]. Rangeland Ecology & Management, 2017, 71 (2): 196-204.

［199］ Zhang L, Bai Y, Han X. Application of N: P stoichiometry to ecology studies[J]. Acta Botanica Sinica, 2003, 45 (9): 1009-1018.

［200］ Zhao L, Gillet F. Long-term effects of grazing exclusion on aboveground and belowground plant species diversity in a steppe of the Loess Plateau, China[J]. Plant Ecology & Evolution, 2011, 144 (3): 313-320.

［201］ Zheng S, Lan Z C, Li W H, et al. Differential responses of plant functional trait to grazing between two contrasting dominant C3 and C4 species in a typical steppe of Inner Mongolia, China[J]. Plant and Soil, 2011, 340 (1-2): 141-155.

附　录

植物物种名录

科名	属名	种名	备注
百合科 Liliaceae	葱属 Allium	碱韭 Allium polyrhizum	
		野葱 Allium chrysanthum	
报春花科 Primulaceae	点地梅属 Androsace	垫状点地梅 Androsace tapete	
车前科 Plantaginaceae	车前属 Plantago	平车前 Plantago depressa	
唇形科 Labiatae	青兰属 Dracocephalum	白花枝子花 Dracocephalum heterophyllum	亦作"异叶青兰"
	筋骨草属 Ajuga	白苞筋骨草 Ajuga lupulina	
豆科 Fabaceae	黄耆属 Astragalus	黄耆 Astragalus membranaceus	亦作"黄芪"
		丛生黄耆 Astragalus confertus	亦作"丛生黄芪"
		多枝黄耆 Astragalus polycladus	亦作"多枝黄芪"
		密花黄耆 Astragalus densiflorus	亦作"密花黄芪"
	棘豆属 Oxytropis	黄花棘豆 Oxytropis ochrocephala	
		宽苞棘豆 Oxytropis latibracteata	
	锦鸡儿属 Caragana	小叶锦鸡儿 Caragana microphylla	
	苜蓿属 Medicago	花苜蓿 Medicago ruthenica	亦作"扁蓿豆"
		青海苜蓿 Medicago archiducis-nicolai	
	野决明属 Thermopsis	高山野决明 Thermopsis alpina	
		披针叶黄华 Thermopsis lanceolata	
禾本科 Poaceae	冰草属 Agropyron	冰草 Agropyron cristatum	
	㶈草属 Koeleria	㶈草 Koeleria cristata	
		芒㶈草 Koeleria litvinowii	
	鹅观草属 Roegneria	梭罗草 Kengyilia thorodiana	
	固沙草属 Orinus	固沙草 Orinus thoroldii	
	芨芨草属 Achnatherum	芨芨草 Achnatherum splendens	
	剪股颖属 Agrostis	甘青剪股颖 Agrostis hugoniana	
	赖草属 Leymus	赖草 Leymus secalinus	
	披碱草属 Elymus	垂穗披碱草 Elymus nutans	
	三角草属 Trikeraia	三角草 Trikeraia hookeri	
	扇穗茅属 Littledalea	寡穗茅 Littledalea przevalskyi	
	燕麦属 Avena	燕麦 Avena sativa	
	羊茅属 Festuca	羊茅 Festuca ovina	
		中华羊茅 Festuca sinensis	
	隐子草属 Cleistogenes	糙隐子草 Cleistogenes squarrosa	
	早熟禾属 Poa	冷地早熟禾 Poa crymophila	
		青海草地早熟禾 Poa pratensis cv. Qinghai	
		印度早熟禾 Poa indattenuata	亦作"川青早熟禾"
		早熟禾 Poa annua	
	针茅属 Stipa	大针茅 Stipa grandis	
		短花针茅 Stipa breviflora	
		克氏针茅 Stipa krylovii	
		昆仑针茅 Stipa roborowskyi	
		沙生针茅 Stipa glareosa	
		丝颖针茅 Stipa capillacea	

注：此名录包含了本书出现的所有植物，其中文名和拉丁名根据"植物通·物种数据库"（http://1.zhiwutong. com）和"中国植物志"（http://plant.cn）进行整理。

续　表

科名	属名	种名	备注
		针茅 *Stipa capillata*	
		紫花针茅 *Stipa purpurea*	
		座花针茅 *Stipa subsessiliflora*	
景天科 *Crassulaceae*	红景天属 *Rhodiola*	红景天 *Rhodiola rosea*	
菊科 *Asteraceae*	白酒草属 *Conyza*	香丝草 *Conyza bonariensis*	
	风毛菊属 *Saussurea*	川藏风毛菊 *Saussurea stoliczkae*	
	狗娃花属 *Heteropappus*	阿尔泰狗娃花 *Heteropappus altaicus*	
	蒿属 *Artemisia*	昆仑蒿 *Artemisia nanschanica*	
		沙蒿 *Artemisia desertorum*	
		小球花蒿 *Artemisia moorcroftiana*	
		猪毛蒿 *Artemisia scoparia*	
	黄鹌菜属 *Youngia*	无茎黄鹌菜 *Youngia simulatrix*	
	黄缨菊属 *Xanthopappus*	黄缨菊 *Xanthopappus subacaulis*	
	火绒草属 *Leontopodium*	矮火绒草 *Leontopodium nanum*	
		弱小火绒草 *Leontopodium pusillum*	
	菊苣属 *Cichorium*	菊苣 *Cichorium intybus*	
	蒲公英属 *Taraxacum*	蒲公英 *Taraxacum mongolicum*	
	千里光属 *Senecio*	天山千里光 *Senecio tianshanicus*	
	香青属 *Cichorium*	乳白香青 *Cichorium intybus*	
藜科 *Chenopodiaceae*	藜属 *Chenopodium*	刺藜 *Chenopodium aristatum*	
		灰绿藜 *Chenopodium glaucum*	
蓼科 *Polygonaceae*	蓼属 *Polygonaceae*	柔毛蓼 *Polygonum sparsipilosum*	
		珠芽蓼 *Polygonum viviparum*	
龙胆科 *Gentianaceae*	扁蕾属 *Gentianopsis*	湿生扁蕾 *Gentianopsis paludosa*	
	龙胆属 *Gentiana*	达乌里秦艽 *Gentiana dahurica*	
		鳞叶龙胆 *Gentiana squarrosa*	
		秦艽 *Gentiana macrophylla*	
	獐牙菜属 *Swertia*	毛萼獐牙菜 *Swertia hispidicalyx*	
毛茛科 *Ranunculaceae*	碱毛茛属 *Halerpestes*	长叶碱毛茛 *Halerpestes ruthenica*	
	毛茛属 *Ranunculus*	云生毛茛 *Ranunculus longicaulis*	
		长叶毛茛 *Ranunculus lingua*	
	乌头属 *Aconitum*	露蕊乌头 *Aconitum gymnandrum*	
	唐松草属 *Thalictrum*	瓣蕊唐松草 *Thalictrum petaloideum*	
		高山唐松草 *Thalictrum alpinum*	
蔷薇科 *Rosaceae*	山莓草属 *Sibbaldia*	山莓草 *Sibbaldia procumbens*	
	委陵菜属 *Potentilla*	多裂委陵菜 *Potentilla multifida*	
		鹅绒委陵菜 *Potentilla anserina*	
		二裂委陵菜 *Potentilla bifurca*	
		华西委陵菜 *Potentilla potaninii*	
		星毛委陵菜 *Potentilla acaulis*	
瑞香科 *Thymelaeaceae*	狼毒属 *Stellera*	狼毒 *Stellera chamaejasme*	
伞形科 *Umbelliferae*	柴胡属 *Bupleurum*	柴胡 *Bupleurum chinense*	
		簇生柴胡 *Bupleurum condensatum*	
十字花科 *Brassicaceae*	播娘蒿属 *Descurainia*	播娘蒿 *Descurainia sophia*	
	荠属 *Capsella*	荠 *Capsella bursa-pastoris*	
	念珠芥属 *Neotorularia*	蚓果芥 *Neotorularia humilis*	
石竹科 *Caryophyllaceae*	蝇子草属 *Silene*	蝇子草 *Silene gallica*	
		隐瓣蝇子草 *Silene gonosperma*	
莎草科 *Cyperaceae*	嵩草属 *Kobresia*	矮嵩草 *Kobresia humilis*	
		大花嵩草 *Kobresia macrantha*	
		高山嵩草 *Kobresia pygmaea*	
		嵩草 *Kobresia myosuroides*	
		西藏嵩草 *Kobersia tibetica*	

续 表

科名	属名	种名	备注
	薹草属 *Carex*	黑褐薹草 *Carex atrofusca*	亦作"暗褐薹草""黑褐苔草"
		青藏薹草 *Carex moorcroftii*	亦作"青藏苔草"
		无脉薹草 *Carex enervis*	亦作"无脉苔草"
		圆囊薹草 *Carex orbicularis*	亦作"圆囊苔草"
卫矛科 *Celastraceae*	梅花草属 *Parnassia*	三脉梅花草 *Parnassia trinervis*	
玄参科 *Scrophulariaceae*	马先蒿属 *Pedicularis*	阿拉善马先蒿 *Pedicularis alaschanica*	
		马先蒿 *Pedicularis reaupinanta*	
	婆婆纳属 *Veronica*	婆婆纳 *Veronica didyma*	
	肉果草属 *Lancea*	肉果草 *Lancea tibetica*	
	兔耳草属 *Lagotis*	短穗兔耳草 *Lagotis brachystachya*	
亚麻科 *Linaceae*	亚麻属 *Linum*	亚麻 *Linum usitatissimum*	
罂粟科 *Papaveraceae*	角茴香属 *Hypecoum*	细果角茴香 *Hypecoum leptocarpum*	
鸢尾科 *Iridaceae*	鸢尾属 *Iris*	马蔺 *Iris lactea*	
紫草科 *Boraginaceae*	微孔草属 *Microula*	疏散微孔草 *Microula diffusa*	
		狭叶微孔草 *Microula stenophylla*	
		长叶微孔草 *Microula trichocarpa*	